L. PURPER

LE

PRINCIPE DU MOUVEMENT

ET

SON APPLICATION A LA MÉCANIQUE CÉLESTE

ET A LA MÉTÉOROLOGIE

PARIS

EN VENTE CHEZ L'AUTEUR, 45, RUE TURBIGO

ET

Chez PAUL SCHMIDT, Imprimeur-Éditeur

20, RUE DU DRAGON, 20

1889

LE PRINCIPE DU MOUVEMENT

ET

SON APPLICATION A LA MÉCANIQUE CÉLESTE ET A LA MÉTÉOROLOGIE

L. PURPER

LE

PRINCIPE DU MOUVEMENT

ET

SON APPLICATION A LA MÉCANIQUE CÉLESTE

ET A LA MÉTÉOROLOGIE

PARIS

EN VENTE CHEZ L'AUTEUR, 45, RUE TURBIGO

ET

CHEZ PAUL SCHMIDT, IMPRIMEUR-ÉDITEUR

20, RUE DU DRAGON, 20

1889

PRÉFACE

Si cet ouvrage porte le titre de *Principe du Mouvement*, c'est que j'ai eu la bonne fortune de le découvrir, il y a au moins une dizaine d'années déjà.

Fondamental comme il est, un grand nombre de lois découlent de lui; de celles qui ont été mises en évidence dans le courant de ce livre, on a un aperçu général dans la table des matières.

Étant d'une portée incalculable, j'ai été à même d'établir des théories toutes nouvelles sur la mécanique céleste et sur la météorologie, mais ce n'est qu'à la longue, après bien des marches et des contre-marches, après de longues et pénibles études que je suis arrivé à créer un système pour l'une et l'autre.

En outre de cela, ce livre contient un certain nombre de considérations philosophiques toutes nouvelles sur la physique en général.

Comme les théories n'ont de valeur qu'à condition de trouver leur application, je me suis appliqué à les démontrer de mon mieux et cela non seulement par la description et le calcul, mais aussi par plusieurs appareils, construits dans ce but, m'étant dit que toute théorie mécanique doit pouvoir se démontrer mécaniquement et cela aussi bien celles sur la mécanique céleste que sur toute autre.

Non satisfait de la théorie de Newton sur la gravitation, à cause de son invraisemblance, je me suis dit qu'il doit y avoir autre chose en jeu, supposons un principe avec la connaissance duquel on pourrait assurément éclaircir et simplifier bien des questions.

Eh bien, je ne crois pas avoir eu tort de douter de la validité de la théorie newtonienne, car ce principe tant désiré et auquel tant d'hommes avant moi ont songé sans pouvoir le définir, je l'ai entrevu dans la lumière; c'est du moins ma profonde conviction.

Qu'elle soit donc faite une bonne fois sur cette question capitale!

De quelle manière je m'y suis pris, c'est expliqué au § 1.

Si, sans être astronome, j'ai été à même d'élaborer un nouveau système de la mécanique céleste, je n'aurais pas pu en faire autant pour la météorologie, si je ne l'avais pratiquée pendant de nombreuses années en faisant des milliers d'observations pour contrôler mes théories et vérifier mes calculs concernant les heures tropiques de l'oscillation des vents et du baromètre.

En traitant ces deux sciences systématiquement, il en est sorti deux systèmes tout nouveaux mais qui en somme n'en font qu'un, de ce qu'il découlent du même principe; tels incomplets qu'ils soient encore, les honorables savants n'y trouveront pas moins de nouvelles bases d'opérations, du moins d'après ce que j'en pense.

Enchevêtrées comme sont toutes ces questions que nous avons à traiter, elles le sont au moins autant que le nœud gordien; ce qu'il en est de ce nœud, c'est expliqué à la page 50.

Qu'avec toutes ces nouveautés je sois en contradiction avec un grand nombre de doctrines scientifiques, c'est inévitable; en les scrutant logiquement et impartialement, on verra bien ce qu'il en est. Supposons qu'un certain nombre d'entre elles ne seraient pas admises sur le coup, même rejetées tout-à-fait — en faisant la part des idées préconçues si difficiles à déraciner — il en restera toujours assez debout et d'irréfutables pour jeter de nouvelles lumières sur la science et pour nous montrer des choses de la plus haute importance sous de nouveaux aspects, soit dit sans vouloir faire de la vantardise, mais pour être véridique: ce sera toujours autant d'acquis, même gratis, n'étant pas payé pour cela.

N'ayant reçu aucun mandat pour faire ces réformes, on ne manquera assurément pas de trouver bien hardie mon entreprise, en contradiction qu'elle est sur tant de points avec ce qu'on enseigne *urbi et orbi*; il se peut même que des savants timorés soient outrés de ce que je me permets de remettre en question une foule de choses qu'on croit résolues depuis longtemps et de culbuter certaines théories ou doctrines qui jusqu'ici ont été considérées comme autant de dogmes scientifiques.

Mais comment éviter ces contradictions?

Fallait-il garder toutes ces nouveautés pour moi et me baillonner la bouche?

Cela aurait été par trop gênant à la longue, les idées ne se laissant pas emprisonner de la sorte, étant trop volatiles pour cela. Je dirai même qu'il est de notre devoir de les communiquer à nos semblables pour qu'ils puissent en profiter, s'ils le jugent à propos; de cet avis furent déjà bien d'autres publicistes avant moi.

En somme il n'y a pas de mal à cela, car par la discussion de toutes ces nouveautés jailliront assurément de nouvelles lumières, ce qui donnera une nouvelle animation à la science qui, pour rester prospère et vivante, doit toujours aller de l'avant, à moins de tomber dans le marasme; rien de pernicieux pour elle que de croupir dans le repos; il en est d'elle sous ce rapport comme de l'eau.

Rien tel que d'avoir des pensées élevées pour voir les choses d'en haut, dans leur ensemble et dans leurs rapports entre elles, ce qui est impossible à ceux dont les idées sont par trop terre-à-terre; aussi ne sont-elles rien moins qu'originales.

En outre de cela pour réussir dans une branche quelconque de la science, il faut avoir la vocation, cette voix de la divine nature qui nous dit ce qu'il faut faire pour atteindre le but et qui entretient en nous le feu sacré, sans lequel il nous manque l'ardeur et la persévérance voulue pour l'accomplissement d'une œuvre difficile et de longue haleine; c'est de ce feu que les Vestales furent les gardiennes.

Donnée que nous est la pensée, le feu sacré et la vocation, ce sont autant de dons, dont nous sommes redevables à notre Créateur; et si nous avons du mérite, ce n'est que grâce à lui, soit dit pour être juste.

Ce qui m'a été d'un grand secours dans mes recherches de la logique des choses, c'est celle des mots qui n'est rien autre que l'*étymo-logie;* cette *logie* ou *logique* est en même temps celle des *syl-labes* ou la *syl-logie,* compris dans le véritable sens du mot, soit dit indépendamment des dictionnaires qui pour l'*éty-mot-logie*[1] des mots, surtout des mots grecs, ne brillent guère par la *logique,* d'après ce que j'ai pu voir.

Les mots étant le reflex des choses, rien tel qu'eux pour nous dire la vérité, mais à condition qu'ils soient compris dans leur signification originelle ou syllogiquement et cela indépendamment du latin, du grec, du sanscrit ou de toute autre langue ancienne et indépendamment aussi de leur orthographe qui étant conventionnelle, n'est pas toujours rationnelle; disons encore qu'il n'y a rien au-dessus des mots pour nous enseigner les rapports qu'ont les choses entre elles et cela par la parenté qu'ont certains mots avec d'autres, parenté très étendue et beaucoup plus qu'on n'en sait généralement; pour que cette parenté puisse s'étendre d'une langue à une autre, les syllabes sont les mêmes pour toutes, mais d'appropriation très variée, selon le génie propre des races. Par parenthèse, la parenté entre le français et l'allemand est beaucoup plus grande et intime qu'on a découvert jusqu'ici, tel dissemblables que ces deux idiomes soient au premier abord.

Rien tel que ces deux langues, mais surtout le français pour nous initier sur les relations qu'ont les choses entre elles et pour nous les montrer dans leur état intrinsèque, soit dit sans rien préjuger des autres langues, étant toutes des puits de science inépuisables, véridiques que sont leurs mots.

Compris ainsi nous avons en eux le Verbe ou le Logos de l'Écriture, mais pour cela il faut les traiter d'après la logique des syllabes sans égard particulier pour les langues anciennes, leur origine étant bien plus loin et profonde; pour cette raison je ne fais de philologie comparée qu'accessoirement, étant insuffisante à nous éclairer sur la valeur des choses et sur leurs relations.

En *ana-lisant*[1] les mots tel que je le fais, mon travail ressemble en quelque sorte à celui d'un chimiste qui analyse des corps; n'étant ni sèche, ni aride, ma méthode étymologique, fertile comme elle est, nous met sur la voie d'une foule de découvertes plus intéressantes les unes que les autres, dont je crois fournir quelques spécimens au courant de cet ouvrage, découvertes qui ont échappé jusqu'ici à la science expérimentale, à l'empirisme.

C'est ainsi, par exemple, que j'ai été mis sur la trace du principe de la force et du centre d'action universel. Si par une analyse succincte des mots de n'importe quelle langue on fait des découvertes inattendues, on en fait d'aussi surprenantes en comprenant les textes si imagés des mythes et des fables au figuré, leur véritable sens, au lieu de les prendre à la lettre, vu que dans ce sens-ci, ils ne sont guère sensés; c'est que la lettre tue, tandis que l'esprit vivifie.

Comme il y a des analyses étymologiques le long de cet ouvrage, on pourra se faire une

---

[1] Écrit ainsi intentionnellement.

idée à peu près de la valeur de cette méthode, en attendant ma prochaine publication qui sera essentiellement étymologique.

Pratiquée ainsi nous aurons dans l'*étymo-logie* la clef de la cachette d'une grande multitude de trésors spirituels qui jusqu'ici sont restés lettre morte faute de moyens d'investigation ; elle sera en outre la base de la philosophie de même des sciences tel que la Météoro- mytho- théolo- psycho- logie, etc.

Rien tel qu'elle pour que toutes ces sciences soient convenablement *logées* dans nos têtes et pour être traitées rationnellement.

En traitant les mots et les syllabes d'après leur résonnance et non pas d'après leur orthographe plus ou moins rationnel, c'est l'*or-œil*[1] qui nous guide dans ce genre d'analyse, mais non pas l'œil, ce dernier étant impropre en pareil exercice.

Pour se servir fructueusement de cette nouvelle méthode, il faut un raisonnement serré et logique allant de pair avec une grande indépendance d'esprit pour ne pas rester l'esclave des dictionnaires dont la diction n'est pas toujours *syl- logique*.

D'après ce qui précède, le travail ne manquera pas plus aux étymologues qu'aux astronomes, météorologues et physiciens, s'ils daignent prendre en considération mon ouvrage et lui donner le développement voulu.

Et en agissant ainsi, ils resteront dans le mouvement, dont le principe est le même que celui de la lumière !

---

[1] Pour être rationnel, c'est ainsi que le mot oreille devrait être écrit. Traduit en allemand *or-œil* signifie *Ur-aug ;* en faisant l'interversion de ces syllabes on a *Aug-ur.* Cela veut dire que c'est avec notre oreille mental que nous *augurons* en bien ou en mal d'une chose ; et qui dit augurer dit prévoir.

LE PRINCIPE DU MOUVEMENT

ET

SON APPLICATION A LA MÉCANIQUE CÉLESTE

CHAPITRE PREMIER

§ 1

Cette loi fondamentale, je l'ai découverte dans la lumière, c'est-à-dire dans sa radiation.

Basée comme elle est sur une chose visible, sans la moindre hypothèse, cette loi est aussi réelle que fondamentale.

Ce qui m'a mis sur la voie, ce sont les fluides qui contournent une flamme de gaz; mais, étant d'une finesse extrême, pour les distinguer il ne faut pas d'autre lumière dans le même local; il n'y faut non plus de réverbère, de verre à lampe et de cloche, parce que cela les embrouille; c'est une flamme toute nue qu'il faut à cela.

En regardant bien, on verra circuler autour de cette flamme des fluides en double sens, de droite à gauche et de gauche à droite, d'une rapidité prodigieuse.

Opposés comme sont ces deux courants l'un à l'autre, nous avons en eux deux courants électriques, dont l'un doit être positif et l'autre négatif, quoique la lumière en question ne soit pas une lumière électrique proprement dite.

Vus d'une certaine distance, ces fluides circulaires forment une roue qu'on remarque aisément par un temps brumeux, l'humidité étant très propice à leur visibilité; à travers une fenêtre couverte d'une légère buée on peut même l'apercevoir à tout moment de la nuit.

De cette roue lumineuse, la flamme qui flamboie de bas en haut en est l'axe, et les courants circulaires qui y sont reliés par des rayons en sont la circonférence.

Des roues analogues se manifestent aussi autour de la lune et autour d'une lumière électrique par un temps humide et jouent en plusieurs couleurs, surtout vues à travers une fenêtre.

Qu'il y a dans ce mécanisme de l'air en jeu ou en mouvement, cela nous dit le mot même, mais pour cela il faut l'écrire *lum-i-air* au lieu de lumière.

Des courants circulaires ou ondulations se font aussi dans l'eau lorsqu'on l'agite en y laissant tomber un corps quelconque ou en la remuant avec la main.

Où encore ces fluides se manifestent avec autant d'évidence, c'est dans la boue qui circule autour de la roue d'une voiture traversant rapidement de petites mares le long de la route; mais pour que cela se fasse, il faut qu'une force circulaire — et qui dit force dit fluide ou vice versa —. soit soulevée par le déplacement de la roue sur le sol, car autrement la boue ne bougerait pas de place, étant inerte de sa nature.

Des courants *circul-airs* se voient aussi le long des palissades en voyageant en chemin de fer.

Ces divers exemples nous prouvent que partout où il se fait un déplacement, une commotion, une agitation soit sur le sol, soit dans l'eau, soit dans l'air ou dans le ciel, il se produit des courants circulaires, plus ou moins étendus et plus ou moins intenses, selon le volume et la rapidité des corps en mouvement,

Si les courants ou halos qui *en-vironnent* une simple lumière ne sont pas d'une force sensible, il n'en est assurément pas de même de ceux qui contournent les astres, vu la quantité prodigieuse d'éther qu'ils mettent en mouvement par leur déplacement et leur rotation autour de leur axe.

Eh bien, c'est en ayant la hardiesse d'attribuer *ana-logiquement* des courants semblables autour du soleil, en vertu de son déplacement dans l'espace rempli d'éther ou d'air céleste et de la rotation autour de son axe qu'il m'a été possible de faire la découverte de la force motrice des planètes, et par suite celle de leurs satellites et en même temps la loi du mouvement.

Si les courants qui entourent une roue qui tourne sans avancer forment des cercles parfaits, il n'en est pas de même d'une roue qui se déplace; ces courants étant forcément allongés de quelque peu et cela proportionnellement à la vitesse que la roue met dans sa course; et allongés comme ils sont, ces courants sont plus ou moins elliptiques.

Comme le soleil se déplace le long de son orbite, mais bien moins vite que la terre dans son évolution annuelle[1], les courants circulaires qu'il soulève sont forcément quelque peu allongés ; de là les orbites elliptiques des planètes; et si le soleil n'occupe pas exactement le centre de ces ellipses, c'est qu'il se déplace pendant que les planètes tournent autour de lui; de là un approchement et un éloignement alternatif entre elles et lui, qu'on désigne par périgée et apogée solaires.

Si, par contre, le soleil n'avançait pas, si son mouvement ne consistait que dans celui qu'il fait autour de son axe, il pourrait bien se former des fluides circulaires, mais non pas d'elliptiques, tels que sont ceux qui nous servent de véhicule dans notre voyage annuel autour de l'astre central.

S'il y a deux courants opposés l'un à l'autre dans les fluides qui circulent autour d'un bec de gaz ou toute autre lumière, il en est de même de ceux qui entourent le soleil, étant lumière aussi, sinon de la même façon. .

Tandis que l'un de ces courants pousse la terre en avant, l'autre, qui tourne en sens contraire, sert de frein à notre planète, sans quoi elle irait avec la même vitesse que ces fluides électriques; et rapides comme ils sont, c'est de l'éther en mouvement, en même temps que de l'éther condensé ou renforcé et qui n'est rien autre que de l'air excessivement raréfié, de l'air absolument pur tel qu'il existe dans les pores physiques des corps et qui, étant sans poids, est impondérable.

Le ciel entier en est rempli, étant exhalé par les astres, principalement par notre soleil, dont il en est le hâle ou l'haleine. Et qui dit haleine dit aspiration et respiration, en même temps attraction et répulsion ; et universel comme il est, il est aussi bien dans les corps qu'au dehors, dans l'air et le ciel.

---

[1] De ceci il sera question au chapitre II.

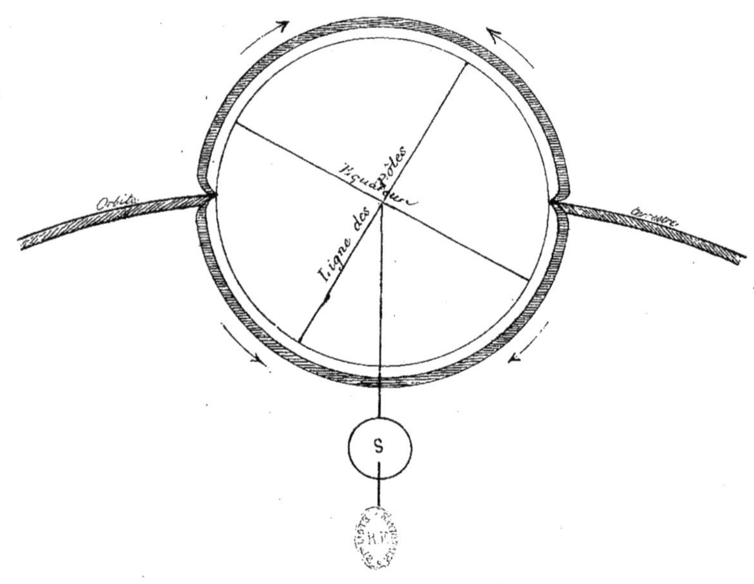

Orbite
Trajectoire
Équateur
Ligne des Pôles
S

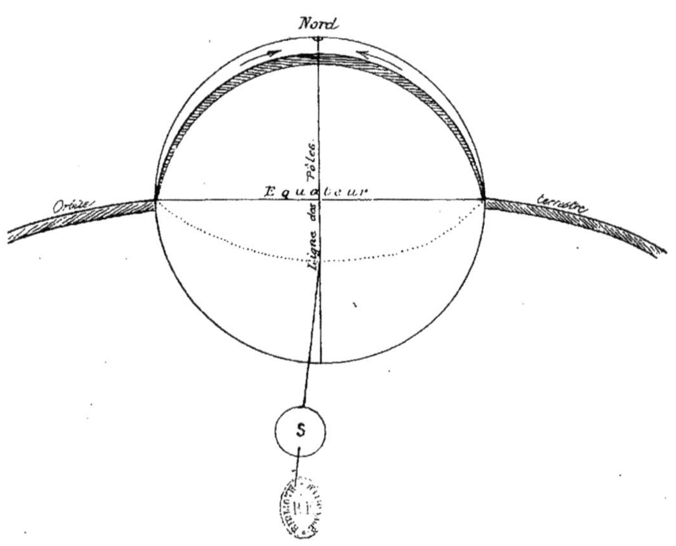

Nord
Orbite
Équateur
Pôles
Ligne des Pôles
terrestre
S

Léger à l'excès, il se déplace dans l'espace indéfiniment et soudainement à la moindre agitation, et cela tout à la ronde; et rapide comme il est, il propage à la ronde la lumière et le son, mais à la condition qu'il ait été préalablement rendu incandescent ou sonore; ce qui encore se propage à la ronde, c'est la chaleur.

Voilà ce qu'il en est de l'éther vu d'en haut et sur une grande échelle; et électrique qu'il est, l'électricité n'est pas autre chose.

Plus ces courants circulaires s'élargissent en s'écartant du soleil, leur point central, plus ils perdent de leur force; voilà pourquoi la terre marche plus lentement à l'apogée qu'au périgée solaire; cela étant, il lui faut 186 jours 11 heures 12 minutes pour aller de l'équinoxe du printemps à celui d'automne, tandis qu'elle ne prend que 178 jours 18 heures 37 minutes pour aller de l'équinoxe d'automne à celui du printemps, ce qui fait une différence de 8 jours environ, quoique ces trajets comme longueur ne diffèrent pas l'un de l'autre dans la même proportion.

D'après la même loi, la marche des planètes est d'autant plus lente qu'elles sont éloignées du soleil.

Cette loi a été formulée par Kepler, mais sans nous dire en quoi la force motrice en question consiste, ce qui ne l'empêche pas d'être une belle découverte.

L'orbite terrestre consiste donc en un double courant électrique, à l'instar de celui qui entoure la flamme, à qui la lumière doit sa propagation à la ronde.

Tournant en sens opposé l'un à l'autre, ils touchent la terre à deux endroits opposés l'un à l'autre.

Poussée comme la terre en est de deux côtés, s'ils étaient de force égale, elle ne bougerait pas de place; il faut donc admettre que l'un est plus fort que l'autre; à mon avis, c'est celui qui est d'électricité positive, tandis que celui qui est d'électricité négative lui sert de frein ou de modérateur.

Dans le courant de cet ouvrage nous rencontrerons cette dualité de courants dans une foule de cas.

Flexibles comme ils sont, au contact avec la terre, ne pouvant passer outre ou à travers, ils se transforment en courants annulaires, dont chacun la contourne verticalement dans son entier et cela dans un sens opposé l'un à l'autre.

Faisant constamment face au soleil, ce double courant se confond avec l'arc-en-ciel, lorsqu'il y en a un, dont on ne voit jamais que la moitié.

Voir figures n°s 1, 2 et 32.

Le soleil y est représenté par la petite boule, et l'aiguille qui passe à travers représente son rayon vecteur.

L'orbite de la terre l'est par deux lignes courbes, qui au contact avec la terre, sont transformées en courants annulaires.

Au n° 1, celle-ci y est placée à l'équinoxe du printemps, et au n° 2, elle l'est au solstice d'hiver; on n'y voit que la moitié.

Notre globe tourne en dedans autour de son axe.

Électrique-magnétique, comme est ce double anneau, les vents et le baromètre lui doivent leur oscillation du matin et du soir, car c'est à six heures matin et soir, heure moyenne, que le méridien y passe (voir pour cela la partie météorologique de cet ouvrage).

On peut encore le considérer comme limite entre le jour et la nuit, car il se tient conformément aux déclinaisons solaires; tenant le milieu entre eux, on peut lui donner le nom d'anneau équinoxial.

Il n'est pas le seul double courant annulaire, car il y en a encore d'autres; mais de ceux-là il ne sera question que dans la partie météorologique qui se rapporte intimement à la partie mécanico-céleste.

Ce double courant orbitral étant magnétique-électrique, nous avons en lui une double circulation d'éther, due au déplacement solaire dans le ciel qui de cet éther en est tout rempli, consistant dans le hâle des astres, principalement du soleil, sans lequel il n'y aurait pas de halos ou de courants circulaires, et sans lequel ni lumière ni son ne pourraient se propager à la ronde, cet éther étant de tout air, dont il est le fond ou le principe.

Et du moment qu'il y a une circulation d'éther, nous en avons une de fluide, qui sont autant de tours de force.

Nous pouvons donc nous passer parfaitement de cette force inventée laborieusement par Newton. en combinant l'attraction du soleil avec une prétendue tendance de la terre à vouloir s'échapper par la tangente et cela en ligne droite.

Qu'il n'en est pas ainsi en réalité, que cette théorie est controuvée, cela ressortira évidemment au courant de ce traité-ci.

Inventif et scrutateur comme était cet illustre savant, on peut admettre que s'il avait eu connaissance de ces courants magnétiques ou électriques, il n'aurait pas manqué de les rapporter à la mécanique céleste, au lieu de combiner à force de suppositions une force motrice imaginaire, si encore il nous avait dit en quoi l'attraction consiste.

Avant lui, Descartes avait bien quelque idée vague de ces courants circulaires, avec ses tourbillons; mais ne pouvant pas les démontrer mécanico-mathématiquement, ne pouvant leur donner l'application voulue, on n'en tint guère compte.

Évidents comme sont ces courants orbitraires, dont le soleil est l'axe et le centre, reliés qu'ils sont à lui à raison de ses rayons, le système planétaire forme un immense rouage ou une *rou-airie*[1] ce qu'il y a de plus ingénieux, et cela conformément au principe du mouvement et qui est aussi celui de la lumière.

Si dans la nature nous avons des exemples ou des reproductions en petit de ces rotations ou roues, nous n'en avons d'aucune façon de la force motrice imaginée par Newton, du moins pas à ma connaissance; si elle existait, nous la verrions assurément fonctionner quelque part, vu que la nature se répète, qu'elle fait en petit ce qu'elle fait ailleurs en grand ou vice versa.

Que dit cette théorie erronée, telle qu'elle figure dans les livres astronomiques?

Elle dit, c'est-à-dire elle suppose que les planètes ont été lancées un jour, mais sans nous dire quand, où, comment et par qui; elle suppose aussi que les corps célestes iraient tout le temps en ligne droite, s'il n'y avait pas une autre force en jeu qui les attire vers elle, tout en les tenant à une respectueuse distance.

---

[1] L'emblème de celle-ci consiste dans une roue à quatre rayons dont on a découvert un grand nombre de toutes dimensions et qui, étant faits antérieurement à l'introduction du christianisme en Europe, furent très vénérés par nos ancêtres, de ce qu'ils représentaient la divine puissance du soleil, dont ils étaient les adeptes ou croyants; qu'ils croyaient en lui, cela nous disent les 4 rayons en forme de croix, celle-ci étant le symbole de la croyance aussi bien que celui du christianisme. Lire à ce sujet l'intéressant livre de M. Henri Gaidoz, intitulé : *le Dieu gaulois du Soleil.*

Pour prouver ce mouvement rectiligne, elle prétend, et cela à tort, qu'en vertu de l'inertie de la matière, le mouvement d'un corps qui est entièrement libre dans l'espace et qui n'est soumis à l'action d'aucune force est nécessairement rectiligne et uniforme[1]. C'est possible, mais cela dépend des cas.

Ne décrivent-ils pas plutôt des courbes qui sont d'autant plus prononcées que leur trajet a de longueur, tel que les boulets de canon[2]? S'il y a des corps qui se déplacent en ligne droite d'une grande étendue, ce sont ceux qui tombent de haut en bas en vertu de leur poids, mais il n'en est pas ainsi des *planètes planant* dans l'espace et dans leurs *plans*[3] et maintenues en circulation par des courants pneumatiques électriques ou éthérés qui contournent le soleil aussi loin que s'étend son empire; et attelées qu'elles sont au char solaire, elles sont des satellites[4] et cela au même titre que la lune est celui de la terre, formant un attelage particulier :

Certainement, si ces satellites n'étaient pas attelés comme ils le sont à leur char respectif ils pourraient se déplacer en ligne droite, c'est-à-dire tomber quelque part; mais, dans ce cas-ci, ils auraient été lancés en vain par ce fameux anonyme de la théorie en question; en supposant que cet anonyme eût été le soleil, ils lui seraient retombés immédiatement sur le nez, passez-moi l'expression, n'en trouvant pas une autre qui dépeigne aussi bien ce cas cocasse.

Un exemple de dérivation d'un corps en chute nous offre un chapeau qui a été lancé d'en haut d'une falaise; ce chapeau, au lieu de tomber en bas, rebondit en haut en décrivant une courbe, détourné qu'il a été par le vent se brisant sur les parois de la falaise.

Si, dans cette affaire, détournement il y a, ce n'est toujours pas en raison d'une attraction, mais en raison d'une répulsion.

Les astres ayant, dans les courants orbitaires et dans leur plan, une route toute tracée, une ligne de conduite, ils n'en peuvent pas dévier beaucoup en raison de l'attraction, entraînés qu'ils sont par ces fluides circulaires; ceci admis, l'attraction n'y joue qu'un rôle secondaire et cela comme entrave à la libre circulation; et du moment qu'il y a des courants circulaires, nous pouvons nous passer parfaitement de cette tendance de la part des astres à filer en ligne droite, qu'on leur attribue à tort ou à raison, à défaut de mieux.

Disons à ce propos que la giration des fluides ou force est aussi bien dans la nature des choses que l'attraction et la répulsion; et étant dans la nature des choses, tout corps qu'on remue et qu'on déplace produit une giration dont l'extension et l'intensité sont proportionnelles à la masse des corps et à la rapidité de leur mouvement.

Ceci peut passer pour un axiome[5].

Plus ces courants sont éloignés de leur centre d'action, moins ils ont de force ou d'intensité; la vitesse des planètes étant réglée là-dessus, les planètes supérieures ont une marche plus lente que les inférieures et cela proportionnellement à leur distance du soleil, qui est leur centre *d'axion*, étant axionnées par lui moyennant l'éther en circulation.

[1] Ce passage-ci a été emprunté au livre astronomique de Ch. Delaunay, page 550, 5ᵉ édition.

[2] Il en est de même des étoiles filantes et des bolides, vu que dans leur chute ils décrivent des courbes.

[3] Planète, planer et plan, ce sont trois termes qui se rapportent entre eux.

[4] Ce mot est dérivé d'atteler et se rapporte à attelage. Les courroies de cet attelage céleste, ce sont les fluides qui entretiennent la communication entre le soleil et ses satellites. Pas de meilleurs traits d'union, de *cour-roies* ou *cour-raies* que les raies ou traits solaires, dont la *course* est si rapide, et les *courants* circulaires en question. C'est de cet attelage qu'il est question dans le mythe du nœud gordien compris au figuré.

[5] Ce mot se rapporte à axe et axion.

En harmonie avec cette loi, mais sans la connaître à fond, l'illustre Kepler a trouvé sa troisième règle ou loi qui dit que les carrés des temps de révolution des diverses planètes autour du soleil sont proportionnels aux cubes des grands axes de leurs orbites.

Si, au lieu d'un cercle, les orbites de celles-ci forment une ellipse, c'est parce que le soleil se déplace lentement dans l'espace pendant qu'elles le contournent, ce qui donne forcément une forme quelque peu allongée à leurs orbites, tel que cela a été expliqué précédemment.

Un mot sur la découverte de la planète Neptune.

§ 2

L'attraction ou l'aspiration des astres étant réelle, mais entravante comme elle l'est à leur libre circulation, les planètes s'influencent de quelque peu dans leurs conjonctions, d'où il résulte une certaine perturbation dans leur marche elliptique, soit dit conformément aux observations.

En se basant sur celle d'Uranus, le célèbre Astronome Leverrier a pu découvrir l'existence de la planète Neptune par ses ingénieux calculs, en attribuant ce dérangement à une planète plus éloignée que celle-ci, mais encore inconnue.

Neptune ayant été découvert de la sorte, il n'y a plus à avoir le moindre doute sur l'action entravante des astres les uns sur les autres en vertu de leur attraction, résidant dans leur aspiration.

Si celle-ci a été démontrée à l'évidence par cette très intéressante découverte, il n'en est plus de même de la prétendue tendance des planètes à s'échapper par la tangente et de filer en ligne droite; vu qu'elles ont une route toute tracée par les courants de leurs orbites, il n'y a pas d'échappatoire qui y tienne.

Si réellement Uranus a subi une perturbation par la force attractive ou aspirative de Neptune, je ne connais cependant aucun cas où la terre soit attirée par le soleil d'une manière sensible, car la forme elliptique de son orbite ne dépend nullement de l'action solaire, mais de la marche de cet astre; j'avoue la même ignorance pour ce qu'il en est de l'attraction de Mars et de Vénus à l'égard de notre globe.

Cependant d'après la théorie de l'attraction il devrait y en avoir et même d'assez sensible.

M'est avis qu'il y a encore bien des choses à éclairer dans cette affaire.

CHAPITRE II

INTRODUCTION

Comme *axiome*[1], on peut dire, et cela conformément à la loi du mouvement, qui est aussi celle de la mécanique céleste, qu'il n'y a pas de mouvement circulaire sans être axionné par un axe quelconque; cela étant, notre soleil circule aussi bien autour d'un axe que les planètes autour de lui, axionnées qu'elles en sont moyennant l'éther céleste.

En quoi cet axe central consiste, c'est ce que je laisse encore à éclaircir, mais qu'il y en a un, cela ressort évidemment par son *axion* et par les multiples conséquences de celle-ci; nous pouvons donc logiquement considérer cet axe comme réel, quoiqu'il soit invisible aux yeux du corps et qu'il échappe par conséquent aux observations directes, à l'empirisme.

Non seulement ce sont les faits qui me l'ont prouvé, mais aussi un certain nombre de mots, en premier lieu celui de *Pan-é-gyrique*, car en principe il ne signifie pas autre chose que le giron de Pan, de celui qui passa anciennement pour le dieu universel; parfait comme est ce Panégyrique ou ce giron de Pan, rien qu'à prononcer le mot, on fait ses louanges; voilà comment louange et panégyrique sont devenus synonymes.

Et du moment que le mot existe, il faut croire que la chose qu'il représente existe de même et qu'elle était connue anciennement, du temps de l'astronomie hiéroglyphique, science perdue, du moins en partie, faute de comprendre les hiéroglyphes dans leur véritable sens, au figuré.

Puisque Pan il y a et qu'il signifie l'Être universel, j'ai donné le nom de *Pan-axe* à cet axe universel, n'en trouvant pas de plus significatif.

Je crois avoir été d'autant mieux avisé à lui donner ce nom que, plus tard, par un heureux hasard, j'ai trouvé cette dénomination dans le livre de M. de Paravey qui traite de l'astronomie hiéroglyphique[2] et dans lequel il est question d'une *Panax-Chironia*.

Il paraît qu'il y avait une plante qui *peut-être* a porté aussi ce nom de *Panax-Chironia*, répété ici d'après les propres termes du livre en question; rare et précieuse comme elle est, elle fut considérée comme une panacée, mot qui se rapporte à Panax.

A mon avis, réelle ou imaginaire, cette plante était le symbole du giron ou Chiron[3] de Pan qui s'appelle aussi *Pané-gyrique*, compris selon la logique des syllabes qui sont les mêmes pour toutes les langues, d'après ce que j'ai pu m'apercevoir étymologiquement.

Ceci dit, comme introduction, voyons la Panax à l'*axion* par la considération des faits qui en découlent soit directement, soit indirectement, voyons-la à l'œuvre.

---

[1] Ce mot signifie en principe ce qui tourne autour d'un axe, *um die Achse*.

[2] Il est intitulé : *Illustrations de l'Astronomie hiéroglyphique et des Planisphères et Zodiaques*. Éditeur : Adolphe Delahays, 6, rue Casimir-Delavigne.

[3] Quoique l'orthographe ne soit pas la même; *chironia* est le même mot que *giron*. Rien du Centaure Chiron dans cette affaire, celui-ci n'ayant été qu'un être fabuleux.

La Panaxe et l'orbite solaire.

§ 3

Axionné par la Panaxe, le soleil décrit un immense cercle autour d'elle; cet axe se tient perpendiculairement à l'écliptique étant identique avec l'axe de celle-ci.

Autour de cet axe central circulent en même temps un nombre incalculable d'étoiles, sinon toutes, à plus ou moins de distance et avec plus ou moins de célérité, *axionnées* qu'elles en sont aussi bien que notre soleil.

A raison de 61"9 par an que le périgée solaire se déplace, il faut à cet astre environ 21,200 ans pour faire les 360 degrés de son orbite, en somme ronde 21,000; c'est la durée de l'année solaire.

En se déplaçant de 61"9 par an, le soleil avance de 782 rayons terrestres; cette somme représente la différence qu'il y a entre son apogée qui est de 23,671 rayons terrestres de distance et son périgée qui l'est de 22,889; 782 rayons terrestres, à raison de 1591 1/2 lieues font 1,244,553 lieues que le soleil avance par an, le long de la ligne de l'apogée-périgée, qu'on appelle aussi celle des apsides; multiplié par 21,000 ans, cela fait environ 26.135,000,000 lieues pour son orbite et environ 8,323,000,000 pour le diamètre; en divisant cette somme en deux parts, on a la distance entre le soleil et le centre de son orbite, soit 4,161,500,000 lieues.

La ligne de l'apogée-périgée ou des apsides, qui est identique avec le diamètre de l'orbite terrestre de même qu'elle l'est avec une faible partie de l'orbite solaire, n'étant que de 46,560 rayons terrestres, soit de 74 millions de lieues, elle est 112 fois moins longue que le diamètre de l'orbite solaire, celui-ci étant de 8 milliards 323 millions de lieues; la distance moyenne entre le soleil et la terre étant de 37 millions de lieues, elle est aussi de 112 fois moindre qu'entre le soleil et la panaxe, celle-ci étant distante de lui de 4 milliards 161 1/2 millions de lieues; cette somme représente la longueur du demi-diamètre de l'orbite solaire.

Vu la faible distance entre le soleil et la panaxe, comparée à celle des étoiles, quoiqu'elle soit de plus de 4 milliards de lieues, le soleil est assurément l'astre le plus rapproché de cet axe central, autour, selon toute probabilité, gravite tout un monde d'étoiles.

Le diamètre de l'orbite solaire étant 112 fois plus long que celui de l'orbite terrestre ou la ligne des apsides, il y a la même proportion entre eux qu'entre les diamètres du corps solaire et du corps terrestre, le premier étant de 192,600 lieues et le second de 1,719, ce qui est aussi comme 112 est à 1; en résumé, les diamètres de leurs orbites sont entre eux comme les diamètres de leurs corps. Comme le soleil n'avance que de 1,244,553 lieues par an, il se déplace 187 fois moins vite le long de son orbite que la terre le long de la sienne.

Il en est de cela comme entre la terre et la lune, cette dernière allant considérablement plus vite que la première, vu qu'elle la contourne une fois par mois.

Pour se rendre compte de cette différence d'allure, qu'on se figure deux hommes dont l'un marche en avant, tandis que l'autre le contourne à une certaine distance. Il va sans dire que ce dernier est obligé d'accélérer sa marche en proportion de la vitesse de l'autre.

Comme ce n'est pas seulement la terre qui contourne le soleil, mais toutes les planètes et cela à des distances immenses, il faut qu'il aille nécessairement moins vite qu'elles.

Neptune, la plus éloignée des planètes, allant environ 6 fois moins vite que la terre, la proportion est comme 5 à 29 — il marche encore 32 fois plus vite que le soleil : pour faire ce trajet il emploie 164 années terrestres.

De ce que le soleil avance le long de son orbite circulaire, pendant que la terre le contourne à un certain moment de l'année, celle-ci est plus près de lui qu'à un certain autre ; ces moments sont le 1er janvier et le 1er juillet.

Voilà comment l'orbite de la terre, de même que celle de toutes les planètes, forme une ellipse au lieu d'un cercle ; cercle parfait il y aurait si le soleil restait en place.

Pour toutes ces raisons, on n'est guère logique en attribuant au soleil une vitesse égale à celle de la terre ; dans certains livres astronomiques on lui adjuge jusqu'à 240 millions de lieues par an, tandis que la terre ne fait que 232 millions. Ce chiffre de 240 millions me fait l'effet d'être le produit d'un calcul en l'air.

Peut-il y avoir quelque chose de plus illogique ?

Du reste, en dehors du déplacement du périgée, on n'a aucune donnée certaine sur la vitesse de la marche du soleil ; aussi ce qu'en disent ces livres en question ne peut reposer que sur des suppositions.

La panaxe n'étant pas à une distance incommensurable ou incalculable, n'étant éloignée du soleil que de 4,161.500,000 lieues, sa parallaxe est environ d'un demi degré, en prenant pour sinus le trajet entre le soleil et la terre, tel qu'il se produit au 1er janvier et au 1er juillet.

A cet axe central, le soleil est relié par un rayon qui, quoique invisible pour les yeux du corps, n'existe pas moins pour la raison ; ce rayon coupe la ligne des apsides à angle de 90° en passant par le soleil. C'est au 1er avril et au 1er octobre que la terre se trouve dans ce rayon axial, soit trois mois plus tôt ou plus tard qu'elle occupe un des deux bouts de la ligne des apsides qui se confond avec une faible partie de l'orbite solaire.

La terre se trouvant dans ce rayon axial ou vectoral le 1er avril et le 1er octobre, c'est à minuit qu'il passe au méridien à cette première date et à midi à la seconde.

§ 4

Durant la rotation de la terre autour de la panaxe en compagnie du soleil et des planètes, l'axe de notre planète reste toujours parallèle à lui-même, de même qu'il le reste pendant l'évolution annuelle de la terre autour du soleil. En vertu de cette direction constante de l'axe terrestre vers le Nord, sa direction normale [1], la ligne des solstices se trouve dans le même cas : par conséquent la ligne des équinoxes va constamment d'Est à Ouest, l'une coupant l'autre à angle droit. Et tandis que la ligne des équinoxes se déplace le long de celle des solstices, cette dernière en fait autant le long de celle des équinoxes, mais pas du même pas.

En se déplaçant le long de la ligne des solstices, la ligne des équinoxes, dans laquelle se tient le point équinoxial ou vernal, reste toujours parallèle au diamètre de l'orbite solaire, à celui qui va d'Est à Ouest ou vice versa. Le déplacement de cette ligne est donc à celui de la ligne des apsides, dans laquelle se tient le périgée, comme le diamètre l'est au cercle ; s'il en est ainsi entre la ligne des équinoxes et des apsides ou entre le point vernal et le périgée, il en est

[1] Ce mot se rapporte à Nord.

de même entre celui-ci et la ligne des solstices, celle-ci se déplaçant aussi constamment parallèlement au diamètre de l'orbite solaire, mais à celui qui va du Sud au Nord ou vice versa.

Si le périgée solaire décrit un cercle en se déplaçant de 61″9 par an le long de l'orbite solaire, cela tient uniquement au déplacement circulaire du soleil autour du centre de son orbite.

Il n'y donc pas d'attraction en jeu ni planétaire, ni solaire.

§ 5

Pour qu'à notre époque il y ait l'écart voulu entre la ligne des apsides et celle des solstices et pour que le périgée solaire tombe au 1ᵉʳ janvier, il m'a fallu chercher l'endroit du point de l'orbite solaire où ces deux lignes s'écartent d'environ 11 degrés.

Cet endroit se trouve au 101ᵉ degré de l'orbite solaire, en comptant les degrés de celle-ci à partir du commencement de la grande période solaire, car c'est au 101ᵉ degré et non ailleurs que nous rencontrons le solstice d'hiver au 270ᵉ et le périgée au 281ᵉ degré de longitude ou de l'orbite terrestre.

C'est donc au 101ᵉ degré de son orbite que le soleil se trouve à l'époque où nous sommes, soit à la fin de ce siècle-ci.

Voir pour cela la figure n° 3.

Les deux lignes qui coupent l'orbite solaire en quatre parties égales, ce sont des parallèles à la ligne des solstices et des équinoxes qui de leur côté coupent les épicycles en quatre parts égales ; ces épicycles ou petits cercles représentent l'orbite de la terre.

L'axe de la terre ou la ligne des pôles étant invariablement dirigée vers le nord, sa direction normale, ces lignes solsticiales restent toujours parallèles entre elles, de même les lignes équinoxiales. Le point P, qui est placé dans l'orbite solaire tout près du centre des épicycles, désigne[1] l'emplacement du soleil qui est le même que celui de son périgée.

Vu l'étendue considérable de l'orbite solaire, la ligne de l'apogée-périgée qui est une petite portion de cette orbite peut être considérée comme une ligne droite au lieu d'une ligne courbe ; et étant sensément droite elle se confond au n° 1 avec la ligne des équinoxes, au n° 5 idem et au n° 7 avec la ligne des solstices. Il en serait de même du n° 3 si le centre de cet épicycle était placé au 90ᵉ degré de l'orbite solaire au lieu de l'être au 101ᵉ.

Les deux points qui se trouvent aux bouts de la ligne de l'apogée-périgée représentent la terre lorsqu'elle est à son aphélie et à son périhélie.

Les degrés du grand cercle qui représente l'orbite solaire sont comptés à partir de l'endroit où le soleil commença ou recommença sa grande période ; cet endroit se trouve au point P de l'épicycle n° 1.

La période ayant commencé à cet endroit de l'orbite solaire, il est logique de compter ses degrés de là ; ils sont écrits au milieu des huit épicycles terrestres ; quant aux degrés de ces derniers, ils sont comptés à partir de l'équinoxe du printemps ; il y a donc une divergence entre eux pour les degrés.

Les degrés du périgée sont écrits près du point qui désigne le périhélie, celui-ci se trouvant tout à la fois dans l'orbite terrestre et dans la ligne apogée-périgée.

Comme on peut voir sur cette figure, c'est du 101ᵉ degré de l'orbite solaire où est placé le

---

[1] L'écart entre ce centre et ce point y est très exagéré.

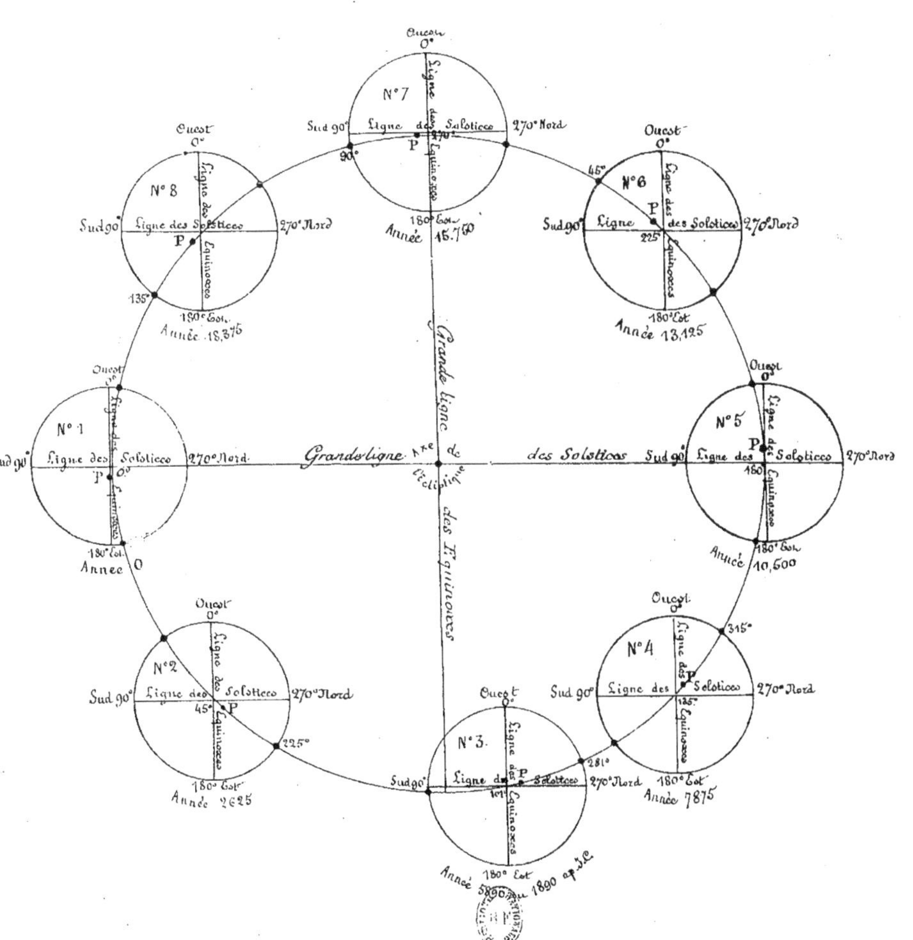

Ouest 0°
N° 7
Sud 90° Ligne des Solstices 270° Nord
Ligne des Equinoxes
P
90°
270°
180° Est
Année 15.750
Ouest 0°
N° 8
Sud 90° Ligne des Solstices 270° Nord
Ligne des Equinoxes
P
135°
180° Est
Année 18.375
Ouest 0°
N° 6
45°
Sud 90° Ligne des Solstices 270° Nord
Ligne des Equinoxes
P
225°
180° Est
Année 13.125
Ouest 0°
N° 1
Sud 90° Ligne des Solstices 270° Nord
Ligne des Equinoxes
P 0°
180° Est
Année 0
Grande ligne Axe de l'écliptique des Équinoxes
Grande ligne Axe des Solstices
Ouest 0°
N° 5
Sud 90° Ligne des Solstices 270° Nord
Ligne des Equinoxes
P
180°
180° Est
Année 10.500
Ouest 0°
N° 2
Sud 90° Ligne des Solstices 270° Nord
Ligne des Equinoxes
P
45°
225°
180° Est
Année 2625
Ouest 0°
N° 3
Sud 90° Ligne des Solstices 270° Nord
Ligne des Equinoxes
P
101°
180° Est
Année 5890 au 1890 ap. JC
Ouest 0°
N° 4
315°
Sud 90° Ligne des Solstices 270° Nord
Ligne des Equinoxes
P
135°
180° Est
281°
Année 7875

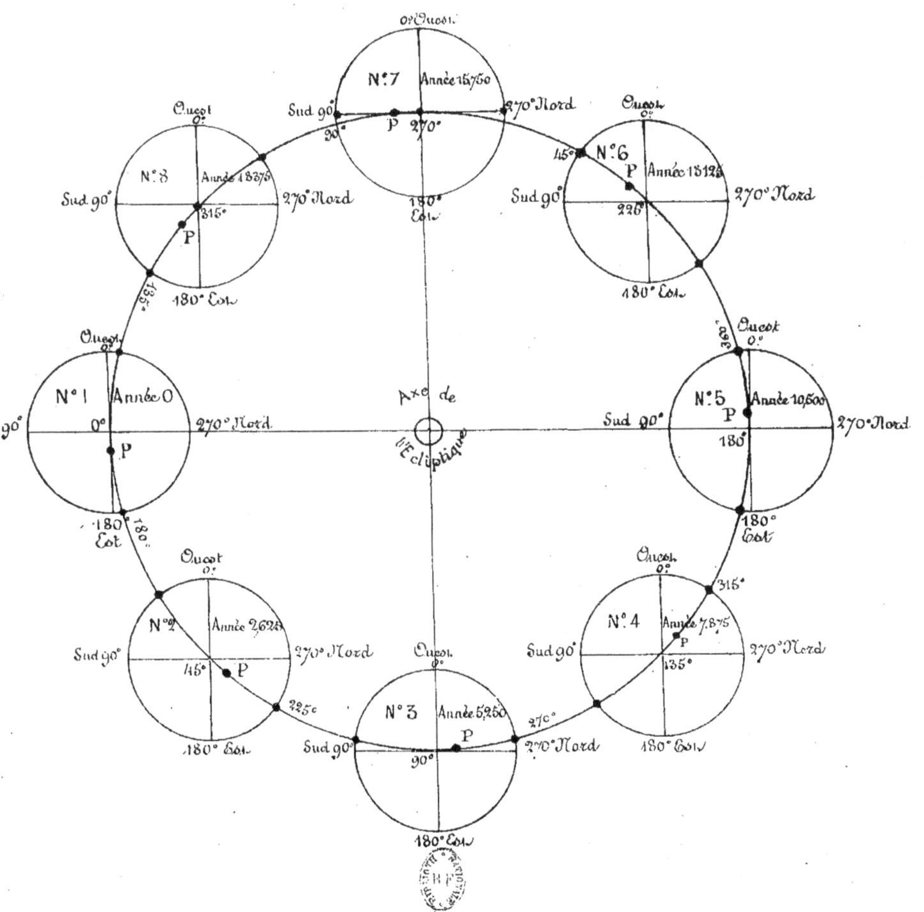
N°. 4
Axe de l'Ecliptique
N°1 Année 0
N°2 Année 2,625
N°3 Année 5,250
N°4 Année 7,875
N°5 Année 10,500
N°6 Année 13,125
N°7 Année 15,750
N°8 Année 18,375
Ouest 0°
Sud 90°
270° Nord
180° Est

centre de l'épicycle n° 3 que nous arrivons à la position voulue pour la ligne de l'apogée-périgée
à l'égard de celle des solstices, c'est-à-dire à un écart de 11 degrés, le solstice d'hiver étant au
270ᵉ et le périgée étant au 281ᵉ degré de longitude environ ou, ce qui revient au même, de l'orbite terrestre[1].

La longitude du périgée étant de 281 degrés au 101ᵉ de l'orbite solaire, elle l'était de
180 degrés au degré 0 du même orbite, de 225 au 45ᵉ, de 270 au 90ᵉ et elle sera de 315 au
135ᵉ, de 360 au 180ᵉ, de 45 au 225ᵉ, de 90 au 180ᵉ, de 135 au 315ᵉ, et de 180 au 360ᵉ ou 0.

De ce qu'il faut 21,000 ans pour faire le tour de son orbite, il était dans l'année 5250 au
quart de son orbite, au 90ᵉ degré; étant actuellement d'environ 11 degrés plus loin, à raison de
61″9 par an, il s'est écoulé 650 ans depuis; si on les ajoute aux 5,250 on a 5,900 ans pour la
période solaire dans l'année 1900 après J.-C., l'ère chrétienne ayant commencé 4,000 ans plus
tard; quant à l'année 5250, elle correspond à celle de 1250 de l'ère chrétienne.

Ce calcul est d'accord avec celui des chronologistes qui placent dans l'année 4000 avant J.-C.
la création du monde qui, à mon humble avis, ne signifie pas autre chose que le commencement
d'une nouvelle période solaire, telle qu'elle ressort logiquement de cet exposé.

Que le soleil a commencé alors une nouvelle période, cela ressortira aussi indubitablement
par un autre fait astronomique encore ignoré; ce facteur, c'est la rotation rétrograde du plan de
l'orbite terrestre, ayant commencé en même temps une nouvelle période ; de ce plan il sera
question plus loin.

Comme l'ère des juifs comptera dans l'année 1900 après J.-C. 5,660 ans, à 240 ans près, il est
identique avec la grande période solaire.

Si, par exemple, la progression de la longitude du périgée, qui est la même que celle du
soleil, était d'une fraction de seconde de plus que 61″9 par an, cette différence disparaîtrait.

Quoi qu'il en soit de cette petite différence, on ne risque rien à identifier ces deux périodes
l'une avec l'autre; et si celle des juifs est basée sur un fait astronomique, et cela est de la plus
haute importance, on ne peut pas en dire autant de l'ère chrétienne.

D'après ce qu'on peut voir sur la figure n° 1, ce n'est que vers le 101ᵉ degré de l'orbite
solaire et non ailleurs qu'on arrive au 281ᵉ de l'orbite terrestre ou de longitude pour le périgée,
c'est-à-dire à la position voulue pour la fin de ce siècle-ci.

D'un autre côté, pour que le soleil soit actuellement au 101ᵉ degré de son orbite, il faut
que son point de départ ait été au degré 0 de son orbite, tel qu'il est placé dans l'épicycle n° 1.

C'est donc à ce point et non ailleurs que la grande période a commencé ou plutôt recom-
mencé qui, étant la même aussi que celle de la précession des équinoxes, cette dernière n'a que
21,000 ans aussi et non pas 26,000, d'après les livres astronomiques.

Qu'il en est ainsi, cela sera démontré plus loin.

Si, présentement, il y a un écart d'environ 11° entre la ligne de l'apogée-périgée et celle
des solstices, en l'année 5250 ou 1250 après J.-C., ces deux lignes se confondaient ensemble et
par conséquent le périgée coïncidait avec le solstice d'hiver; en reculant de 90° en arrière
pour arriver au commencement de la grande période on verra que la ligne de l'apogée-
périgée s'y confond avec celle des équinoxes, par conséquent le périgée coïncidait avec l'équinoxe
d'automne et cela tout identiquement à ce qu'on en dit dans les livres astronomiques.

---

[1] D'après l'*Annuaire du Bureau des Longitudes*, il était de 280° 21′ 22″ au 1ᵉʳ janvier 1850.

Voilà ce qui explique comme quoi la période des juifs commença vers l'équinoxe d'automne.

Et du moment que la ligne de l'apogée-périgée se confondit successivement avec la ligne des équinoxes et celle des solstices, logiquement parlant, il faut que l'orbite solaire soit un cercle, car autrement cela n'aurait pas pu avoir lieu.

En allant de là au n° 5 à l'année 10500, cette même ligne se confondra de nouveau avec celle des équinoxes et au n° 7 à l'année 15750, elle ne fera plus qu'une avec celle des solstices et cela pour la seconde fois.

Voir pour cela la figure n° 4 qui est pareille au n° 3, mais avec cette différence que l'épicycle n° 3 est placé au degré 90 de l'orbite solaire au lieu du degré 101, soit en l'année 1250 au lieu de 1890 après J.-C.

§ 6

Mis en circulation par l'*axion* de la panaxe, le soleil obéit à la même loi que les planètes et leurs satellites dans leur évolution autour de lui; s'il est le centre d'action à l'égard de celles-ci, la panaxe l'est pour lui et en même temps pour une infinité d'autres étoiles.

A raison de cette action[1], il se forme autour d'elle des courants éthérés circulaires, de dimensions très variées et dont il y en a qui s'étendent aux confins du monde; ce sont autant de courants pneumatiques-magnétiques, servant de véhicules aux étoiles.

A l'instar des vents, chacun de ces courants a son contre-courant.

Si, par impossible, la panaxe n'*axionnait* pas l'éther céleste, s'il n'était pas mis en circulation par elle, il n'y aurait par conséquent pas de courants circulaires: alors tout astre serait en repos, toute manifestation de force de même que toute vie serait suspendue; notre soleil ne tournerait plus autour d'elle et les planètes ne tourneraient plus autour de lui; même le temps ne s'écoulerait plus; et du moment que la roue du temps se trouverait arrêtée, la grande horloge solaire se trouverait dans le même cas.

Ce qui est vrai pour le soleil et les planètes, l'est aussi pour les étoiles, vu que mécaniquement parlant il n'y a pas de rotation ou de circulation sans axe; sans axe, pas d'*axion*.

Rien à retrancher de cet axiome.

Cela serait tout à la fois le néant et le chaos, car en l'absence des courants circulaires, les étoiles perdraient leur équilibre; n'étant plus dirigées et soutenues par rien; étant sans plan, elles tomberaient dans une complète anarchie et à force de s'entre-choquer elles finiraient par tomber en poussière; enfin, dans ce cas, le monde serait jeté hors de ses gonds.

Ainsi, une assiette placée au bout d'une pointe restera en équilibre aussi longtemps qu'on tourne celle-ci, parce qu'alors il se forme un courant *circul-air* qui l'y maintient, mais aussitôt qu'on cesse de l'*axionner*, elle perd son équilibre ou sa pondération.

Pour que le monde reste dans son assiette, dans l'ordre établi, pour qu'il n'y ait pas d'arrêt dans la marche des choses, il est donc indispensable que l'axe universel ou la *Pan-axe* continue d'actionner, étant le siège central de la force et la cause première de tout mouvement.

Dans la mythologie, elle est personnifiée par Chronos[2] et *Sa-tourne* et dans celle des Indes par Brama aux nombreuses têtes et bras et aux immenses périodes astronomiques.

---

[1] Dans le principe c'est le même mot qu'axion.

[2] Ce mot est le même que le mot allemand *Kron, cour-ronne* en français, signifiant en principe une course à la ronde, une chose qui tourne; de là *Ça* ou *Sa-tourne*, c'est-à-dire Saturne. Chronos est donc le temps qui tourne concurremment avec les étoiles.

N°5

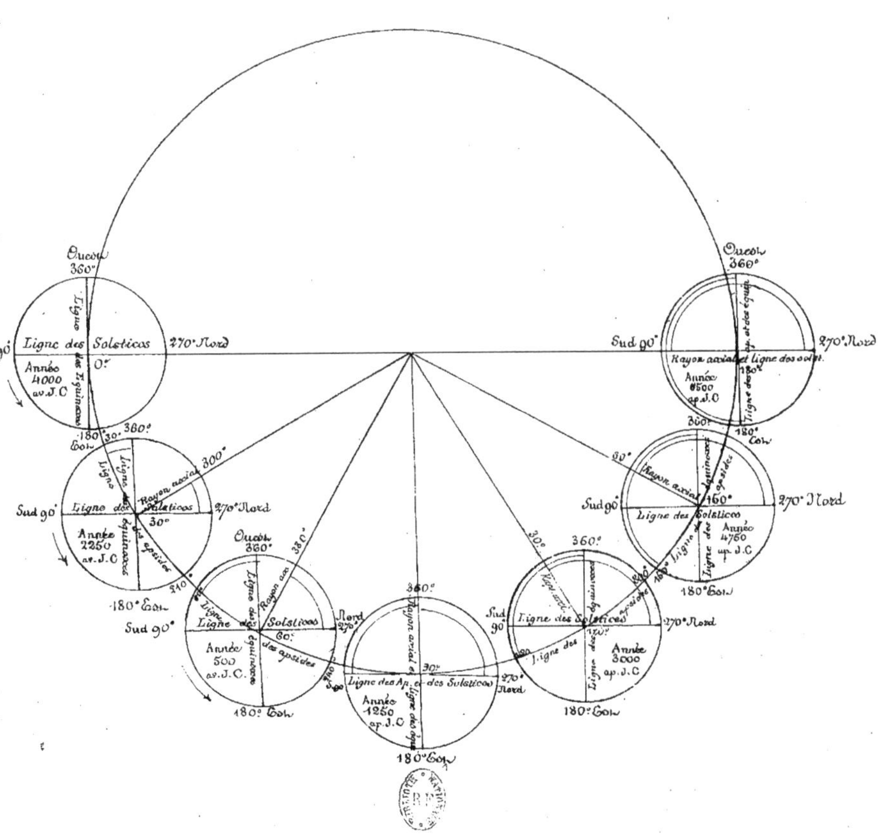

Ligne des Solstices
Ouest 360°
270° Nord
Sud 90°
Année 4000 av. J.C.
Ligne des Équinoxes
0°
180° Est
380°
300°
Rayon axial
Ligne des Solstices
30°
270° Nord
Sud 90°
Année 2250 av. J.C.
Ligne des apsides
210°
180° Est
Sud 90°
Ligne des Équinoxes
Ligne des Solstices
60°
Ouest 360°
330°
Rayon axial
Année 500 av. J.C.
Ligne des apsides
180° Est
360°
Ligne des Ap. et des Solstices
Rayon axial et ligne des équinoxes
Nord 270°
30°
Année 1250 ap. J.C.
180° Est
360°
Sud 90°
Ligne des Solstices
Ligne des Équinoxes
Année 3000 ap. J.C.
270° Nord
180° Est
90°
Rayon axial ligne des apsides
160°
Ligne des Solstices
270° Nord
Année 4750 ap. J.C.
Ligne des Équinoxes
180° Est
Ouest 360°
Sud 90°
Rayon axial et ligne des apsides
270° Nord
Année 6500 ap. J.C.
180°
Ligne des Équinoxes
300°
180° Est

Comme quoi il y a une année tropique et une année sidérale et comme quoi les lignes des équinoxes et des solstices sont devancées par celle de l'apogée-périgée ou des apsides[1].

§ 7

Cela tient à ce que le système solaire tourne autour de la panaxe et à ce que l'axe de la terre ou la ligne des pôles est constamment dirigée vers le Nord, sa direction normale, en se tenant toujours dans la ligne des solstices ; par conséquent, la ligne des équinoxes se déplace diamétralement à l'écliptique, d'où son écartement progressif de la ligne des apsides dans laquelle le soleil se tient ; ce même écartement se produit aussi entre la ligne des solstices et le rayon axial ou vectoral qui relie le soleil à la panaxe et qui coupe la ligne des apsides à angle droit.

Voir la figure n° 3.

Elle représente la moitié de l'orbite solaire : le centre de cette orbite est occupé par la panaxe ; les petits cercles représentent l'orbite terrestre, le soleil au milieu ; ils sont placés de 30 à 30 degrés le long de l'orbite solaire et cela aux années 0, 1750, 3500, 5250, 7000, 8750 et 10500 de la grande période.

Ces orbites terrestres sont coupées par la ligne des équinoxes et des solstices ; elles sont coupées en même temps par la ligne des apsides et le rayon axial.

Les courbes de différentes dimensions placées à l'intérieur de ces cercles indiquent les écarts progressifs ou précessifs qui se font entre la ligne des équinoxes et celle des apsides et qui se font entre la ligne des solstices et le rayon axial.

Au degré 0 de l'orbite solaire, il n'y a aucun écart entre la ligne des équinoxes et celle des apsides, pas plus qu'entre la ligne des solstices et le rayon axial.

Arrivé au degré 30 de cette même orbite, il se produit un écart de 30° entre la ligne des équinoxes et celle des apsides, celle-ci allant maintenant du 30ᵉ au 210ᵉ degré de longitude, tandis que précédemment elle allait du 360ᵉ ou du degré 0 au degré 180 de longitude ou de l'orbite terrestre. Le même écart s'est produit entre la ligne des solstices et le rayon axial, celui-ci étant maintenant au 300ᵉ degré, tandis que précédemment il était au 270ᵉ degré de longitude, en ne faisant alors qu'une ligne avec celle des solstices.

En allant de là au degré 60 de l'orbite solaire, on trouvera que l'écart entre ces diverses lignes est autant, c'est-à-dire de 60°, la ligne des apsides allant maintenant du degré 60 à 240 de longitude, tandis que précédemment elle allait du degré 30 à 210, et le rayon axial étant maintenant au degré 330, tandis que précédemment il était au degré 300 de longitude.

Et pendant que la ligne des apsides et le rayon axial se sont déplacés en avant de 60 degrés depuis le commencement de la grande période, les lignes des équinoxes et des solstices sont restées en place, allant toujours du degré 360 ou 0 au degré 180, et du degré 90 à 270 de longitude.

En allant de là au degré 90 de l'orbite solaire, l'écart entre ces diverses lignes est encore une fois de 30 degrés, la ligne des apsides étant maintenant confondue avec celle des solstices tandis qu'au degré 0 de l'orbite solaire, elle l'était avec celle des équinoxes, le rayon axial ne faisant plus qu'un avec la ligne des équinoxes, tandis qu'au degré 0 de cette même orbite, ce

---

[1] Traduit en allemand, ce mot signifie *Ab-seite*, c'est-à-dire *de côté*.

rayon ne faisait qu'un avec celle des solstices ; cela étant, la ligne des apsides va maintenant du degré 90 au degré 270, concurremment avec celle des solstices et le rayon axial va du degré 0 ou 360 au degré 180 de longitude, ce qui est une nouvelle précession de 30° sur les lignes équinoxiales et solsticiales, soit en tout 90° depuis le commencement de la grande période ou depuis que le soleil s'est avancé du même nombre de degrés le long de son orbite.

En continuant la même opération on trouvera qu'au degré 180 de l'orbite solaire, la ligne des apsides aura progressé sur celle des équinoxes du même nombre de degrés, allant maintenant du degré 180 au 360, tandis qu'au commencement de la période elle allait du degré 360 au 180 de longitude ; et si le périgée était alors au degré 180, il sera au milieu de cette période au degré 360 de longitude.

Et de ce qu'il en est de la ligne des apsides par rapport à celle des équinoxes, il en est de même du rayon axial par rapport à celle des solstices.

Si, au degré 180 de l'orbite solaire, l'écart en question est aussi de 180 degrés, il sera de 360 lorsque le soleil aura fait le tour entier de la panaxe.

Autant que la ligne des apsides et le rayon axial sont en avance sur les lignes équinoxiales et solsticiales, autant la terre est obligée de dépasser les 360 degrés de son orbite (ou des longitudes) pour se retrouver dans la ligne des apsides, soit de 30 degrés en 1,750 ans, de 60 degrés en 3,500, et ainsi de suite.

En allant de ce pas, au bout de la grande période, la terre aura fait une fois de moins le tour du soleil qu'elle n'a traversé les lignes des équinoxes et des solstices, ce qui fait une année de différence sur les 21,000 ans.

Eh bien, cette différence n'en est pas une autre que celle qui se fait entre l'année sidérale et la tropique.

En divisant 21,000 ans en une année soit en 365 jours, soit en 8,760 heures, soit en 525,600 minutes, on a 25 1/2 minutes d'écart par an entre les deux sortes d'années.

Selon les livres astronomiques, l'année sidérale est de 365 jours 2563835 et la tropique de 365 jours 242264.

En supposant qu'à la place de la panaxe qui est invisible il y ait une étoile, celle-ci sera de 25 1/2 secondes de temps en retard sur le méridien d'une année à l'autre, d'où une plus longue durée de la même valeur de l'année sidérale ou stellaire que de l'année tropique qu'on pourrait nommer aussi bien année équinoxiale ou solsticiale.

Et en raison de cet écart, le jour de l'an s'écarte de plus en plus du solstice d'hiver ; ainsi le commencement de l'année tombait au 21 décembre en 1250 après J.-C. tandis qu'il est maintenant au 1er janvier.

S'il se produit conformément à la marche du soleil un écart de 360 degrés en 21,000 ans, soit de 61"9 par an entre la ligne des apsides et celle des équinoxes ou le point vernal, la précession des équinoxes, qu'on peut appeler aussi bien la rétrogradation, selon le point de vue qu'on l'envisage, est logiquement aussi de 61"9 et non pas de 50"2, selon les livres astronomiques ; de quoi provient cette différence, cela sera démontré plus loin.

Si en apparence l'axe de la terre tourne lentement autour d'une perpendiculaire à l'écliptique et que, par conséquent, la ligne des équinoxes et celle des solstices en font autant en apparence, tel qu'on l'enseigne dans les livres astronomiques, en réalité, c'est le soleil, y compris son périgée, qui tourne autour de cette perpendiculaire et non pas l'axe de la terre ou la ligne des pôles, celle-ci conservant invariablement la même direction dans son déplacement le long de l'orbite solaire; il en est forcément de même des équinoxes et des solstices; c'est donc tout le contraire de ce qu'en disent les astronomes.

Cette perpendiculaire à l'écliptique n'en est pas une autre que la panaxe.

Dans les livres astronomiques on compare le lent tournement de l'axe de la terre autour d'une perpendiculaire à l'écliptique à celui d'une toupie, tournant obliquement autour d'une verticale, en décrivant un cône autour de celle-ci. Pour expliquer cette analogie entre le tournement de la toupie et de l'axe terrestre, on attribue au soleil une influence attractive sur celle-ci qui aurait pour conséquence une déviation de sa direction normale qui est le Nord, tel que le mot le dit.

Et pour que cette déviation puisse se faire, on suppose que l'attraction solaire est plus forte vers les pôles de la terre, où la terre est un peu plus aplatie qu'à l'équateur, déviation ou révolution qui n'aurait pas lieu si la terre était une boule parfaite.

Pour en savoir encore plus long, lire à ce sujet les livres astronomiques.

Pour nous fournir des preuves de tout cela, on ferait cependant bien de nous en montrer quelques exemples pris dans la mécanique, c'est-à-dire dans la réalité des choses; mais on s'en garde bien et pour cause; aussi les explications qu'on donne à ce sujet sont aussi entortillées qu'elles sont tirées par les cheveux.

Comme, dans ce système-ci, nous nous passons parfaitement de la théorie newtonienne pour expliquer comme quoi les planètes tournent autour du soleil, nous avons pu la dédaigner de même dans notre démonstration de la précession des équinoxes — démonstration essentiellement mécanique soit dit en passant — tel qu'on a pu s'en convaincre séance tenante.

Répétons à ce sujet que les planètes planent et gravitent autour du soleil en vertu de courants d'éther dûs à son déplacement le long de son orbite, courants plus ou moins elliptiques, mais non pas en vertu d'un mouvement combiné, dont l'un proviendrait d'une attraction et dont l'autre consisterait dans l'éloignement des corps célestes en ligne droite et cela à perte de vue, combinaison imaginée pour la circonstance, mais qui n'existe nulle part dans la nature des choses ou dans les choses de la nature et qui, par conséquent, ne peut raisonnablement pas servir d'exemple ou de preuve à l'appui dans la démonstration en question.

Ce qui maintient les planètes dans leur route, ce sont les courants d'éther céleste qui contournent le soleil à différentes distances et dont chacun a son contre-air ou contre-courant à l'instar des vents.

Ces courants orbitiales sont assez puissants pour empêcher les planètes de dévier de leur orbite et de tomber sur le soleil, en supposant qu'elles en seraient attirées en vertu de son action attractive; ce qu'il y a de certain, cette attraction solaire, amoindrie qu'elle est plus ou moins par ces courants orbitiales, ne dépasse pas une certaine mesure; tout au plus elle peut causer de légères perturbations dans la marche des planètes et de leurs satellites; ce qui en outre de ces courants neutralise très souvent l'influence solaire, ce sont les nuages, car lorsqu'ils sont par trop répandus ou par trop épais, les vents perdent leur oscillation diurne qu'ils doivent à l'influence du soleil, en vertu de ses raies ou rayons.

Lire à ce sujet la partie météorologique de mon ouvrage.

N'oublions pas que les raies, au moyen desquelles l'attraction se fait, perdent de leur force au fur et à mesure qu'ils s'écartent de l'équateur à cause de leur chute oblique aux latitudes supérieures ; ils y ont donc d'autant moins de prise sur l'axe de la terre, en supposant qu'attraction il y ait ; de toute manière ils ne pourraient faire l'effet voulu qu'à l'équateur où ils arrivent dans toute leur force ; mais malheureusement pour la théorie en question cela ne nous dirait pas comme quoi l'axe de la terre en pourrait être dévié de sa direction normale à la longue.

Embrouillée comme elle est, cette explication à l'aide de la toupie telle qu'elle figure dans les livres astronomiques n'explique donc pas l'affaire.

Comme quoi il y a accord mécanique si on écarte de 61″9 par an les lignes équinoxiales et solsticiales de celle des apsides ; et comme quoi il y a désaccord si on ne les écarte que de 50″2 de cette dernière.

§ 8

Voir pour cela les figures nᵒˢ 6 et 7.

Ces cercles représentent l'orbite terrestre et cela aux années 4000, 1750, 500 avant J.-C., et 1250 et 1833 après J.-C.

Sur le nᵒ 6, l'écart en question est de 61″9, et sur le nᵒ 7 il est de 50″2.

Le soleil n'occupe pas tout à fait le centre de ces cercles qu'il faut se figurer un tant soit peu allongés dans le sens de la ligne des apsides ; se tenant toujours dans cette ligne, son emplacement est indiqué par un P signifiant périgée.

Pour me conformer à la théorie des livres astronomiques, je fais tourner les lignes équinoxiales et solsticiales rétrogradement en les écartant de 61″9 par an de celle des apsides, soit de 30° en 1,750 ans, de 60° en 3,500, de 90° en 5,250, et de 100° en 5,833.

Si les lignes équinoxiales et solsticiales s'écartent de celle des apsides, cette dernière s'écarte de l'autre ; cela dépend du point de vue qu'on considère ces écarts.

En les écartant à raison de 61″9 par an, conformément au nᵒ 6, on arrive à l'écart voulu pour l'année 5833 ou 1833 après J.-C. où il était de 10°, tel que cela a lieu en E ; là, la ligne des apsides est de 280° de longitude de même le périgée, tandis que le solstice d'hiver est au 270ᵉ ; nous sommes alors au 21 décembre et au 1ᵉʳ janvier.

Si nous reculons maintenant de E en D sur la figure nᵒ 6, nous verrons que l'écart de 10° a disparu entre la ligne des solstices et des apsides, toutes les deux étant de 270° de longitude ; ceci a eu lieu en l'année 1250 après J.-C. ; alors le jour de l'an coïncida avec le solstice d'hiver.

En reculant de D à C, l'écart en question y est de 30° ; alors le périgée était de 240° de longitude et le jour de l'an se fit au 21 octobre, ce qui a eu lieu en l'année 2250 avant J.-C.

En reculant jusqu'à A, cet écart est de 90° ; alors le périgée l'était de 180° ; et le jour de l'an a eu lieu le 23 septembre, à l'équinoxe d'automne ; à cette époque, la ligne des apsides se confondit avec celle des équinoxes, tandis qu'en D elle se confondit avec celle des solstices[1].

Vu qu'on arrive avec ce procédé au même résultat pour les différentes dates en question qu'avec le mien[2], il y a accord parfait entre eux, quoique j'y procède d'une toute autre façon ;

---

[1] Cette démonstration est empruntée au *Cours élémentaire d'Astronomie* de M. Ch. Delaunay.
[2] Voir pour cela le paragraphe 5.

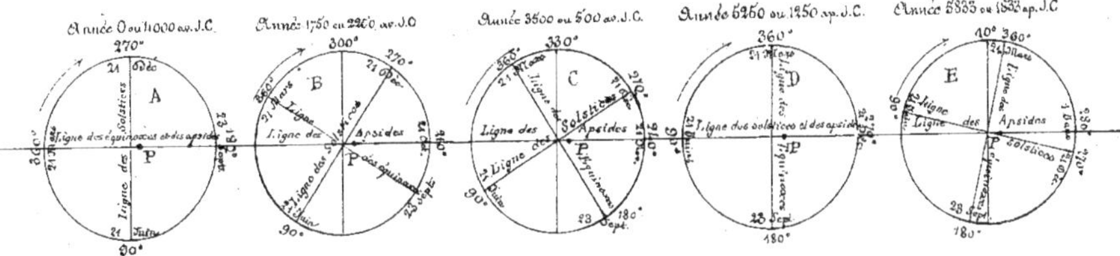
Année 0 ou 4000 av. J.C.
Année 1750 ou 2250 av. J.C.
Année 3500 ou 500 av. J.C.
Année 5250 ou 1250 ap. J.C.
Année 5833 ou 1833 ap. J.C.
A
B
C
D
E

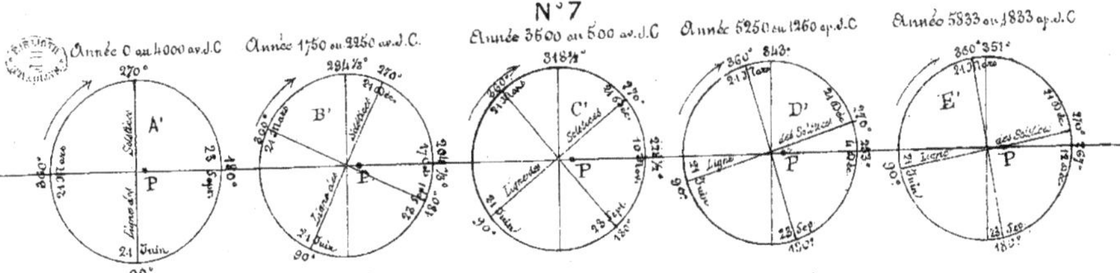
Année 0 ou 4000 av. J.C.
Année 1750 ou 2250 av. J.C.
Année 3500 ou 500 av. J.C.
Année 5250 ou 1250 ap. J.C.
Année 5833 ou 1833 ap. J.C.
A'
B'
C'
D'
E'

mais où nous ne sommes pas d'accord, loin de là, c'est quand on attribue un déplacement de 50"2 par an à la ligne des équinoxes et par conséquent à celle des solstices, et un autre de 61"9 à la ligne des apsides ou au périgée.

Comme il est impossible qu'un seul et même mouvement se fasse à raison de 61"9 et de 50"2 par an, il y a forcément une incohérence en jeu.

Pour nous rendre compte de cet illogisme, voyons la figure n° 7 où ces mêmes cercles sont reproduits et placés aux mêmes époques.

Comme on peut voir, le cercle A' est tout à fait pareil à celui de A dans la figure n° 6; il n'y a encore aucune divergence entre ces diverses lignes; d'un côté comme de l'autre, le périgée est de 180° de longitude, et d'un côté comme de l'autre, le jour de l'an a lieu le 23 septembre, en coïncidant avec l'équinoxe d'automne.

Mais en allant de là en B' il n'en est plus de même, vu que le périgée y est de 204° 1/3 de longitude au lieu de 210° et que la date pour le jour de l'an n'est plus la même non plus.

Plus on s'éloigne de A', cette différence s'agrandit et arrive en E, le périgée est de 261°, au lieu de 280°, et alors le jour de l'an tombe au 12 décembre au lieu du 1er janvier, soit de 20 jours en avance, et tout cela parce que les lignes des solstices et équinoxes ne s'y sont déplacées que de 50"2 au lieu de 61"9, tel que cela a lieu en figure n° 6.

Voilà comme quoi on arrive à établir deux périodes différentes, dont l'une est de 21.000 ans pour le périgée et l'autre de 25,750 ans pour la précession des équinoxes et cela pour un seul et même mécanisme ou mouvement. Cela est-il possible ?

Dans l'*Annuaire du Bureau des Longitudes* pour l'année 1888, on n'accuse que 11"7 pour le déplacement du périgée au lieu de 61"9; autant que j'y comprends, ces 11"7 sont l'excédent de celui-ci sur le déplacement de la ligne des équinoxes, n'étant censément que de 50"2.

Eh bien, c'est justement cet excédent qui ne dit rien qui vaille mécaniquement parlant.

Mais comment cela peut-il se faire qu'en vertu des observations on n'a que 50"2 par an pour la précession, tandis qu'elle est de 61"9 en réalité?

A quoi cela peut-il tenir?

Cela tient à ce que pour les observations on s'est tenu à une certaine étoile qui, autant que j'en sais, est l'Épi de la Vierge, et cela sans se douter qu'elle s'est déplacée en même temps que le soleil autour de la panaxe, mais pas du même pas, en étant beaucoup plus éloignée que lui.

Si, au lieu de l'Épi de la Vierge, on avait pris une autre étoile comme point de repère, allant plus vite au moins à cause de son éloignement plus grand ou moindre de la panaxe, l'excédent en question aurait été plus que probablement un autre que celui de 11"7.

D'après les observations faites par Hipparque en l'an 128 avant J.-C., cette étoile était de 174° de longitude et de ce qu'elle l'était de 201° 4' 41" en 1802 après J.-C. d'après Maskelyne, on a constaté un déplacement de 27° 4' 41" pour 1,930 années qui séparent les observations d'Hipparque de celles de Maskelyne; de là on a conclu à un déplacement pareil du point vernal ou de la ligne des équinoxes, en considérant celui de l'Épi comme apparent, au lieu de le considérer comme réel.

En divisant ces 27° 4' 41" en 1,930 années, on a 50" 1/2 par an, ce qui est une petite fraction de plus que les 50"2 des livres astronomiques.

Si, par contre, on considère comme réel au lieu de considérer comme apparent seulement le déplacement de l'Épi, elle s'est déplacée de 5° 40' 24" de moins que le soleil, le déplacement de celui-ci ayant été de 32° 45' 5" en 1,930 années à raison de 61"9.

Si l'Épi de la Vierge est resté en arrière d'un certain nombre de degrés sur la marche du soleil, cela ne veut pas dire que les signes de l'écliptique ou du zodiaque aient retardé autant, vu qu'ils tournent du même pas et dans le même sens autour de la panaxe que le soleil.

En tournant autour de la panaxe, les étoiles obéissent à la même loi que les planètes dans leur évolution autour du soleil et que les satellites de celles-ci en tournant autour d'elles, soit dit mécanico-*astro-logiquement*. Pas d'exceptions à cette loi.

Si on part de ce principe qu'il n'y a pas en mécanique de circulation ou de rotation sans l'axionnement[1] d'un axe, que tout mouvement circulaire se rattache à un centre d'axion[2], les étoiles ont des orbites circulaires; si encore on prend en considération que la nature se répète et cela aussi bien en mécanique qu'en autre chose, les étoiles tournent aussi bien autour d'un point central que les planètes, axionnées que celles-ci sont par le soleil; et si les orbites de celles-ci sont elliptiques au lieu d'être rondes, c'est qu'il se déplace pendant qu'elles le contournent.

Et du moment que le soleil circule, qu'il décrit un cercle, il doit logiquement en être de même de toutes les étoiles !

S'il y a une différence plus ou moins grande entre elles pour le temps qu'elles emploient à faire le tour de la panaxe ou de l'axe universel, il n'y en a pas entre le soleil et les signes de l'écliptique, vu que ceux-ci en font le tour du même pas que lui, soit en 24,000 ans et non pas en 25,730, d'après l'astronomie empirique.

Comme il y a des étoiles qui circulent bien plus lentement que certaines autres, en comparaison de celles-ci elles paraissent reculer ou avoir une marche opposée; et comme cette différence d'allure se présente de tout côté du ciel, vu qu'il y a partout des étoiles, elles ont l'air de ne suivre aucune règle ou loi dans leur déplacement; aussi jusqu'ici l'astronomie *de visu* n'a encore vu qu'une indescriptible anarchie là où règne l'ordre dans toute sa rigueur et l'harmonie dans toute sa beauté.

Parfait et universel qu'il est, ce giron de Pan est la Pané-gyrique[3] dont on fait les louanges rien qu'à prononcer le mot.

Contenant une infinité de mondes, dont notre monde solaire ou planétaire en est un, tous ces mondes forment le Pandémondium[4] compris dans le véritable sens du mot.

Comme quoi ce n'est qu'en apparence que le Soleil se dirige vers un certain point du ciel en ligne droite.

§ 9

Si on admet, d'après la théorie encore en cours, que la ligne des pôles tourne autour d'une perpendiculaire à l'écliptique et que les lignes équinoxiales et solsticiales font le tour de cette dernière à raison de 50"2 par an, dans ce cas la ligne des apsides est forcément une ligne droite, tel que cela ressort aux figures n°s 6 et 7, et de ce que le soleil se tient constamment dans cette ligne, sa marche a l'air de se faire aussi en ligne droite et cela vers une étoile dont l'ascension

---

[1] Ce mot est écrit ainsi intentionnellement au lieu d'actionnement.

[2] Ou action.

[3] Le véritable sens du mot, du moins d'après la logique des syllabes, est « giron de Pan ».

[4] Écrit ainsi intentionnellement au lieu de Pandémonium.

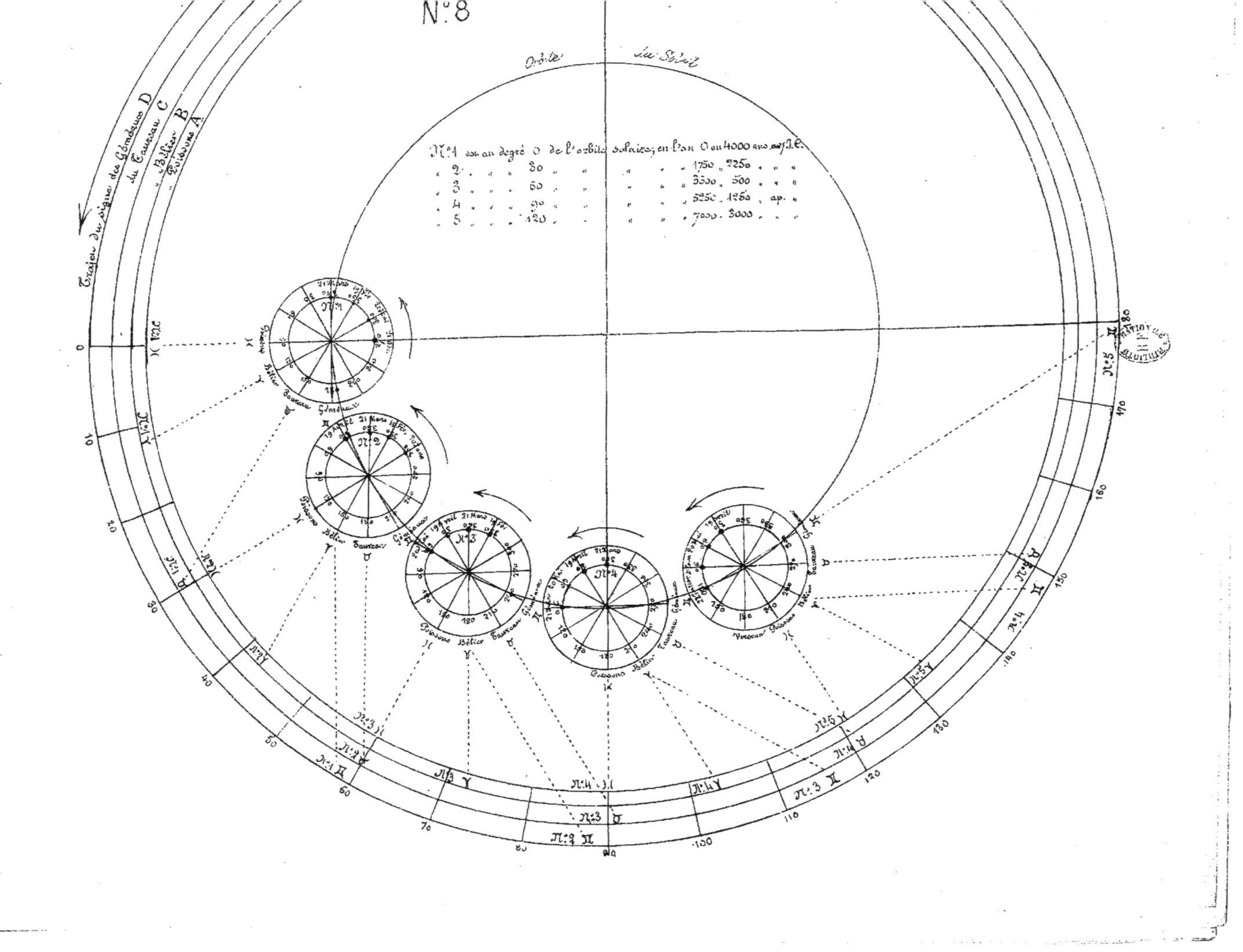

N.° 8
Orbite   du Soleil
Trajet du signe des Gémeaux D
du Taureau C
Bélier B
Poissons A
N.°1 est au degré 0 de l'orbite solaire; en l'an 0 ou 4000 ans av. J.C.
,, 2 ,, ,, ,, 30 ,, ,,   ,, ,, ,, 1750 ,, 2250 ,, ,, ,,
,, 3 ,, ,, ,, 60 ,, ,,   ,, ,, ,, 3500 ,, 500 ,, ,, ,,
,, 4 ,, ,, ,, 90 ,, ,,   ,, ,, ,, 5250 ,, 1750 ,, ap. ,,
,, 5 ,, ,, ,, 120 ,,   ,, ,, ,, 7000 ,, 3000 ,, ,, ,,
N.°1
N.°2
N.°3
N.°4
N.°5

droite est de 18 heures 43 minutes ; une telle doit faire partie de la constellation de la Lyre [1] ; pour la déterminer, en supposant qu'il y en ait une à cet endroit du ciel, on prolonge jusqu'au point voulu la ligne des apsides qui coupe actuellement l'orbite terrestre du degré 101 à celui de 281.

D'après les astronomes, l'ascension droite du point du ciel vers lequel le soleil a l'air de se diriger est à 17 heures 17 minutes, ce qui diffère de 1 heure 26 minutes de celle que j'ai trouvée à l'aide de la ligne des apsides ; quoi qu'il en soit de cette différence, elle est sans importance dans la question que nous traitons en ce moment.

Voilà ce qui a lieu en apparence ou *de visu;* mais en réalité le soleil ne se dirige pas plus vers la constellation de la Lyre ou d'Hercule que vers toute autre, vu qu'il tourne autour de la panaxe concurremment avec ces deux constellations comme avec toutes les autres, sinon du même pas.

C'est qu'il n'y en a pas une seule qui ne fasse pas partie de la Panégyrique ou du giron de Pan en qui nous avons aussi la Roue du Temps, soit dit sans autre préambule.

Ce qui en réalité se déplace en ligne droite, mais brisée, ce sont les lignes équinoxiales ou solsticiales, telles qu'elles figurent sur mes cartes ; la première en se déplaçant du Sud au Nord le long de cette dernière et celle-ci en se déplaçant d'Est à Ouest le long de la ligne équinoxiale et cela depuis 1250 avant J.-C. ; précédemment son déplacement se fit d'Ouest à Est.

Ce maintien en ligne droite est la conséquence de la direction constante de l'axe de la terre vers le Nord, sa direction normale.

Comme les étoiles tournent autour de la panaxe, le Nord nous est indiqué tantôt par telle, tantôt par telle autre dans le courant des siècles. Pour combien de temps l'étoile polaire actuelle pourra-t-elle être considérée comme telle, cela reste encore à être déterminé au juste.

Comme quoi les signes du zodiaque ou de l'écliptique tournent autour du Soleil et comme quoi ils tournent en même temps autour de la Panaxe en compagnie de celui-ci et du même pas.

§ 10

Pour cela, veuillez étudier la carte n° 8 sur laquelle est tracée l'orbite solaire, la panaxe au centre. Les plus grands des épicycles, dont il y en a cinq, représentent l'écliptique ; à ceux-ci on peut donner en imagination une extension à volonté ; les petits cercles à l'intérieur de ceux-ci représentent l'orbite de la terre, et les quatre points qui s'y trouvent représentent la terre en différents emplacements successifs ; par contre il faudrait rétrécir de beaucoup ces petits cercles pour être dans la proportion voulue.

De ces petits cercles, le soleil occupe le milieu ; ils se répètent de 30 degrés le long de son orbite et ils sont numérotés de 1 à 5 ; autant de numéros, autant d'époques.

Les cercles extérieurs sont autant de trajets des signes du zodiaque ; s'il n'y en a que 4 au lieu de 12, c'est pour éviter la confusion. Chacun des 4 signes de l'écliptique dont il s'agit ici est reporté 4 fois du petit cercle de l'écliptique aux grands cercles extérieurs qui entourent la panaxe

[1] Tout près de ce point, en ne tenant compte que de sa longitude et non pas de sa latitude, est l'étoile 10 B' de la Lyre, de 3° grandeur, son ascension droite étant de 18 h. 45 m.

parallèlement à l'orbite solaire ; ces reports sont autant d'étapes que les signes ont faites ou qu'ils feront encore de 1,750 en 1,750 années; ces étapes sont éloignées l'une de l'autre de 30 degrés, juste autant que celles du soleil.

Il s'agit ici des signes des Poissons, du Bélier, du Taureau et des Gémeaux et exceptionnellement de celui du Verseau et cela au n° 5 ; s'il n'y a que ceux-ci en jeu, c'est pour mieux se reconnaître dans leur marche.

Partons maintenant du n° 1, de l'année 4000 avant J.-C.; alors l'équinoxe du printemps se trouve dans le signe des Gémeaux et cela déjà depuis 875 années[1], soit depuis l'an 4,875 av. J.-C. En allant de là au n° 2, en l'année 2250 av. J.-C., le soleil au même équinoxe se trouve dans celui du Taureau, et cela depuis 875 années, soit depuis l'an 3,125 av. J.-C. Arrivé au n° 3, en l'année 500 av. J.-C., nous le voyons au 21 mars dans le signe du Bélier et cela depuis 875 années, soit depuis l'an 1,375 av. J.-C. En allant de là au n° 4, en l'année 1250 après J.-C., le soleil se trouva au 21 mars dans le signe des Poissons et cela depuis 875 années, soit depuis l'an 375; il y sera jusqu'à l'année 2125 de notre ère.

Si enfin nous allons jusqu'au n° 5, en l'année 3000, le soleil sera à l'équinoxe du printemps dans le signe du Verseau, et cela déjà depuis 875 années, soit depuis l'an 2125.

Cette marche des signes du zodiaque, marche réelle et non apparente, est tout à fait conforme aux annales astronomiques; ainsi selon une observation chinoise en l'an 2357 av. J.-C., c'était l'étoile N des pléiades faisant partie de la constellation du Taureau, qui a désigné alors l'équinoxe du printemps.

Si les annales astronomiques vont jusqu'à l'année 2357 av. J.-C., même encore plusieurs siècles au delà, elles ne vont pas, autant que j'en sais, jusqu'à l'époque où les Gémeaux désignaient l'équinoxe du printemps, tel que cela eut lieu de l'an 4875 à l'an 3125 avant J.-C.

Quoique les documents manquent pour témoigner ce fait astronomique, il n'en a pas moins été ainsi en réalité; d'après cette même logique, le soleil sera dans le signe du Verseau à l'équinoxe du printemps et cela à partir de l'année 2125, soit en 226 années ; en cela il me semble être d'accord avec les données de l'astronomie observante.

La progression des signes du zodiaque étant la même pour tous, nous voyons, par exemple, au n° 1 celui du Bélier se rapporter au 20 janvier, tandis qu'au n° 2 il se rapporte au 19 février, au n° 3 au 21 mars, au n° 4 au 19 avril, et au n° 5 au 20 mai.

Si, au lieu du Bélier, nous prenons le signe du Taureau, au n° 1 il est au 19 février, au n° 2 au 21 mars, au n° 3 au 19 avril, au n° 4 au 20 mai, et au n° 5 au 21 juin.

Et ce qu'il est de ces deux signes sous ce rapport, il en est des autres.

Si on reporte ces signes aux grands cercles extérieurs, en suivant les lignes droites interrompues qui s'étendent du soleil à un signe reporté quelconque, on verra que tel ou tel signe, supposons que ce soit celui des Poissons, se sera déplacé du même nombre de degrés que le soleil autour de la panaxe, soit de 30 degrés en 1,750 années, pour cela on n'a qu'à suivre les étapes de ce signe reporté au cercle A qui de ces 4 cercles extérieurs a le moins d'étendue.

Si maintenant nous poursuivons le Bélier d'étape en étape, nous verrons qu'il s'est déplacé de même de 30 degrés en 1,750 années tel que ces étapes sont échelonnées au cercle B; ainsi ce signe était en l'année 4000 av. J.-C. au degré 14 de sa circonférence; en l'année 2250

---

[1] C'est la moitié de 1,750 années.

avant J.-C. au degré 44; en l'année 500 av. J.-C. au degré 74; en l'année 1250, au degré 104, et il sera en l'année 3000 à celui de 134.

Et si on fait la même opération avec le Taureau et les Gémeaux, on arrivera au même résultat, c'est-à-dire à un déplacement de 30° toutes les 1,750 années.

Pour avoir un aperçu plus commode de ces étapes, établissons le tableau suivant :

Au N° 1, en l'année 4000 av. J.-C., le signe des Poissons était à 0° de sa circonférence.
    2 — 2250 — — — 30° —
    3 — 500 — — — 60° —
    4 — 1250 ap. J.-C. — — — 90° —
    5 — 3000 — — sera à 120° —

N° 1 — 4000 av. J.-C., le signe du Bélier était à 14° —
    2 — 2250 — — — 44° —
    3 — 500 — — — 74° —
    4 — 1250 ap. J.-C. — — — 104° —
    5 — 3000 — — sera à 134° —

N° 1 — 4000 av. J.-C., le signe du Taureau était à 33° —
    2 — 2250 — — — 63° —
    3 — 500 — — — 93° —
    4 — 1250 ap. J.-C. — — — 123° —
    5 — 3000 — — sera à 153° —

N° 1 — 4000 av. J.-C., le signe des Gémeaux était à 60° —
    2 — 2250 — — — 90° —
    3 — 500 — — — 120° —
    4 — 1250 ap. J.-C. — — — 150° —
    5 — 3000 — — sera à 180° —

En reculant le cercle B d'un certain nombre de fois, le signe du Bélier du n° 1, au lieu d'être au 14° degré de son orbite ou circonférence en l'année 4000 av. J.-C., sera d'un certain nombre de degrés plus avancé ; en supposant qu'il serait placé au degré 20, il serait au degré 50 en l'année 2250 avant J.-C. au lieu de 44, et ainsi de suite.

Et de ce qu'il en est sous ce rapport du signe du Bélier, il en est de même des autres.

Si ces étapes étaient toutes sur le même cercle, cela changerait de quelque peu une partie de ces chiffres, mais il y aurait toujours le même intervalle entre elles, soit de 30 degrés; pour se rapprocher davantage de la réalité, il faudrait que ces cercles extérieurs fussent reculés de beaucoup.

Disons encore que nonobstant la ligne des équinoxes se déplace en ligne droite brisée et de vitesse inégale, ces signes ne tournent pas moins régulièment autour du soleil et autour de la panaxe.

Comme les astronomes ont omis depuis l'antiquité, disons depuis 1,750 années, d'avancer les signes du zodiaque conformément à leur marche circulaire, ils sont restés en arrière dans leur calendrier d'une constellation, de sorte que les Poissons sont maintenant dans celui du Bélier, le Bélier dans celui du Taureau, le Taureau dans celui des Gémeaux.

Si les astronomes de la haute antiquité avaient commis la même omission, les signes seraient maintenant d'au moins de deux constellations en arrière ou en retard sur leurs emplacements véritables.

Ce qui reste en arrière plus ou moins sur la marche du soleil, ce ne sont pas les signes, mais les étoiles, selon toutes probabilités.

Au bout de 21,000 ans, ces signes auront tous tourné autour du soleil, tout en tournant autour de la panaxe ; mais conventionnels comme ils sont, cela ne veut pas dire que les constellations en font autant dans leur longues évolutions autour de cet axe universel, et n'allant pas du même pas dans cette évolution, elles restent plus ou moins en arrière sur leurs signes.

Que dans le courant d'un grand nombre de siècles il résulte entre eux une divergence plus ou moins prononcée et une autre entre les nombreuses étoiles dont elles se composent, c'est à peu près certain ; cette dernière du moins a été constatée suffisamment par les observations.

Dé-pan-dants[1] de la *Pan-axe*, reliées qu'elles sont à elle, et en admettant qu'elles tournent toutes autour d'elle dans le même sens, sinon dans le même plan, la divergence qui se fait entre les étoiles ne se fait pas en tous sens, tel qu'on pourrait le croire en s'en rapportant aux apparences et tel que les astronomes l'affirment : si ces écartements d'une étoile à l'autre ne forment pas de courbes sensibles, c'est qu'elles ne sont pas assez prolongées pour les remarquer ; pour cela il faut un certain nombre de siècles ; on découvre d'autant moins de courbe qu'on croit que le soleil se déplace en ligne droite, tandis qu'il décrit un cercle.

Si maintenant on veut que les signes représentent perpétuellement les mêmes constellations, il faudrait non seulement que celles-ci tournent avec le soleil autour de la panaxe, mais il faudrait aussi qu'elles tournent toutes dans le même temps autour de cet astre, soit en 21,000 ans, à l'instar des signes.

Comme ceci n'est pas admissible, on peut conclure que les étoiles tournent seulement autour de la panaxe, en restant plus ou moins en arrière sur leurs signes pendant que ceux-ci tournent conventionnellement tout à la fois autour de celle-ci et autour du soleil.

Si la période du soleil et des signes du zodiaque est de 21,200 ans, celle des étoiles est indéterminée ou inconnue encore.

Comme plusieurs lumières font plus de clarté qu'une seule, je ne demande pas mieux que d'autres, et de plus fortes que la mienne, contribuent à éclairer cette haute question, que je viens de soulever si hardiment, sinon de la résoudre en entier et cela toujours en conséquence du Principe du mouvement dont la découverte m'est échue.

Mené très loin par ce principe et cela pour ainsi dire involontairement, il n'est pas étonnant que je soulève des problèmes qu'on croit résolus depuis longtemps et même des problèmes auxquels personne n'a encore pensé, du moins autant que j'en sais ; m'est avis qu'il n'y a pas grand mal à cela en somme, vu que cela doit donner une nouvelle animation aux questions scientifiques dont le plus grand nombre attendent encore leur solution.

Tant pis pour ceux qui préfèrent le repos au mouvement ; qu'ils restent sous leurs tentes, à moins qu'ils ne préfèrent mettre des bâtons dans la roue du progrès qui est aussi celle du Temps.

Mais revenons à notre sujet.

Pour avoir un aperçu plus étendu sur cette grandiose *roue-airie* céleste, sur le Giron de Pan, j'ai dressé la carte n° 9 qui est toute pareille au n° 8, mais plus complète pour ce qui concerne la marche des signes du zodiaque ou de l'écliptique et celle du soleil autour de la panaxe.

---

[1] Ce mot est dérivé de *Pan* de même que *Panaxe* ; si l'on écrit d'habitude avec un *e* au lieu d'un *a*, c'est que son orthographe n'est pas rationnelle ; en tous cas on le prononce comme s'il y avait un *a*.

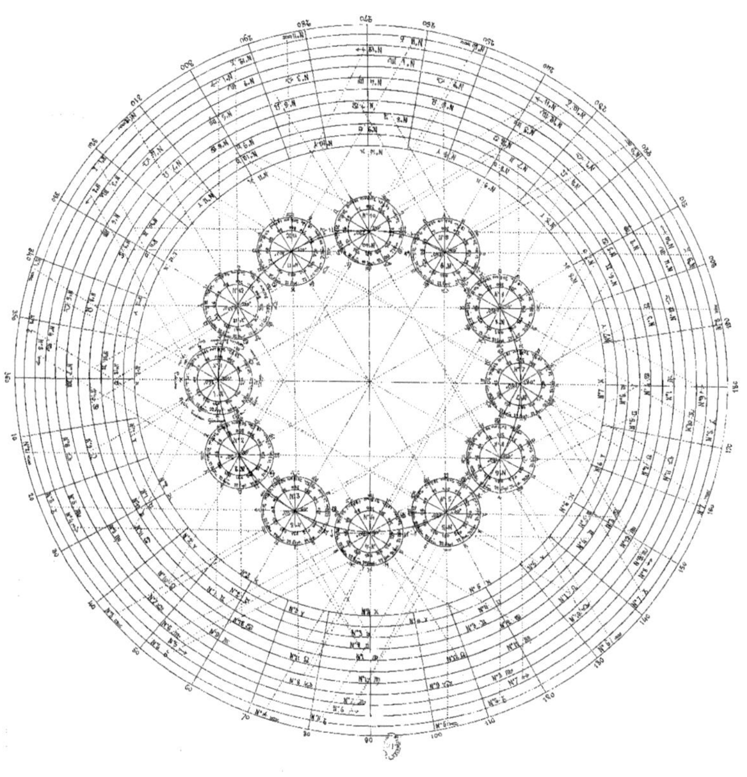

Il y a encore cette différence entre ces deux cartes, que les cercles extérieurs sont de douze autant qu'il y a de signes, tandis qu'au n° 8 il n'y en a que quatre.

En s'y prenant de la même façon que tout à l'heure pour le n° 8, on verra que les étapes des différents signes sont partout éloignées de 30 degrés les unes des autres de 1,750 en 1,750 années ; on verra aussi que l'ensemble forme un tout harmonieux, mécaniquement parlant.

Pour être plus complet, il y faudrait encore les orbites des autres planètes et celles de leur satellites, mais cela ferait un embrouillement sur cette carte à ne plus s'y reconnaître.

Comme j'aime à démontrer mécaniquement les nombreuses particularités de la mécanique céleste, j'ai construit un appareil qui, dans toute sa simplicité, démontre clairement la Panégyrique telle qu'elle est tracée sur les cartes n°s 8 et 9, et cela en quelques minutes, sans le moindre effort intellectuel pour la comprendre ; mobile comme il est, il a un grand avantage sur le dessin.

C'est tout bonnement une double table ronde dont la supérieure tourne sur l'inférieure au bord de laquelle sont indiqués les 360 degrés du cercle. Le milieu est occupé par un bâton qui représente la panaxe autour de laquelle tourne le soleil et autour duquel tournent lentement les signes du zodiaque, tout en tournant en même temps autour de la panaxe, conformément à ces cartes.

CHAPITRE III

Comme quoi le plan de l'orbite solaire tourne rétrogradement autour de la Panaxe, comme quoi il est incliné de 1°24′ sur celui de l'écliptique, et comme quoi le plan de l'orbite terrestre a la même inclinaison et la même rétrogradation.

§ 11

Pas de planète sans plan; c'est le mot qui le dit et si ceux des autres planètes sont inclinés plus ou moins sur celui de l'écliptique, par analogie, celui de la terre doit l'être aussi et de ce que celle-ci et le soleil se trouvent dans le même plan, le plan de ce dernier doit être incliné de la même valeur.

Il s'agit maintenant de savoir de combien est cette inclinaison.

Comment le découvrir?

Eh bien, ce qui m'a mis sur la voie de cette intéressante découverte, c'est la diminution séculaire de 48″ de l'obliquité de l'écliptique, dont non plus on ne connaît encore la véritable cause; et ce qui m'a suggéré l'idée d'attribuer une tournure rétrograde à ce plan, c'est celle du plan de l'orbite lunaire; c'est donc aussi analogiquement que cette rétrogradation a été découverte. Et en attribuant la même période à ce plan qu'au soleil, soit 21,000 ans, je ne suis pas moins tombé juste, de même qu'en identifiant le plan de l'orbite solaire avec celui de l'orbite terrestre; tout cela ressortira au courant des démonstrations suivantes quand même elles laisseraient à désirer comme rédaction, du moins pour ceux des astronomes qui y voudront prêter leur attention et les suivre sans idées préconçues.

Que par suite de ces principes, tous découverts philosophiquement, je suis en contradiction dans l'explication d'un grand nombre de faits de la mécanique céleste avec l'enseignement en cours, cela n'est pas de ma faute.

Comme c'est du choc que sort la lumière, on verra un jour qui a tort ou raison; ce qu'il y a de certain, la matière à discussion ne leur manquera pas, ceci soit dit comme préambule.

Commençons par dire que si diminution de l'obliquité de l'écliptique il y a, en vertu du plan incliné de la terre et de sa rétrogradation, il y aura aussi une augmentation; et puisque pente tournante il y a, l'obliquité de l'axe de la terre diminue de 1°24′ durant 10,500 années et augmente de 1°24′ en 10,500 années et cela à raison de 48″ par siècle; en multipliant 105 siècles par 48″ on arrive à ce résultat.

Et du moment qu'on admet que l'orbite solaire se trouve dans le même plan que celle de la terre ou vice versa, la rétrogradation de ce plan existe aussi bien pour l'une que pour l'autre de ces orbites; aussi tourne-t-il autour de la panaxe en 21,000 années à raison de 61″9 par an, de même que le soleil, mais en sens contraire.

Ce mouvement rétrograde n'est rien autre que le contre-courant ou contre-air[1] de celui

---

[1] De là le mot *contraire.*

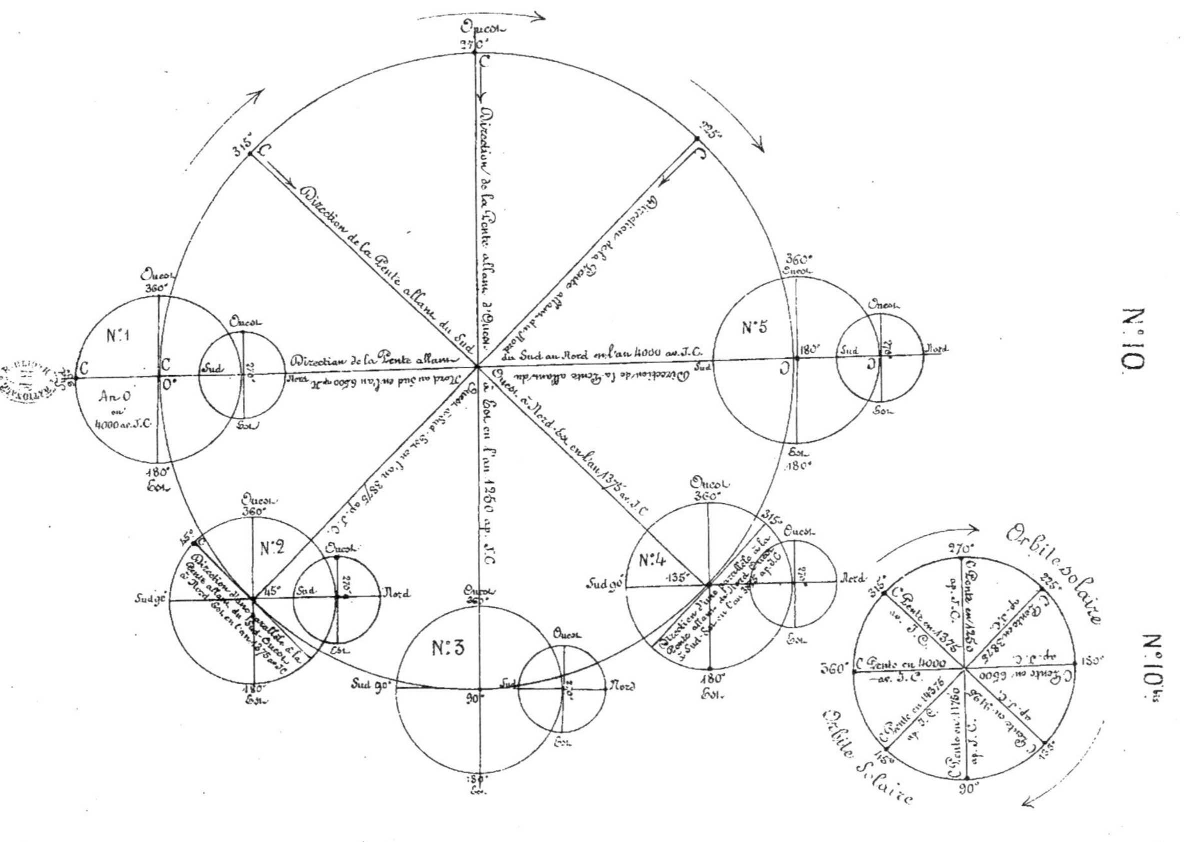

N° 10.
N° 10 bis
Orbite solaire
Orbite Solaire
N° 1
N° 2
N° 3
N° 4
N° 5
An 0 ou 4000 av. J.C.
Direction de la Pente allant du Sud au Nord en l'an 4000 av. J.C.
Direction de la Pente allant d'Ouest à Est en l'an 1250 ap. J.C.
Direction de la Pente allant du Sud
Direction de la Pente allant du
Ouest à Nord-Est en l'an 1375 av. J.C.
Ouest à Sud-Est en l'an 3875 ap. J.C.
Ouest
Est
Sud
Nord
270°
315°
360°
180°
90°
135°
45°
C. Pente en 4000 av. J.C.
C. Pente en 1375
C. Pente en 1250 ap. J.C.
C. Pente en 3875 ap. J.C.
C. Pente ou 6600
C. Pente ou 11760
C. Pente en 14375

qui forme l'orbite solaire ; il existe de même à l'égard de l'orbite terrestre ; ces mêmes contre-courants existent aussi à l'égard des vents de notre atmosphère, chaque vent ayant son contrair, sinon dans le bas, du moins dans les hautes régions de celle-ci et cela plus ou moins sensi-blement.

Ces contre-courants sont donc, dans la nature des choses, tel que cela a été expliqué au premier chapitre.

Si le plan de la terre qui est aussi celui du soleil coupe celui de l'écliptique à angle de 1° 24', celui de Vénus, d'après les livres astronomiques, le coupe à l'angle de 3° 29', de Mars à 1° 31', de Jupiter à 1° 29', de Saturne à 2° 30', d'Uranus à 46', et celui de la Lune à angle de 5° 8' 48".

Et si le plan de la terre tourne rétrogradement autour de l'axe de l'écliptique, il est à admettre qu'il en est de même de ceux des autres planètes.

D'après les livres astronomiques, l'obliquité de l'écliptique était :

En l'an 2900 ou 1,100 ans avant J.-C. de 23° 54'
      3650 — 350 — — 23° 49'
      3950 — 50 — — 23° 46'
      5279 — 1,279 — après J.-C. 23° 32'
      5850 — 1,850 — — 23° 27' 33"

A raison de 48" par siècle, elle était en conséquence :

En l'an 0 ou 4,000 ans avant J.-C. de 24° 14' 45"
      4000 — 0 — de J.-C. 24° 46' 45"
      5250 — 1,250 — après J.-C. 23° 32' 45"

et elle sera :

En l'an 5900 ou 1,900 ans après J.-C. de 23° 27' 57"
      10500 — 6,500 — — 22° 50' 45"

ce qui du commencement à la moitié de la période solaire fait une diminution de 1° 24'.

Répétons que si l'obliquité de l'écliptique diminue pendant la première moitié de cette grande période, elle augmentera dans la même proportion dans la seconde moitié.

Voir figure n° 10, dont le centre est occupé par l'axe de l'écliptique.

Le point culminant de la pente est indiqué par un C.

Au n° 1, en l'année 0, ce C se trouve au degré 0 de l'orbite solaire et au 90° de l'orbite terrestre. C'est là que l'axe de la terre est le plus incliné, l'obliquité de l'écliptique étant de 24° 14' 45".

La terre y est placée au solstice d'hiver, comme partout ailleurs, et le plan de l'orbite terrestre est penché exactement du sud au nord, le long de la ligne des solstices.

En allant de là au n° 2 de l'orbite terrestre, le C ou le point culminant de ce plan ou de cette pente se trouvera au 315° degré de l'orbite solaire, parceque dans l'intervalle cette pente a tourné de 45° en arrière, pendant que notre système solaire s'est déplacé de 45° en avant, et le point culminant d'une parallèle à cette pente se trouvera au 45° degré de l'orbite terrestre où la terre se trouve vers le 6 mai ; l'inclinaison de l'axe de la terre y aura diminué de 21' en 2,625 ans, n'étant plus que de 23° 53' 45".

En nous transportant de là au n° 3, le point culminant de la pente sera au 270° degré de l'orbite solaire, ayant encore tourné une fois de 45° en arrière.

Là, ce plan est penché exactement le long de la ligne des équinoxes, tandis qu'au n° 1 il l'était le long de la ligne des solstices.

Alors l'obliquité ne sera plus que de 23°32'45", ayant diminué encore une fois de 21'.

En allant de cet emplacement au n° 4, le point culminant en question sera au 225° degré de l'orbite solaire, la pente ayant tourné encore une fois de 45 degrés en arrière et le point culminant d'une parallèle à celle-ci se trouvera au 315° degré de l'orbite terrestre. Ceci aura lieu dans . l'année 3875, au 135° degré de l'orbite solaire et l'obliquité de l'écliptique ne sera plus que de 23°11'45", étant encore une fois de 21' de moins que dans l'année 1250.

En arrivant enfin au n° 5, le point culminant sera au 180° degré de l'orbite solaire, ayant tourné encore une fois de 45° en arrière; là, ce plan est penché pour une seconde fois le long de la ligne des solstices, mais du Nord au Sud, tandis que la première fois, au n° 1, il l'était du Sud au Nord.

Alors l'obliquité ne sera plus que de 22°50'45" après une nouvelle diminution de 21'. Elle a donc diminué en totalité de 84' en 105 siècles, depuis le commencement à la moitié de la grande période solaire.

A partir du 180° degré de l'orbite solaire, en l'année 6500, l'obliquité de l'écliptique augmentera juste autant et du même pas qu'elle a diminué; pour s'en rendre compte, on n'a qu'à continuer à tourner la pente en arrière en sens opposé à la marche de notre système planétaire.

En faisant cette démonstration sur mon tellurium construit dans ce but, cette diminution et augmentation en question sera tout à fait tangible, car on y peut tourner la pente effectivement autour de la panaxe, celle-ci représentée par un bâton; ajoutons-y encore que l'axe de la terre est prolongée par une tige, dont on pourra mesurer l'obliquité à chaque nouvel emplacement.

Au bout de 21,000 années, le point culminant de la pente aura fait le tour de la panaxe simultanément avec le soleil, mais en sens contraire; étant parti au même moment, en l'an 4000 avant J.-C. et du même point, disons du degré 0 de l'orbite solaire, ce point culminant sera revenu à son point de départ, étant le même pour les deux.

Et de ce qu'il en est sous ce rapport du soleil et de son plan, il en est de la terre et du sien, leur plan étant le même. Et alors recommencera une nouvelle période solaire, durant laquelle le soleil et la terre continueront à tourner autour de la panaxe en sens contraire à leur plan.

La figure n° 10 *bis* est la répétition du n° 10, mais elle est plus complète, parce qu'elle indique le point culminant de la pente durant toute la période de 21,000 années, et cela de 2,625 en 2,625 années, tandis que le n° 10 n'en indique que pour la moité de cette période.

Si maintenant nous faisons la même opération, mais en laissant la pente en repos au lieu de la tourner rétrogradement, l'obliquité sera : au n° 1, de 24°14'45"; au n° 2, de 23°32'45" au lieu de 23°53'45"; au n° 3, de 22°50'45" au lieu de 23°32'45"; par conséquent elle aura diminué de 84' au lieu de 42', mais ce qui serait de 42' de trop.

En allant au n° 4, elle sera de 23°32'45" au lieu de 23°11'45"; elle aura donc augmenté de 42' depuis le n° 3, au lieu d'avoir diminué de 21'; arrivée au n° 5, elle sera de 24°14'45", au lieu de 22°50'45", et elle aura augmenté de nouveau de 42' depuis le n° 4, au lieu d'avoir diminué de 21'.

Comme on voit, le résultat n'est pas du tout le même quand on laisse la pente en repos, car dans ce dernier cas, la période de l'obliquité serait diminuée de moitié, n'étant plus que de 52 siècles 1/2 au lieu de 105, soit pour la diminution, soit pour l'augmentation.

Encore, dans ce cas, la diminution aurait cessé depuis l'année 1250 où la terre occupait le 90° degré de l'orbite solaire; par conséquent l'obliquité aurait augmenté au lieu d'avoir continué à diminuer, tel qu'elle l'a fait en réalité, ayant été à cette époque de 23° 32′ 45″ tandis que dans l'année 5850 ou 1850 après J.-C. elle n'a plus été que de 23° 27′ 33″.

Il est donc indispensable que la pente de l'orbite terrestre tourne en arrière pour arriver au résultat voulu.

Les pentes de la ligne des équinoxes et des solstices.

§ 12

Si le plan de notre planète a une pente de 1° 24′ dans sa longueur, il n'en a aucune dans sa largeur.

A raison de cette variabilité, la ligne des équinoxes a tantôt telle pente, tantôt telle autre et il en est de même de celle des solstices, et, variables comme elles sont, ce que l'une gagne en pente, l'autre le perd.

Et il va sans dire que la ligne des apsides varie de pente aussi dans le courant des siècles.

Ainsi, au degré 0 de l'orbite solaire, la ligne des solstices en avait une de 1° 24′, tandis que celle des équinoxes n'en avait aucune ; par contre, au 90ᵉ degré de ce même orbite, en l'an 5250, c'était la ligne des solstices qui n'en avait pas, tandis que celle des équinoxes en avait une de 1° 24′. Il y a donc eu une interversion complète par suite de la rotation du plan de notre orbite autour de la panaxe.

Voir le tableau suivant pour l'alternance de pente entre ces deux lignes selon les degrés de l'orbite solaire et des années :

ANNÉES	DEGRÉS de L'ORBITE SOLAIRE	PENTE DE LA LIGNE des SOLSTICES	PENTE DE LA LIGNE des ÉQUINOXES
0	0°	84′	0′
583	10°	74′ 2/3	9′ 1/3
1166	20°	65′ 1/3	18′ 2/3
1750	30°	56′	28′
2333	40°	46′ 2/3	37′ 1/3
2916	50°	37′ 1/3	46′ 1/3
3500	60°	28′	56′
4083	70°	18′ 2/3	65′ 1/3
4666	80°	9′ 1/3	74′ 2/3
5250	90°	0′	84′
5833	100°	9′ 1/3	74′ 2/3
5890	101°	10′ 16″	73′ 44″
6420	110°	18′ 2/3	65′ 1/3
7003	120°	28′	56′
7586	130°	37′ 1/3	46′ 2/3
8169	140°	46′ 2/3	37′ 1/3
8752	150°	56′	28′
9335	160°	65′ 1/3	18′ 2/3
9918	170°	74′ 1/3	9′ 1/3
10500	180°	84′	0′

Si l'inclinaison des lignes solsticiales et équinoxiales varie d'un siècle à un autre, il en est de même de celle de l'apogée-périgée ou des apsides, le long de laquelle le soleil avec tout son système se déplace, étant identique avec son orbite.

— 28 —

A cause de la rétrogradation du plan de l'orbite terrestre, l'inclinaison de cette ligne va de 0' à 84' dans le courant de 2,625 ans, et de 84' à 0' dans le même nombre d'années.

Ainsi elle était nulle au commencement de la grande période, tandis qu'elle fut de 84' en l'année 2625 au 45ᵉ degré de l'orbite solaire; ayant diminué depuis jusqu'à l'année 5250 au 90ᵉ degré de ce même orbite, elle y était retombée à 0°; à partir de cette époque elle augmente, et cela jusqu'à l'année 7875, pour diminuer encore une fois de là à l'année 10500, toujours dans les mêmes proportions.

Si cette inclinaison était nulle au 90ᵉ degré, au 101ᵉ elle est de 20'32" en l'an 5890, soit à la fin du xixᵉ siècle.

Mais non seulement que cette ligne varie d'inclinaison, son point culminant change aussi de place, coïncidant alternativement avec l'aphélie et le périhélie de la terre, étant tantôt en arrière, tantôt en avant du soleil.

Voir pour cela le tableau suivant de même que la figure n° 4.

En l'an		au		de l'orbite solaire, l'inclinaison de la ligne des apsides est de		
En l'an	0	au	0° de l'orbite solaire, l'inclinaison de la ligne des apsides est de	0'	Pas de point culminant.
—	875	—	15°	—	28'	Le point culminant coïncide avec l'aphélie.
—	1750	—	30°	—	56'	— — —
—	2625	—	45°	—	84'	— — —
—	3500	—	60°	—	56'	— — —
—	4375	—	75°	—	28'	— — —
—	5250	—	90°	—	0'	Pas de point culminant.
—	5833	—	100°	—	18' 40''	Le point culminant coïncide avec le périhélie.
—	5890	—	101°	—	20' 32''	— — —
—	6125	—	105°	—	28'	— — —
—	7000	—	120°	—	56'	— — —
—	7875	—	135°	—	84'	— — —
—	8750	—	150°	—	56'	— — —
—	9625	—	165°	—	28'	— — —
—	10500	—	180°	—	0'	Pas de point culminant.

Récapitulation des pentes et leur inclinaison à la fin du XIXᵉ siècle, le Soleil étant au degré 101 de son orbite.

§ 13

Il y a quatre sortes de pentes :

1° La pente en long dont l'inclinaison est invariablement de 1°24' ;

2° La pente de la ligne des équinoxes ;

3° « « solstices ;

4° « « apsides ;

L'inclinaison de ces trois dernières est variable.

A l'époque où nous sommes elle est comme suit, pour ces quatre pentes :

1) La pente en long dont l'inclinaison est de 1°24' s'étend du degré 259, où il y a son point culminant, au degré 79 de l'orbite solaire; une parallèle à celle-ci s'étend par conséquent du degré 349, où il y a son point culminant, au degré 169 de l'orbite terrestre, où il y a son point le plus bas.

C'est au 10 mars que la terre occupe le point culminant de cette parallèle de la pente en long, et au 12 septembre qu'elle en occupe le point le plus bas.

2) La pente de la ligne des équinoxes dont l'inclinaison est de 1°14' 40" actuellement, s'étend du degré 270, où il y a son point culminant au degré 90 de l'orbite solaire; une parallèle à celle-ci

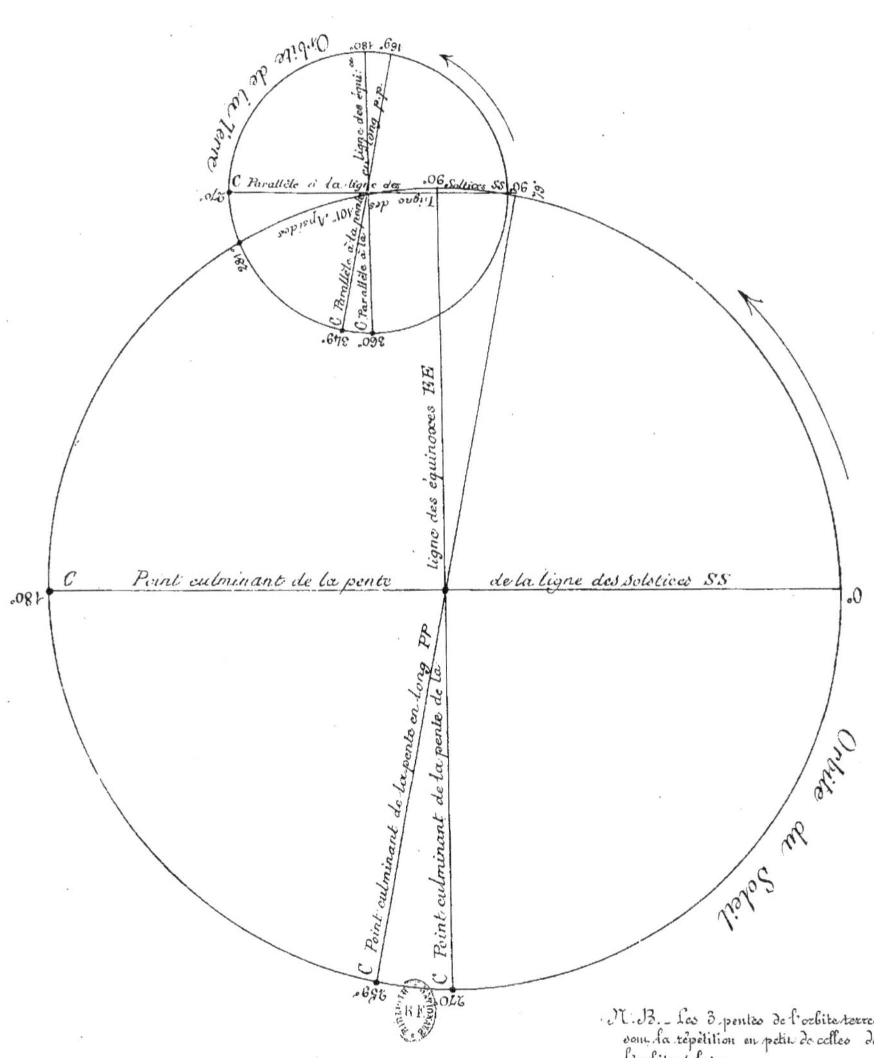

N.B. — Les 3 pentes de l'orbite terrestre sont la répétition en petit de celles de l'orbite solaire.

s'étend par conséquent du degré 360, où il y a son point culminant au degré 180 de l'orbite terrestre, soit du 21 mars au 23 septembre.

3) La pente de la ligne des solstices dont l'inclinaison est de 9′ 40″ actuellement, s'étend du degré 180, où il y a son point culminant au degré 0 de l'orbite solaire; une parallèle à celle-ci s'étend par conséquent du degré 270 où il y a son point culminant au degré 90 de l'orbite terrestre, soit du 21 décembre au 21 juin.

4) La pente de la ligne des apsides qui est une ligne courbée, dont l'inclinaison est actuellement de 20′ 32″, s'étend du degré 281, où est son point culminant au degré 101 de l'orbite terrestre soit du 1ᵉʳ janvier au 1ᵉʳ juillet.

Voir pour cela la figure nᵒ 11.

Le grand cercle représente l'orbite solaire; le petit est celui de la terre; le centre de ce dernier orbite est placé au 101ᵉ degré de l'orbite solaire.

La ligne PP est celle de la pente en long, la ligne EE est celle des équinoxes, et la ligne SS est celle des solstices; ces trois lignes s'étendent d'un bout à l'autre de l'orbite solaire.

Ces trois lignes principales sont reproduites à travers l'orbite terrestre par des parallèles à celles-ci.

A travers de ce dernier orbite, la pente en long *pp* s'étend du 349ᵉ au 169ᵉ degré, la ligne des équinoxes *ee* du degré 0 au 180ᵉ, la ligne des solstices *ss* du 270ᵉ au 90ᵉ, et la ligne des apsides, se confondant avec l'orbite solaire, du 281ᵉ au 101ᵉ de l'orbite terrestre.

Les points culminants sont partout indiqués par un C.

Comme on voit, l'orbite terrestre est coupée exactement la même chose par ces diverses lignes que l'orbite solaire, mais l'étendue de ces lignes y est 112 fois moindre, c'est que le diamètre de l'orbite terrestre est de 112 fois plus court que celui de l'orbite solaire.

Et tel qu'elles y sont tracées, les lignes des équinoxes et des solstices ne changent jamais de direction, parce qu'elles restent toujours parallèles aux deux grandes lignes qui traversent l'orbite solaire du Sud au Nord ou vice versa et d'Est à Ouest ou vice versa; et qu'il en est ainsi, cela ressortira évidemment de tout ce qui suit; ceci est le contraire de ce qu'en disent les livres astronomiques à propos de la précession des équinoxes

Comme quoi le centre du soleil se trouve alternativement de 42′ au-dessus et au-dessous du plan de l'écliptique [1] ou de sa moyenne.

§ 14

A raison de l'inclinaison de son plan de 1° 24′ sur celui de l'écliptique ou de sa moyenne et à raison de sa rétrogradation

le centre du soleil se trouve au degré	0 de son orbite de 42′	au-dessus de sa moyenne.
— — — —	45 —	0′ ou dans sa moyenne.
— — — —	90 —	42′ au-dessous de sa moyenne.
— — — —	101 —	31′ 44″ — — —
— — trouvera —	135 —	0′ ou dans sa moyenne.
— — — —	180 —	42′ au dessus de sa moyenne.

[1] Ce mot se rapporte à *cliver*, signifiant *couper, trancher*; il se rapporte de même à *glaive*; on *clive* par exemple un diamant. Traduit en allemand, *clive* signifie Schnitt, et par ampliation *Durch-schnitt*, signifiant moyenne. Le *glaive d'Orion* n'a pas une autre signification, cette constellation y étant coupée par l'écliptique.

Voir pour cela la figure n° 12 sur laquelle le plan solaire ou la pente-en-long coupe le plan de l'écliptique à angle de 1° 24'.

Le soleil y est placé de 45 à 45° de son orbite le long de la pente tournante de celle-ci; au degré 0 en A il est de 42' au-dessus de sa moyenne ou du plan de l'écliptique; au degré 45 en B il est dans la moyenne; au degré 90 en C il est de 42' au-dessous; au degré 135 en D il est encore une fois dans la moyenne, et au degré 180 en E, il est encore une fois de 42' au-dessus.

Actuellement, il est d'après cette donnée de 31' 44" au-dessous de sa moyenne, soit au degré 101 de son orbite.

Il va sans dire que l'angle que la pente fait avec l'écliptique est très exagéré.

Les petits cercles représentent l'orbite terrestre, le soleil au milieu.

Comme quoi avec une pente de 1° 14' 40" qui est celle de la ligne des équinoxes, il se produit une oscillation stellaire de 40" d'un équinoxe à un autre.

§ 15

Si la terre d'un équinoxe à un autre montait et descendait la grande pente équinoxiale qui s'étend d'un bout à l'autre de l'orbite solaire, il se produirait une oscillation stellaire de 1° 14' 40", mais de ce qu'elle ne monte et ne descend que la 112ᵉ partie de cette pente, le diamètre de l'orbite terrestre étant 112 fois plus petit que celui de l'orbite solaire, l'oscillation qui en résulte n'est que de 40", étant d'une amplitude 112 fois moindre.

Ce qui oscille dans ce cas, ce ne sont pas les étoiles, mais les longitudes; aussi cette oscillation stellaire n'est qu'apparente; on l'attribue, en ignorance de la véritable cause, à une aberration des traits de lumière que les étoiles projettent.

Voir pour cela la figure n° 13.

La pente qui coupe le plan de l'écliptique par le milieu est celle de la ligne des équinoxes, allant d'un bout à l'autre de l'orbite solaire, tel qu'elle figure sur la carte n° 11; son inclinaison est de 1° 14' 40"; cette inclinaison est très exagérée sur ce dessin. Les petits cercles représentent l'orbite terrestre dont il en faudrait 112 à la suite l'un de l'autre pour en remplir la grande pente équinoxiale, le diamètre de l'orbite solaire étant 112 fois plus grand que celui de l'orbite terrestre, allant du 21 mars au 23 septembre; chacun de ces orbites terrestres est coupé par une parallèle à l'écliptique, aussi à angle de 1° 14' 40".

Cet angle est formé tout à la fois par B A C et par *b a c*, de même que B' A C' et *b' a c'*; si les deux angles sont de la même valeur, soit de 1° 14' 40" il n'en est pas de même de leur sinus, vu que le sinus B C est 112 fois plus grand que celui de *b c*; la même proportion existe entre B' C' et *b' c'*; ces sinus sont proportionnels aux trajets en question, dont l'un est de 8,323,000,000 de lieues tandis que l'autre n'est que de 74,000,000, soit 112 fois moindre; voir pour cela paragraphe 3.

Voilà comment il se fait qu'avec une pente de 1° 14' 40" il se produit une oscillation de longitude de 40" d'un semestre à un autre; c'est que la terre monte sur cette pente du 23 septembre au 21 mars et qu'elle y descend du 21 mars au 23 septembre, tout en contournant le soleil; cette oscillation longitudinale retarde ou avance l'ascension droite des étoiles de 40" d'un équinoxe à un autre et de 20" d'un équinoxe à un solstice. Ajoutons encore à cela, qu'en vertu de cette pente, la base d'opération n'est pas tout à fait la même pour les observations, l'observateur se trouvant plus bas ou plus haut d'un équinoxe à un autre.

N.º 12

A
0°
Parallèle au plan de l'écliptique
42' au-dessus
B
45°
Nœud descendant
Plan de l'Écliptique
C
90°
Parallèle au plan de l'écliptique
42' au-dessous.
D
135°
Nœud ascendant
E
180°
Parallèle au plan de l'écliptique
42' au-dessous

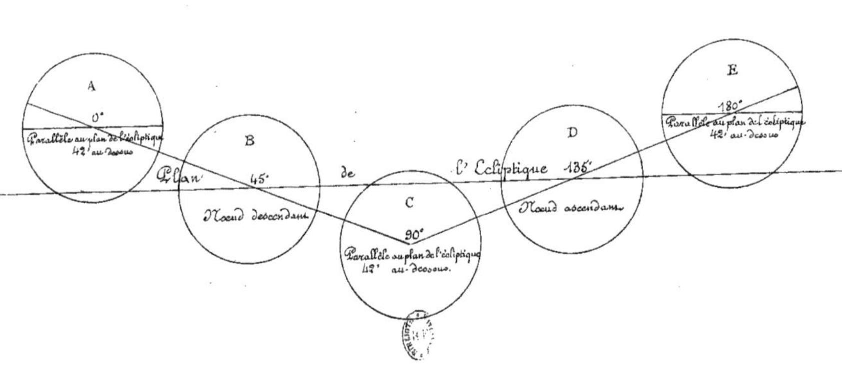

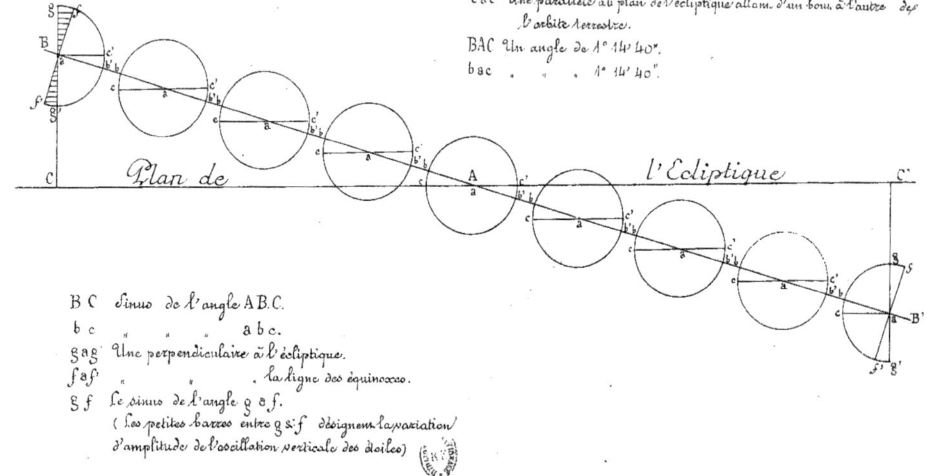

BAB' Grande ligne des équinoxes allant d'un bout à l'autre de l'orbite solaire
bab' Petite   "   "   "   "   "   "   terrestre
CAC' Le plan de l'écliptique.
cac' Une parallèle au plan de l'écliptique allant d'un bout à l'autre des
       l'orbite terrestre.
BAC Un angle de 1° 14' 40".
bac   "   "   "   1° 14' 40".

BC Sinus de l'angle ABC.
bc   "   "   "   abc.
gag' Une perpendiculaire à l'écliptique.
faf'   "   "   " la ligne des équinoxes.
gf   Le sinus de l'angle g a f.
(Les petites barres entre g & f désignent la variation
d'amplitude de l'oscillation verticale des étoiles)

Comme quoi il se produit en même temps une oscillation latitudinale d'un équinoxe à un autre.

§ 16

Si à raison de cette pente en question les longitudes sont d'un équinoxe à un autre de 40″ en avance et de 40″ en retard sur le plan de l'écliptique ou plutôt sur une parallèle à celle-ci, il en résulte aussi une oscillation latitudinale, mais dont l'amplitude est inégale, étant nulle à l'égard des étoiles qui sont situées dans le plan même de l'écliptique, tandis qu'elle est de 40″ pour l'étoile du pôle de l'écliptique; étant de 40″ d'un équinoxe à un autre à l'égard de cette dernière et de zéro à l'égard de celles qui se tiennent dans le plan même de l'écliptique, cette oscillation latitudinale est d'une amplitude intermédiaire, soit de 0 à 40″ à l'égard des étoiles qui se tiennent entre.

Voir pour cela figure n° 13.

La ligne $g g'$ est une perpendiculaire à l'écliptique et $f f'$ en est une à la ligne des équinoxes.

Ces deux lignes se coupent à angle de 1° 14′ 40″, de même que celles de $c c'$ et $b b$; le sinus de cet angle est donc aussi de 40″. Mais ce sinus perd de son étendue au fur et à mesure qu'il se rapproche du plan de l'écliptique ou d'une parallèle à celle-ci; il s'en suit que l'oscillation verticale n'est pas de la même amplitude pour toutes les étoiles; cette amplitude étant nulle pour celles qui se trouvent au plan même de l'écliptique tandis qu'elle est de 1″ à 40″ pour toutes celles qui sont de latitude plus élevée.

Les petites barres entre g et f et f' et g' donnent un aperçu de cette diversité d'amplitude de l'oscillation verticale et latitudinale des étoiles.

Si la terre d'un équinoxe à un autre montait et descendait la grande pente équinoxiale qui s'étend d'un bout à l'autre de l'orbite solaire, cette oscillation verticale serait de 1° 14′ 40″; mais de ce qu'elle ne monte et ne descend que la 112ᵉ partie de cette pente, l'oscillation en question n'est à son maximum d'amplitude que de 40″. De ce que les étoiles se déplacent en apparence en sens contraire à la terre le long de la pente équinoxiale, elles montent plus ou moins selon leurs latitudes du 21 mars au 23 septembre, pendant que la terre descend; par contre, elles descendent du 23 septembre au 21 mars plus ou moins pendant que la terre remonte cette pente.

Comme la ligne des pôles est penchée d'Ouest à Est à raison de la pente des équinoxes, elle fait le même angle avec une perpendiculaire à l'écliptique que la ligne $f f'$, soit de 1° 14′ 40″; et penchée comme la ligne des pôles l'est, les latitudes et les longitudes le sont de même à l'égard du plan de l'écliptique et d'une perpendiculaire à celle-ci.

Comme avec cela la terre monte et descend alternativement sur cette ou plutôt dans cette pente, il en résulte forcément une double oscillation apparente des étoiles, dont l'une est longitudinale et l'autre latitudinale.

Et si, par suite de cette double oscillation, les étoiles qui avoisinent le pôle de l'écliptique décrivent en apparence un petit cercle au courant d'une année, celles qui sont de latitudes moyennes décrivent une ellipse plus ou moins allongée, tandis que celles qui se tiennent dans le plan même de l'écliptique ne décrivent plus qu'une ligne droite.

Si l'oscillation latitudinale avait la même amplitude pour ces dernières que pour celles qui avoisinent le pôle de l'écliptique, elles décriraient toutes un petit cercle de 40″ de diamètre.

Et voilà comment à l'aide de la pente en question on peut expliquer cela mécaniquement, du moins en donner une idée approximative, sans avoir besoin d'avoir recours à des suppositions à perte de vue, tel que cela a lieu dans les explications entortillées des livres astronomiques.

Ajoutons-y qu'une fois que les honorables Astronomes de profession seront pénétrés des principes de ce nouveau système, ils sauront mieux l'expliquer que son inventeur, n'étant pas plus géomètre qu'astronome de son métier.

De ce qu'on attribue cette double oscillation des étoiles à l'aberration de leurs traits incandescents ou traits de lumière, les angles $f\,a\,g$ et $b\,a\,c$ sont désignés par angles d'aberration dans les traités astronomiques.

Si les étoiles ont une oscillation apparente à raison de la pente des équinoxes, elles en ont encore trois autres et cela à raison de la pente en longue allant du 10 mars au 12 septembre et vice versa, de la pente de la ligne solsticiale allant du 21 juin au 21 décembre et vice versa, et de la pente de la ligne des apsides allant du 1er janvier au 1er juillet.

Des preuves de cette dernière pente nous fournit, par exemple, l'ascension droite des étoiles qui, selon la *Connaissance des Temps*, oscille du 1er janvier au 1er juillet, et du 1er juillet au 1er janvier.

Voir pour cela le chapitre des *Positions apparentes des étoiles* dans la *Connaissance des Temps*.

Où l'existence de ces quatre pentes doit se manifester encore, c'est dans le cours irrégulier de la lune, mais ce qui reste encore à être déterminé.

Réfutation de la théorie de l'aberration de la lumière appliquée à l'oscillation apparente des étoiles.

§ 17

Étant à même de démontrer d'une façon mécanique comme quoi les étoiles ont une oscillation annuelle, tel que cela a été fait sommairement aux précédents paragraphes, nous avons pu nous passer parfaitement de cette aberration; du reste, ce mot jure on ne peut pas plus avec celui de lumière.

Après avoir découvert que la lumière prend un certain temps à se répandre telle vite qu'elle soit[1], Bradley, l'inventeur de cette fallacieuse théorie, a conclu de là que celle des étoiles, vu leur énorme distance, se trouvait à notre égard ou regard de quelque peu en retard, d'un semestre à un autre, la terre s'étant déplacée depuis le moment de sa projection et que, par suite de ce retard, l'étoile paraît s'être déplacée rétrogradement; que pour cela son ascension droite serait de 40″ en retard et que pour la même cause elle variait de quelque peu de déclinaison, variation que cet éminent Astronome avait constaté d'après de nombreuses observations[2].

Mais ce retard ou cette aberration n'est pas admissible, parce que les étoiles lancent leurs

---

[1] Cette découverte a été faite par Rœmer.

[2] Lire à ce sujet § 162 sur l'aberration dans le *Cours élémentaire d'Astronomie* de M. Ch. Delaunay.

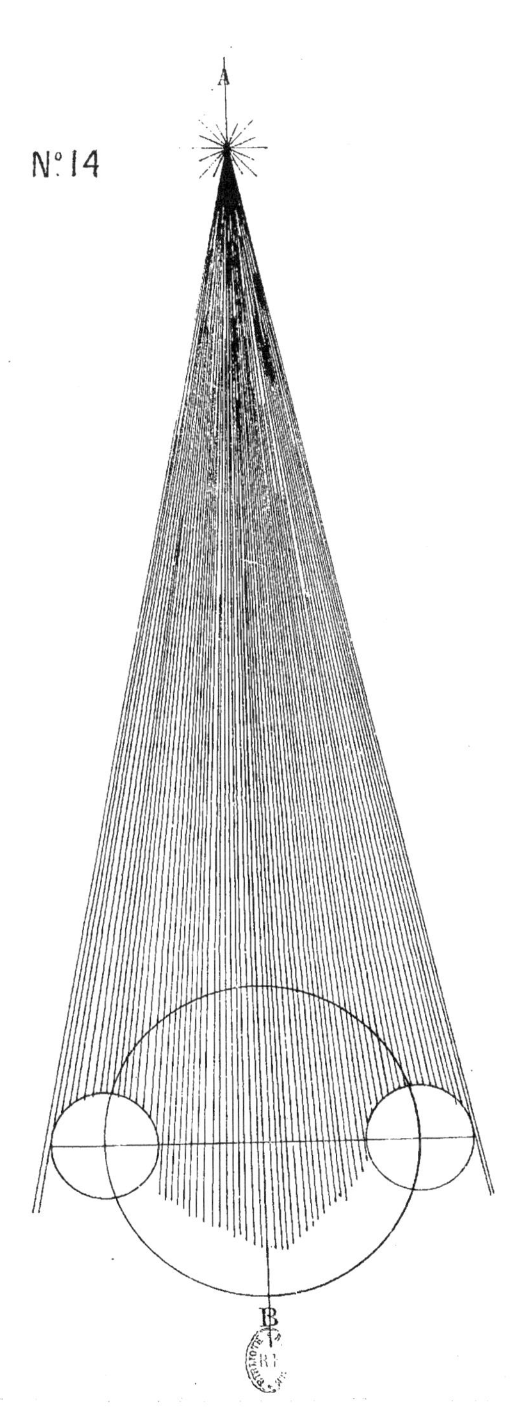

N.º 14
A
B

traits de lumière à la ronde et cela incessamment; et étant omni-présente, leur lumière n'est pas plus en retard qu'en avance; que nous soyons donc à tel endroit de l'orbite terrestre ou à tel autre, le déplacement de la terre n'y entre pas en ligne de compte, tel accéléré ou tel lent qu'il soit.

Si elle n'est pas omni-présente à notre regard, cela tient au mouvement de la terre autour de son axe, comme chacun sait.

La conclusion de Bradley est donc erronée.

Voir la figure n° 14.

Le grand cercle représente l'orbite terrestre et les petits représentent la terre, placés à deux endroits opposés l'un à l'autre de cette orbite; la terre est reliée d'un côté comme de l'autre à une étoile par des traits de lumière que celle-ci projette de tout côté à la ronde.

D'après ce qu'on y voit, il n'y a pas la moindre déviation ou aberration dans ses traits. Pour qu'il y en ait, il faudrait que l'étoile ait changé de place effectivement, soit vers la gauche, soit vers la droite.

Qu'on recule cette étoile tant qu'on voudra, en restant toujours dans la ligne A B, il n'y aura pas plus de déviation pour cela.

Avec cela, cette théorie ne dit pas comme quoi l'angle d'aberration n'est pas proportionnel à la distance des étoiles, cet angle étant de 40″ pour toutes indistinctement, du moins pour ce qui concerne leur oscillation longitudinale; il me semble cependant, pour rester dans la logique, que cet angle devrait varier de beaucoup; ce qu'elle ne dit pas non plus, c'est comme quoi l'oscillation verticale ou latitudinale varie de 0′ à 40″ d'une étoile à une autre conformément à leur latitude: si on prétend l'expliquer, cela ne peut être qu'à grand renfort de suppositions, comme tout le reste.

Enfin, c'est à y perdre son latin, à n'y rien comprendre.

Inventée laborieusement comme elle est pour le besoin de la cause, tirée par les cheveux, cette théorie patraque ne supporte pas l'examen.

Du reste, d'après ce que nous dit le mot, notre regard atteint toute chose, telle loin qu'elle soit, dans un clin d'œil, *in einem Augen-blick*, et du moment que nous apercevons spontanément les choses, le temps n'y est pour rien.

Il est plus que probable que si l'illustre Bradley avait eu connaissance des pentes, il n'aurait pas voulu expliquer par des effets d'optique ce qui peut se démontrer mécaniquement. Si cet astronome était un éminent observateur, ayant rendu de grands services à la science astrale ou astronomique, on ne peut pas en dire autant comme théoricien; disons à cela qu'observer un fait et l'expliquer n'est pas la même chose du tout; avec cela il y a explication et explication, comme il y a fagot et fagot.

Répétons encore à cette occasion que si Newton avait connu les courants circulaires comme force motrice, il n'aurait, à ne pas en douter, donné suite à sa combinaison de deux forces pour expliquer l'évolution des planètes autour du soleil, ayant été trop judicieux pour cela.

Comme quoi, à raison de l'inclinaison de l'orbite terrestre sur l'écliptique, la ligne des pôles fait un angle de 1° 24′ avec l'étoile polaire et comme quoi cet angle s'agrandit de l'équateur au pôle Nord.

§ 18

Mesurée à l'équateur autant que j'en sais, l'étoile polaire est écartée du pôle Nord de 1° 24′ ; c'est juste autant que l'angle entre le plan de l'écliptique et celui de l'orbite terrestre, étant aussi de 1° 24′ ; cette inclinaison a pour conséquence une inclinaison secondaire de la même valeur de l'axe de la terre, allant d'Ouest à Est, tandis que son inclinaison principale, qui est de 23° 27′, va du Nord au Sud.

Si cette inclinaison secondaire n'existait pas, cet axe viserait exactement l'étoile en question, il ne décrirait par conséquent le moindre cercle autour d'elle dans sa rotation diurne ; ce n'est donc pas par coïncidence que ces deux angles ont la même valeur, vu que l'un est la conséquence de l'autre ; en tout cas, cette coïncidence serait curieuse.

Étant de 1° 24′ à l'équateur, l'angle que fait cette étoile avec la ligne des pôles augmente nécessairement au fur et à mesure qu'on s'éloigne de celui-ci ; l'augmentation graduelle de cet angle de l'équateur aux pôles est ce qu'on désigne par digression de l'azimuth de la Polaire.

Voir pour cela figure n° 15.

Elle représente la terre.

La ligne EE est l'équateur, celle de L à M est la ligne des pôles, la ligne TT se tient dans le plan de l'écliptique, la ligne qui va de C à P est une verticale qui va de l'équateur à l'étoile polaire.

Posée comme la terre l'est ici, elle l'est à 6 heures avant ou après le passage de la Polaire au méridien, l'azimuth de celle-ci y étant à sa plus grande digression aux diverses latitudes autre que la latitude zéro.

Si l'angle en question est de 1° 24′ en C, il n'est plus de même au 30° de latitude, ce qui nous dit la ligne qui est tirée de ce point à l'étoile P, cet angle s'étant agrandi de quelque peu ; cette différence angulaire est encore plus prononcée au 60° de latitude et encore plus au 90°, mais cette progression angulaire ne se fait pas d'un pas égal d'après ce qu'on peut en voir par l'inégal écartement des autres lignes de la verticale ; cette inégalité ressort le plus distinctement aux écartements entre les points a, b, c, d, par lesquels passent ces différentes lignes qui toutes convergent à l'étoile, car b est plus près d'a que de c, et c plus près de b que de d ; pour s'en rendre compte on n'a qu'à mesurer l'espace entre ces divers points.

Voir, pour les digressions de l'étoile polaire, l'*Annuaire du Bureau des Longitudes*, de même que la *Connaissance des Temps*.

D'après ces documents, l'azimuth de cette étoile est à son maximum de 1° 28′ 46″ au 30°, de 1° 33′ 51″ au 35°, de 1° 40′ 21″ au 40°, de 1° 48′ 43″ au 45°, de 1° 59′ 35″ au 50°, de 2° 14′ au 55° et de 2° 33′ au 60° de latitude [1].

Inégale comme est ici cette progression angulaire, elle est la même que celle que nous venons de démontrer théoriquement.

---

[1] Cette statistique ne s'étend pas plus loin qu'au 52° de latitude dans l'Annuaire en question.

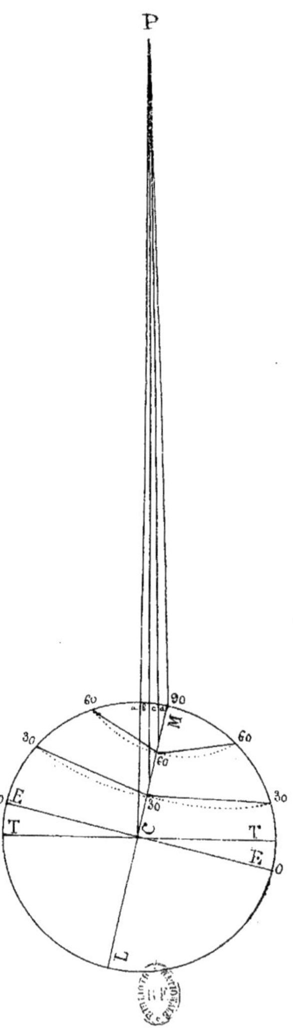

N.º 15
P
90
60
60
M
30
60
30
E
0
T
30
C
T
E
0
L

Disons encore une fois que cette différence azimuthale d'une latitude à une autre n'aurait pas lieu si l'axe de la terre n'était pas incliné d'Ouest à Est ou à peu près, ce qu'elle l'est conformément à l'inclinaison de l'orbite terrestre dans la même direction, d'où aussi la pente équinoxiale de $1° 14' 40''$ actuellement.

De cette inclinaison découlent nécessairement un grand nombre de conséquences dont il est question dans cet ouvrage.

Si, comme il me semble, cette inclinaison peut fournir une donnée pour le calcul de sa distance, on trouvera probablement que l'étoile polaire est bien moins loin qu'on le croit, et cela à raison des digressions très sensibles de son azimuth, soit dit sans vouloir rien préjuger dans la question, n'étant pas assez astronome pour cela, du moins pas de mon état, ajoutons-y néanmoins que si cette étoile était plus loin qu'elle n'est, ces digressions seraient moindres.

En admettant qu'on trouve une distance beaucoup moindre pour cette étoile, elle sera assurément bien moindre aussi pour un très grand nombre d'autres ; si cela se confirme il faudra rabattre pas mal de ces billions et trillons de lieues de distance qu'on leur adjuge avec tant de prodigalité, du moins pour les plus proches.

Du reste, on ne conçoit pas pourquoi il existerait une distance aussi fabuleuse que celle qu'on accuse entre le soleil et l'étoile la plus proche, le grand Mécanicien céleste devant être, il me semble du moins, plus économe de l'espace, tel immense qu'il soit.

Et vouloir admettre de semblables distances d'une étoile à sa voisine, resserrées comme elles sont excessivement[1], cela dépasse absolument ma *conçu-puissance*[2]; ne va-t-on pas trop loin dans ces évaluations?

Et je ne suis pas le seul qui se refuse à croire à ces distances *dé-mesurées*, à ces énormités, car d'éminents astronomes ou philosophes ont été bien avant moi du même avis.

Qui a tort, qui a raison, c'est ce qu'on saura un jour.

Tout ceci soit dit spéculativement, n'ayant pas assez de preuves en mains pour l'affirmer positivement.

Et puisque spéculation il y a, disons encore qu'elle est généralement le précurseur de nos découvertes, du moins le point de départ de nos recherches.

Pas de philosophe dans le vrai sens du mot, sans être un spéculateur. Qui ne risque rien, ne trouve rien, à moins que le hasard ne lui soit favorable.

---

[1] Sur un cliché photographique elles sont même tellement resserrées qu'à peine on peut les distinguer les unes des autres.

[2] Ne pas confondre avec *concupiscence* qui, d'après la logique des syllabes, ne dit rien qui vaille, défiguré comme il est. Voir le dictionnaire. Redressé comme il est ici, on le comprend naturellement, sans avoir besoin d'un dictionnaire pour cela.

CHAPITRE IV

Comme quoi la Lune tourne autour de la Terre.

§ 19

Au paragraphe 1, nous avons démontré comment des courants d'éther se forment et comment ils circulent autour des astres en mouvement; un pareil courant circulaire étant soulevé par la terre, nous avons en lui la force motrice qui fait tourner la lune autour de celle-ci.

Atelé comme notre satelite[1] est à la terre, moyennant les fluides qu'elle soulève en vertu de sa rotation, l'attelage en question est une répétition en petit de celui qui existe entre la terre et le soleil et entre celui-ci et la panaxe, à laquelle toutes les étoiles du firmament sont *attelées* soit immédiatement ou directement, soit médiatement, cette panaxe étant le centre d'axion[2] universel.

Pris dans son ensemble, rien d'aussi grandiose que ce superbe attelage, il est identique avec le Giron de Pan et il suffit de le nommer pour en faire la *Pan-é-gyrique*.

Pas d'*attelage* sans *cour-roies*; ces courroies sont des *cour-raies* qui, dans leur course, relient les astres les uns aux autres pour en faire un *attelage*, et étant des courants pneumatiques-magnétiques, ils n'ont de commun avec ceux en cuir que le nom.

Si le centre *d'axion* ou de gravité réside dans la terre en vertu de la rotation de celle-ci, le plan de son orbite est axionné par le soleil; pour ce motif notre satelite se trouve *atelé* tout à la fois au soleil et à la terre; rétrograde comme est la rotation de ce plan lunaire, on peut le comparer à un remou, tel qu'il s'en produit à certains endroits des rivières.

Que les satelites sont axionnés par l'axe de leurs planètes, cela ressort de ce fait que la vitesse des satelites est proportionnelle à celle de la rotation des axes planétaires desquels ils sont axionnés; il va sans dire que la vitesse des satelites est en même temps proportionnelle à la distance qui les sépare de leur centre d'axion.

A propos de centre d'axion ou d'action, supposons maintenant que la terre soit en repos au lieu d'être en mouvement, est-ce que la lune en serait axionnée? Eh bien, non, parce qu'il ne se formerait pas de courants d'éther circulaires, en qui réside à la fois la force motrice et le frein pour la Lune, ces anneaux étant doubles et en sens opposé dans leur rotation et contraires de signe électrique l'un à l'autre.

Puisqu'électricité il y a en jeu, servons-nous en, selon nos faibles moyens pour faire la lumière sur la question du mécanisme céleste.

Et qui dit électricité, dit éther, qui étant universel, se manifeste aussi bien dans les corps que dans l'espace, selon les circonstances.

---

[1] Ce mot est un dérivé d'*ateler* et se rapporte à *atelage;* en s'*atelant* à un centre d'action quelconque, on est un s'*atelite* et cela à l'instar de la lune.

[2] Ce mot est écrit ainsi intentionnellement.

N.º 16

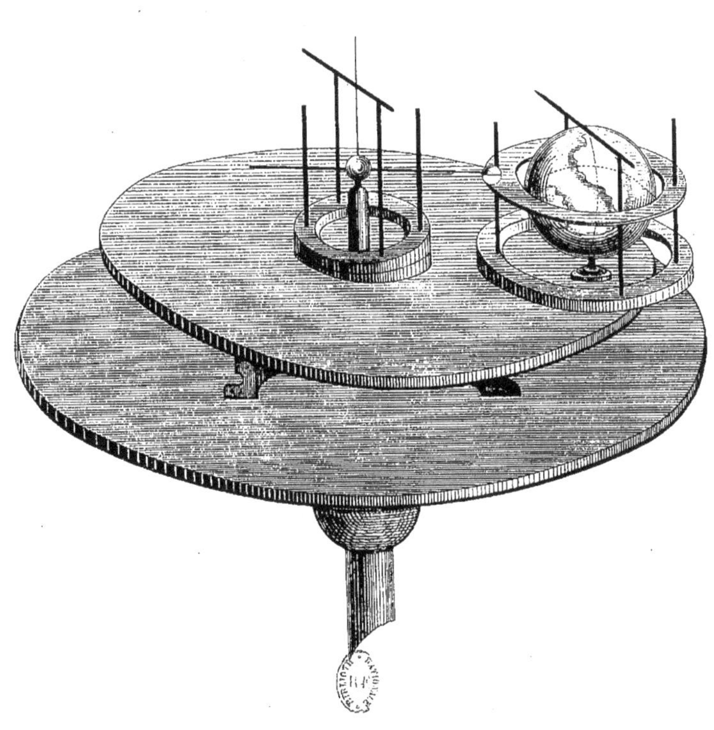

Lunarium.

§ 20

C'est un appareil que j'ai construit pour avoir la déclinaison de la lune et que pour cela j'appelle Lunarium pour lui donner une dénomination; à certains changements près, il est le même que l'Horarium dont il sera question au chapitre suivant.

Indiquant tout à la fois les déclinaisons de la lune et du soleil avec une exactitude suffisante, les éclipses de ces deux astres y ressortent d'une manière mécanique, à condition que cet appareil soit manié comme il doit l'être. Comme il y a beaucoup d'éléments en jeu, cette manipulation n'est pas ce qu'il y a de plus simple et elle demande beaucoup de soins pour arriver à la précision voulue.

Ces éléments sont : le soleil, la terre et son orbite, la lune et la sienne, les nœuds et le plan de cette orbite, l'écliptique, l'inclinaison de l'orbite terrestre sur celle-ci et quelques autres détails trop longs à être décrits ici.

Voir pour cela figure n° 16.

Le milieu de cette figure est occupé par le soleil, représenté par une boule qu'on peut tourner à volonté; autour d'elle se trouve un cercle dont le plan est oblique et qui représente celui des nœuds lunaires; il coupe le plan de l'écliptique à angle de 5° 8' 48" et celui de l'orbite terrestre à angle de 1° 24'. Ce cercle est mobile aussi; les quatre colonnes indiquent les nœuds ascendants et descendants, les points culminants et inférieurs du plan de l'orbite lunaire.

Ce cercle qu'il faut se figurer être de la même dimension que l'orbite terrestre, sert de guide à un autre tout pareil qui contourne la terre et qui a deux étages, dont le supérieur représente l'orbite de la lune; ce cercle est muni aussi de quatre bâtons qu'on oriente conformément à ceux de l'autre cercle qui contourne le soleil.

L'aiguille qui passe à travers la boule solaire est le rayon vecteur de celle-ci; on la dirige à volonté; elle doit toujours être parallèle au plan incliné de l'orbite terrestre; elle indique les déclinaisons solaires jour par jour.

Pour commencer l'opération, on met la terre à la date voulue, son axe dans la direction du Nord, puis on place le nœud ascendant à la longitude voulue; ce nœud est représenté par une des quatre colonnes ou bâtons; selon l'inclinaison qu'a alors le cercle qui contourne le soleil, on en donne une pareille à celui qui contourne la terre; on est guidé dans cela par une baguette horizontale qui rejoint les deux bâtons qui représentent le nœud ascendant et descendant et qui font partie du cercle du milieu en donnant la même direction à une autre baguette horizontale qui rejoint deux bâtons du cercle qui contourne la terre. La lune est représentée par une demi-boule et elle y est placée en nouvelle lune; la terre est à l'équinoxe d'automne.

Aux jours où le rayon vecteur du soleil vise l'orbite lunaire ou à peu de chose près, il y a éclipse, soit solaire soit lunaire; par contre il n'y en a pas lorsque cette orbite se trouve au-dessus et au-dessous de cette aiguille, lorsqu'il y a trop d'écart entre elles.

N'étant décrit ici que sommairement, pour en avoir une idée exacte, il faut le voir à l'œuvre; m'est avis qu'il pourra rendre service dans l'enseignement élémentaire de l'astronomie. Comme il se peut qu'il y aura quelque chose à corriger dans ce qui précède, je ne demande pas mieux, n'étant pas obstiné.

Comme quoi la nouvelle et la pleine Lune varient de distance d'avec la Terre et comme quoi l'une s'en approche pendant que l'autre s'en éloigne.

§ 21

Ce rapprochement et éloignement alternatif dépend de la pente du plan de l'orbite lunaire ; si ce plan n'était pas incliné de 5° 8′ 48″ sur celui de l'écliptique, la nouvelle et la pleine lune ne varieraient pas de distance dans le courant de onze à douze mois, tel que cela a lieu.

Variante comme elle l'est, 1° la nouvelle lune est à son apogée lorsqu'elle coïncide avec le point culminant de la pente en question ; par contre la pleine lune est alors à son périgée.

2° La nouvelle lune est à son périgée, lorsqu'elle coïncide avec le point le plus bas de cette pente ; par contre la pleine lune est alors à son apogée.

3° Elles sont à leur distance normale ou moyenne, lorsqu'elles coïncident avec un des nœuds du plan de l'orbite lunaire, soit ascendant, soit descendant.

Voir pour cela figure n° 17.

Des deux grands cercles, l'un est incliné sur l'autre de 5° 8′ 48″ ; celui qui est désigné par T représente l'orbite terrestre et celui qui l'est par L représente l'orbite des nœuds lunaires qu'il ne faut pas confondre avec l'orbite de la lune ; si celle-ci contourne la terre, les nœuds contournent le soleil, mais rétrogradement.

Le soleil tient le milieu de ces cercles ou à peu près.

Au cercle intérieur sont indiqués les degrés de l'orbite terrestre avec leurs dates et celles de la nouvelle et de la pleine lune ; ces dates vont du 15 septembre 1875 au 19 août 1876.

Vers le milieu de ces deux dates, c'est-à-dire au 2 mars 1876, le nœud ascendant était de 360° de longitude ou de l'orbite terrestre et le nœud descendant l'était de 180° ; alors le point culminant l'était de 270° et le point inférieur de 90°.

Les nœuds ascendants et descendants sont désignés par deux points N A et N D ; les points culminants et inférieurs le sont par P C et P I.

En P C, au 270° le cercle L, dans lequel se meuvent les nœuds de la lune, est de 5° 8′ 48″ plus élevé que le cercle T qui est celui de l'orbite terrestre, par contre, en P I au 90° il est de 5° 8′ 48″ plus bas que le cercle T ; ils sont au même niveau en N A et N D au 360° et 180°, car c'est là qu'ils se coupent. L'emplacement de la nouvelle et de la pleine lune se fait le long du cercle L, tandis que la terre suit le cercle T.

La variation de distance entre la terre et la nouvelle et pleine lune se fait proportionnellement à la variation de hauteur entre T et L.

Penché vers le soleil comme L l'est de septembre 1875 à mars 1876, la nouvelle lune y est pendant ce temps plus loin de la terre que la pleine ; et penchée adversement au soleil comme L l'est de mars à septembre, la nouvelle est plus près de la terre que la pleine durant ce temps ou ce trajet de 180° ; t désigne la terre, n désigne la nouvelle et p la pleine lune ; les écarts entre t et l et entre l et t désignent leur variation de distance.

En regard des millimètres, il y a celle des demi-diamètres de la lune, conformément à l'*Annuaire de la Marée*.

La distance moyenne y est de 20 millimètres, le maximum de 24 et le minimum de 16 millimètres.

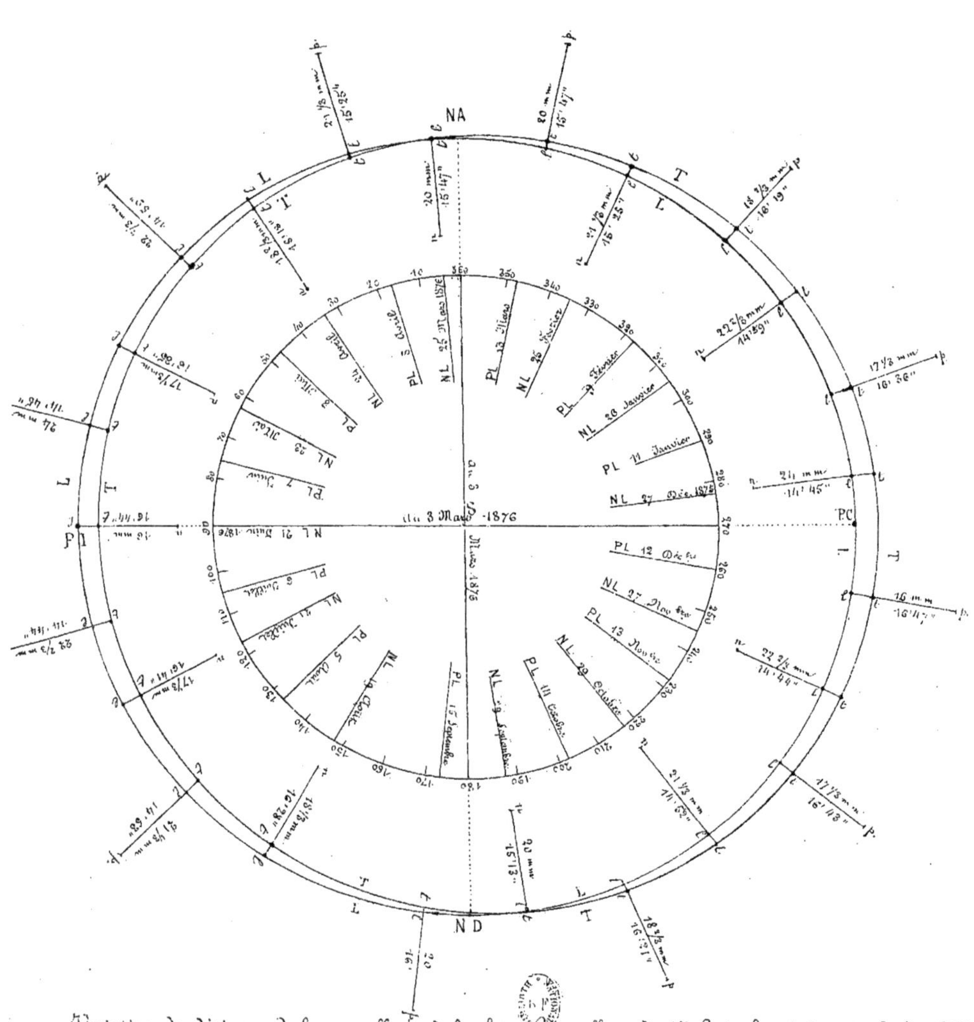

Variation de Distance de la nouvelle ou de la pleine Lune allant du 15 Septembre 1875 au 19 Août 1876.

Au 29 septembre 1875, la nouvelle lune était à sa distance moyenne, soit de 20 millimètres de t : elle coïncide alors à peu près avec le nœud descendant désigné par N D; il en était de même de la pleine au 15 septembre de la même année, car cette distance y est aussi de 20 millimètres.

Environ 90° plus loin, la nouvelle lune du 27 décembre 1875 était à son maximum de distance de t, soit de 24 millimètres; elle coïncide alors ou à peu près avec le point culminant, désigné par P C; par contre la pleine lune du 12 décembre était à son minimum de distance de t ou de la terre, soit de 16 millimètres seulement.

Environ 90° plus loin, la nouvelle lune du 25 mars 1876 était encore une fois à sa distance moyenne, soit de 20 millimètres; elle coïncide alors à peu près avec le nœud ascendant, désigné par N A; il en était de même de la pleine lune du 10 mars, ayant été aussi distante de t de 20 millimètres.

Et environ 90° plus loin, la nouvelle lune du 21 juin 1876 était à son minimum de distance de t, soit de 16 millimètres; elle coïncida alors avec le point inférieur, désigné par P I; par contre la pleine lune du 7 juin était à son maximum de distance de t, soit de 24 millimètres.

Voir le tableau suivant qui donne un aperçu de variations de 12 lunaisons, tel qu'elles figurent sur la carte n° 18; les demi-diamètres y sont mis en regard aux millimètres.

NOUVELLE LUNE			PLEINE LUNE		
DATE	MILLIMÈTRES	DEMI-DIAMÈTRE	DATE	MILLIMÈTRES	DEMI-DIAMÈTRE
29 septembre 1875..	20	15′ 13″	15 septembre 1875..	20	16′
29 octobre — ..	21 1/3	14′ 52″	14 octobre — ..	18 2/3	16′ 21″
27 novembre — ..	22 2/3	14′ 44″ min.	13 novembre — ..	17 1/3	16′ 43″
27 décembre — ..	24 max.	14′ 45″	12 décembre — ..	16 min.	16′ 47″ max.
26 janvier 1876.....	22 2/3	14′ 59″	11 janvier 1876.....	17 1/3	16′ 36″
25 février —	21 1/3	15′ 25″	9 février —	18 2/3	16′ 19″
25 mars —	20	15′ 47″	10 mars —	20	15′ 47″
24 avril —	18 2/3	16′ 18″	8 avril —	21 1/3	15′ 25″
23 mai —	17 1/3	16′ 35″	8 mai —	22 2/3	14′ 59″
21 juin —	16 min.	16′ 44″ max.	7 juin —	24 max.	14′ 45″
21 juillet —	17 1/3	16′ 41″	6 juillet —	22 2/3	14′ 44″ min.
19 août —	18 1/3	16′ 28″	5 août —	21 1/3	14′ 53″

D'après ce tableau, l'augmentation des millimètres va concurremment avec la diminution du demi-diamètre et la diminution des millimètres avec l'augmentation de ce dernier; il y a bien une petite divergence entre eux pour le maximum de la nouvelle lune aux dates du 27 novembre et 27 décembre et une autre pour le maximum de distance de la pleine lune aux dates du 7 juin et du 5 août, mais elle est sans importance, vu qu'il ne s'agit que de 1″ en plus ou en moins pour le demi-diamètre. Si une légère divergence il y a, cela provient de ce que les nœuds de la lune ne sont pas restés en place durant le laps de temps du 15 septembre 1875 au 19 août 1875, qu'ils ont tourné rétrogradement d'environ 1²/₃° par mois; et de ce que ces nœuds se sont déplacés, les points culminants et inférieurs en ont fait autant; de là cette légère divergence entre ces maximi et minimi.

Pour arriver à une exactitude complète, il faudrait faire autant de cartes qu'il y a de lunaisons, à cause du déplacement des nœuds; avec cela ce mesurage par millimètres n'est pas non plus de ce qu'il y a de plus exact.

Quoiqu'il en soit de ces imperfections géométriques, il ne ressort pas moins de cette démonstration mécanico-mathématique la véritable cause — du moins la principale — de la variation en question: cette cause n'étant pas une autre que l'inclinaison du plan de l'orbite lunaire sur celui de l'écliptique, il n'est plus besoin de la chercher ailleurs, c'est-à-dire dans l'attraction.

Et celle-ci n'étant pas la véritable cause de cette variation de distance lunaire, les explications qu'on en donne dans les livres scientifiques à grand renfort d'hypothèses, sont ausi incompréhensibles que touffues et entortillées: manquant de simplicité et de clarté, elles sont forcément controuvées; et on pourrait encore en dire long là-dessus.

Comme quoi le 1er et le 2e quartier de la Lune varient de distance d'avec la Terre et comme quoi l'un s'en rapproche pendant que l'autre s'en éloigne.

§ 22

Ce rapprochement et éloignement alternatif dépend aussi bien de la pente du plan de l'orbite lunaire que le rapprochement et éloignement de la nouvelle et de la pleine lune.

Si le maximum et le minimum de distance de ces dernières coïncident avec le point culminant et inférieur du plan de l'orbite lunaire, le maximum et minimum du 1er et du 2e quartier coïncident avec le nœud ascendant et descendant: de distance égale ils sont lorsqu'ils coïncident avec le point culminant et inférieur: l'inégalité de distance entre ces deux quartiers commence à se produire à partir de ces deux points; ceci se fait à l'inverse de la nouvelle et de la pleine lune, vu que celles-ci diffèrent le plus de distance lorsqu'elles coïncident avec ces deux points, tandis qu'aux nœuds, elles ne diffèrent pas de distance entre elles.

Voir la carte n° 18 allant du 7 octobre 1875 au 11 septembre 1876.

Le nœud ascendant y est de 360° de longitude, de même que sur la carte n° 18.

Le soleil occupe le milieu de la figure.

La terre est désignée par T au milieu des douze petits cercles, le 1er et le 2e quartier le sont par un point.

Le point culminant est indiqué par P C, l'inférieur par P I, le nœud ascendant par N A et le descendant par N D.

L'orbite de la terre est désignée par T et le cercle dans lequel les nœuds se meuvent rétrogradement, l'est par L.

Les lignes p p sont des parallèles à la pente et les lignes n n sont des parallèles à la ligne qui joint le nœud ascendant au descendant; les deux cercles t et l sont la reproduction du grand cercle T et L.

Sur cette carte, la lune, y étant au 1er et au 2e quartier, elle se tient tout à la fois dans le petit cercle t et dans le grand cercle T, tandis qu'à la carte précédente, elle se tient dans le grand cercle L. Les petits cercles t et l se coupent de la même façon que les grands T et L et à angle de 5° 8′ 48″.

Les dates du 1er et du 2e quartier sont indiquées le long du cercle intérieur.

Les distances entre le 1er et le 2e quartier et la terre, désignée par T, sont comptées par millimètres, dont la moyenne est 13, tandis que le maximum est de 17 et le minimum de 9.

Les petits cercles portent les n°s 1 à 12.

Au 7 octobre 1875, le 1er quartier était éloigné de T d'environ 17 millimètres, il y était donc à

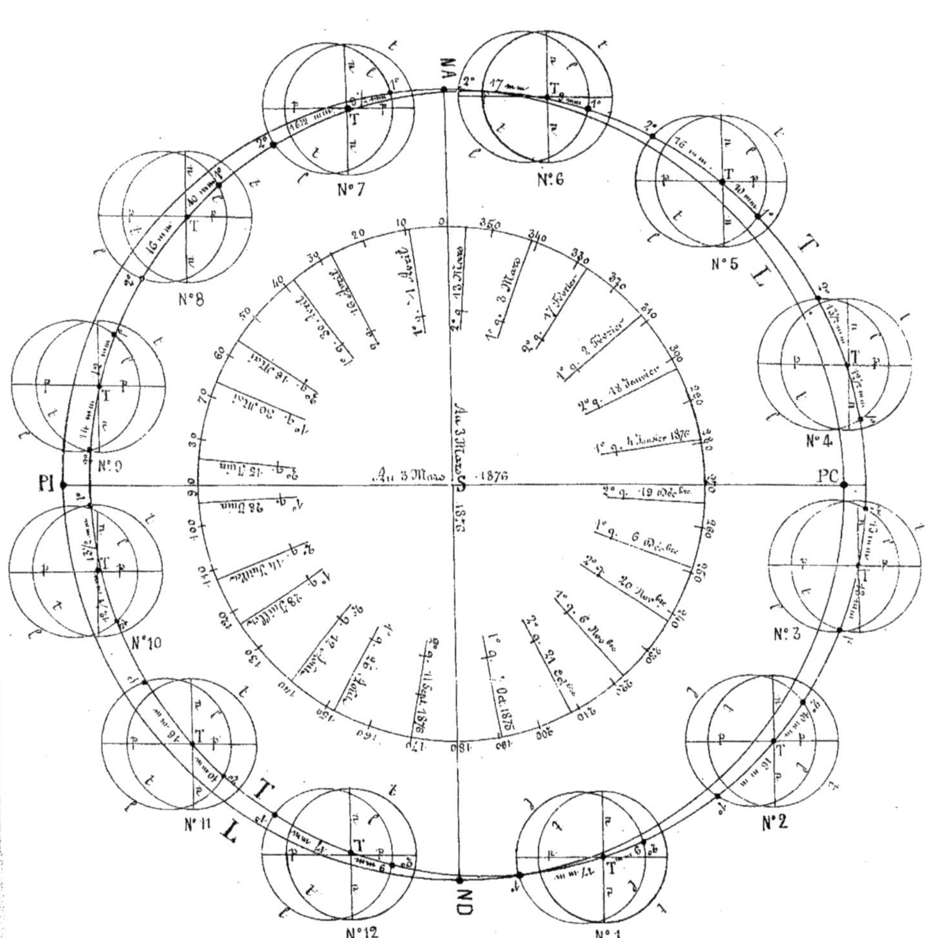

Variation de distance du 1° et du 2° quartier allant du 7 Octobre 1875 au 12 Septembre 1876.

son maximum de distance; il coïncida alors avec le nœud descendant ou à peu près, désigné par N D; par contre le 2ᵉ quartier du 21 octobre n'en était éloigné que de 9; voir le petit cercle n° 1.

Au n° 2, le 1ᵉʳ quartier du 6 novembre 1875 n'est plus éloigné de T que de 16 millimètres, tandis que le 2ᵉ l'est de 10; arrivé au n° 3, le 1ᵉʳ quartier du 6 décembre n'est plus éloigné de T que de 13 qui est la distance moyenne; il en est de même du 2ᵉ quartier du 19 décembre, lui aussi étant maintenant éloigné de T de 13 millimètres; c'est qu'alors ils n'étaient pas loin du point culminant où il y a équation entre eux.

A partir du n° 3 il y a interversion entre les distances, vu qu'au n° 4 le 1ᵉʳ quartier du 1ᵉʳ janvier 1876 est plus près de T que le 2ᵉ du 18 janvier, tandis que précédemment le contraire a eu lieu; au n° 5, cette différence est encore plus accusée, le 1ᵉʳ quartier n'étant plus distant de T que de 10 millimètres, tandis que le second l'est de 16.

Arrivé au n° 6, le 1ᵉʳ quartier du 3 mars 1876 est arrivé à son périgée et le 2ᵉ du 18 mars à son apogée, soit pour l'un de 9 et pour l'autre 17 millimètres distant de T.

Et pendant que du 7 octobre 1875 au 3 mars 1876, le 1ᵉʳ s'est rapproché de 8 millimètres de T, le second s'en est éloigné d'autant ou à peu près.

A partir du n° 6, il y a une nouvelle interversion entre les distances des deux quartiers; c'est qu'entre les nᵒˢ 6 et 7 il y a le nœud ascendant; cela étant, le 1ᵉʳ s'éloigne maintenant de T tandis que le 2ᵉ s'en approche; aux nᵒˢ 8 et 9 le cas est le même; si à ce dernier numéro, il n'y a plus que deux millimètres de différence entre eux, c'est qu'il n'est pas bien loin de PI, où se fait la seconde équation entre ces deux quartiers.

Au n° 10, le 1ᵉʳ quartier continue à s'éloigner de T et le 2ᵉ de s'en approcher de même aux nᵒˢ 11 et 12, où le 1ᵉʳ quartier est arrivé à son maximum de distance, soit à 17 mm. et le 2ᵉ à son minimum, soit à 9 mm. de T.

Du n° 6 au 12 il y a donc interversion complète de distance entre les deux quartiers, vu qu'au n° 6 le 1ᵉʳ q. était à son minimum de distance, tandis qu'au n° 12, il était à son maximum, soit distant de T de 9 ou de 17 mm.; il en était de même du 2ᵉ, mais en sens inverse, soit à 17 ou à 9 mm.

Voir le tableau suivant pour avoir un aperçu de l'ensemble de cette variation de distance entre ces deux quartiers, se faisant dans le courant de 11 à 12 mois, tel que cette variation figure sur la carte n° 18; les demi-diamètres y sont mis en regard.

NUMÉROS	PREMIER QUARTIER			DEUXIÈME QUARTIER		
	DATES	MILLIMÈTRES	DEMI-DIAMÈTRE	DATES	DEMI-DIAMÈTRE	MILLIMÈTRES
1	7 octobre 1875.	17 max.	14′ 55″ min.	21 octobre 1875.	9	15′ 59″
2	6 novembre —	16	15′ 12″	20 novembre —	10	15′ 36″
3	7 décembre —	13	15′ 36″	19 décembre —	13	15′ 25″
4	4 janvier 1876....	12 1/2	15′ 46″	18 janvier 1876...	13 1/2	15′ 4″
5	3 février —	10	16′ 6″	17 février — ...	16	14′ 51″
6	3 mars —	9 min.	16′ 10″ max.	18 mars — ...	17 max.	14′ 48″ min.
7	1ᵉʳ avril —	9 1/2	16′ 10″	16 avril — ...	16 1/2	14′ 51″
8	30 — —	10	16′ 7″	16 mai — ...	16	15′ 5″
9	30 mai —	12	15′ 46″	15 juin — ...	14	15′ 28″
10	28 juin —	13 1/2	15′ 34″	14 juillet — ...	12 1/2	15′ 40″
11	28 juillet —	16	15′ 10″	12 août — ...	10	15′ 52″
12	26 août —	17	15′ 1″	12 septemb. — ...	9 min.	16′ 9″ max.

Comme on voit d'après ce tableau, il y a accord parfait entre les maxima et les minima des millimètres et ceux du demi-diamètre; il en ressort que la variation de distance du 1° et du 2° se fait aussi bien à raison de la pente du plan de l'orbite lunaire que celle de la nouvelle et de la pleine lune; si, par contre, il n'y avait pas de pente, la lune serait toujours à la même distance de la terre; s'il y a encore d'autres facteurs en jeu, je les laisse actuellement en dehors de la question; quoiqu'il en soit, la cause principale de cette variation de distance réside dans la pente et non ailleurs, étant ici suffisamment démontrée.

Comme quoi l'augmentation et la diminution de distance de la nouvelle Lune ne se fait pas d'un pas égal.

§ 23

En mesurant les écarts entre les t et l sur les cartes n°ˢ 17 et 18, on voit que l'augmentation et la diminution de distance de la nouvelle lune ne se fait pas d'un pas égal d'une nouvelle lune à une autre. Pour mieux nous rendre compte de cette inégalité, j'ai dressé une nouvelle carte, portant le n° 19, pareille aux deux précédentes, mais où la divergence entre les cercles T et L est plus prononcée.

La nouvelle lune y figure 12 fois de 30 à 30 degrés et elle est numérotée de 1 à 12, sans date déterminée. Le nœud ascendant est cette fois au 90° longitude[1] et les points culminants et inférieurs le sont au 360° et 180°.

La terre est placée partout en t et la nouvelle lune en n qui est constamment à la même distance du cercle L, dans lequel les nœuds de la lune se meuvent rétrogradement. Les écarts entre t et l indiquent la variation de distance de la nouvelle lune avec la terre, la moyenne est de 30 mm.; elle a lieu aux deux nœuds, soit à la longitude 90 et 270.

Le maximum qui est de 45 mm. a lieu au point culminant et le minimum, qui est de 15, a lieu au point inférieur, soit aux longitudes 360 et 180.

Si je ne fais cette démonstration que pour la nouvelle lune, c'est pour simplifier la question : il va sans dire qu'il en est de même de la pleine lune et du 1ᵉʳ et du 2ᵉ quartier sous ce rapport, excepté pour les dates.

Au n° 1, la nouvelle lune n est distante de t de			30ᵐᵐ				
2,	—	—	37	ce qui est 7ᵐᵐ en plus.			
3,	—	—	43		—	6	—
4,	—	—	45 maximum		—	2	—
5,	—	—	43		—	2	en moins.
6,	—	—	37		—	6	—
7,	—	—	30		—	7	—
8,	—	—	23		—	7	—
9,	—	—	17		—	6	—
10,	—	—	15 minimum		—	2	—
11,	—	—	17		—	2	en plus.
12,	—	—	23		—	6	—

[1] Ceci a eu lieu au 9 juillet 1871.

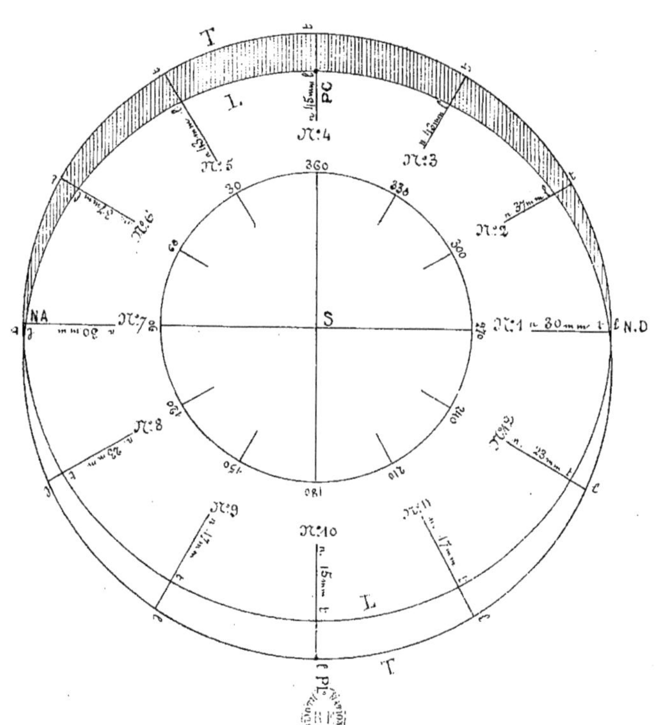

N.º 21

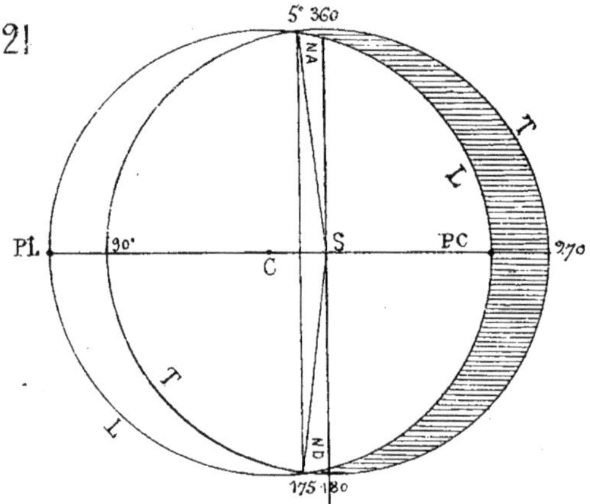

5.º 360
NA
T
L
Pl. 30° S PC 270
C
T
L
ND
175 180

N.º 20

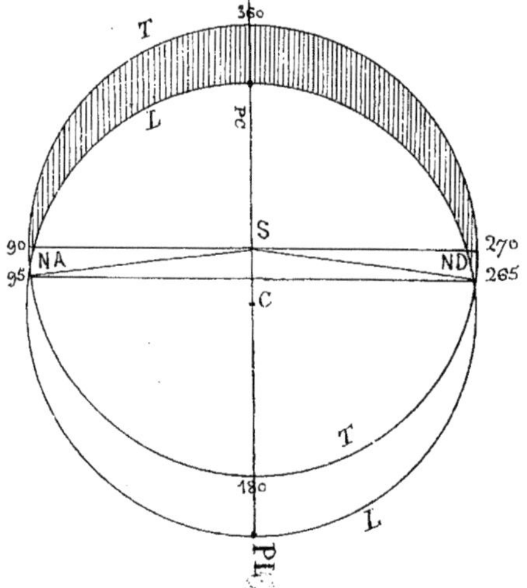

T
360
L
PC
90 S 270
NA ND 265
95
C
T
180
L
Pl.

Ayant démontré maintenant dans ces trois derniers paragraphes comme quoi il y a augmentation et diminution de distance de la lune et comme quoi cette augmentation et diminution se fait d'un pas inégal, il n'y a plus à douter de la validité du principe d'après lequel cette démonstration mathématico-mécanique a été faite ; et juste comme est ce principe ou ce point de départ, toutes les conséquences en découlent naturellement.

Si l'augmentation et la diminution du diamètre de la lune varient de quelque peu des chiffres de ce tableau, c'est qu'il ne faut pas oublier que les nœuds de la lune se déplacent de 20 degrés environ dans le courant de l'année et qu'une nouvelle lune n'est séparée d'une autre que de 29 degrés environ au lieu de 30, telles qu'elles le sont sur cette carte.

Comme quoi la Lune prend un peu plus de temps pour se rendre du nœud ascendant au descendant que de celui-ci à l'autre.

§ 24

Voir la figure n° 20 ; elle est pareille aux précédentes, mais l'écart entre le cercle T qui est celui de l'orbite terrestre et le cercle L qui est celui des nœuds y est encore plus accentué pour la clarté de la démonstration.

En tirant un cercle autour de S qui représente le soleil on a le cercle T, et en en tirant un autre autour de C on a celui de L ; là où ces deux cercles se bifurquent, il y a les nœuds ascendants et descendants.

Le premier étant sur cette figure de 95⁰ et le second de 265⁰ de longitude, le trajet entre eux est de 190⁰ d'arc, tandis qu'il n'est que de 170⁰ du second au premier, d'où il résulte une différence de 20 degrés d'arc.

Ces deux nœuds sont indiqués par NA et ND ; le point culminant par PC et l'inférieur par PI ; l'un est de 180⁰ de longitude et l'autre de 360⁰.

En tirant une ligne de NA et ND, on verra que cette ligne ne partage pas le cercle L ni le cercle T en deux parts égales. Il y a donc une inégalité avérée de dimension entre ces deux trajets en question ; cela étant, la lune doit prendre un peu plus de temps pour se rendre du nœud ascendant au descendant que de celui-ci à l'autre, soit dit sans fournir ici des preuves à l'appui, fournies par des observations astronomiques.

Cette différence de trajet s'accuse tout le long de la période des nœuds.

Voir pour cela figure n° 21.

Cette figure est pareille à l'autre ; mais ici le nœud ascendant est de 5⁰ et le descendant de 175⁰ de longitude, ayant sensément rétrogradé de 90⁰ depuis, soit depuis 4 2/3 années.

On arrive à ce résultat en tirant le cercle L autour de C et le cercle T autour de S.

En comptant le nombre de degrés entre NA et ND en passant par le point PC, il en ressort encore une fois un trajet de 190⁰ tandis que de ND à NA, en passant par PI, il n'y a que 170⁰.

De même que précédemment, la lune doit donc prendre un peu plus de temps pour se rendre du 1ᵉʳ au 2ᵉ que du 2ᵉ au 1ᵉʳ.

Et si on répète ce dessin en déplaçant le centre du cercle L on arrivera toujours au même résultat.

Comme quoi le plan de l'orbite lunaire augmente et diminue périodiquement d'inclinaison ou comme quoi il y a une nutation.

§ 25

Cette nutation se fait en vertu de la pente solsticiale de l'orbite terrestre qui est actuellement de 10′ 16″, tandis qu'en l'année 1833 elle n'était que de 9′ 20″.

Voir pour cela le tableau du paragraphe 12.

D'après les livres astronomiques, cette augmentation et diminution périodique d'inclinaison du plan de l'orbite lunaire sur sa moyenne est de 8′ 47″, soit une nutation de 17′ 34″, tandis que d'après ma théorie elle est de 10′ 16″ conformément à la pente solsticiale, d'où une nutation de 20′ 32″, soit environ de 3′ plus accentué que celle des livres astronomiques.

Pour démontrer comme quoi cette variation d'inclinaison du plan lunaire se fait, plaçons le nœud ascendant au 360°; dans ce cas, le point culminant est de 270° et l'inférieur de 90° de longitude; ceci a eu lieu au commencement de mars 1876.

En tirant une ligne entre le 270° et le 90° on a celle des solstices qui a une pente de 10′ 16″ et dont le point culminant est de 270°, soit au solstice d'hiver.

En cette année 1876, le maximum de déclinaison de la lune était de 28° 42′ et cela au 18 mars.

Plaçons maintenant le nœud ascendant au 180° de longitude; dans ce cas le point culminant est de 90° et l'inférieur de 270° et placés comme ils le sont maintenant, ils le sont à l'inverse de tout-à-l'heure; ceci a eu lieu au mois de juin 1885; en cette année le minimum de déclinaison était de 18° 4′ et cela au 30 septembre.

Comment arrive-t-on à ce résultat théoriquement?

On y arrive en ajoutant les 10′ 16″ de la pente solsticiale aux 5° 8′ 48″ du plan lunaire, ce qui fait en tout 5° 19′ 4″ et en ajoutant à cette somme-ci les 23° 27′ 13″ de l'obliquité de l'écliptique on a 28° 46′ 17″ pour la déclinaison de la lune à son maximum en l'année 1876, ce qui à 4′ 17″ près est la même somme que celle de 28° 42′ de l'*Annuaire de la Marée* de 1876 duquel elle a été tirée.

Pour avoir le minimum de déclinaison de l'année 1885 on retranche ces 5° 19′ 4″ des 23° 27′ 13″ de l'obliquité de l'écliptique, ce qui fait 18° 8′ 9″ soit à 4′ 9″ près la même somme que celle de l'*Annuaire* de cette année, celle-ci étant de 18° 4′.

Le point culminant du plan de l'orbite lunaire ayant été placé alternativement au point culminant de la pente solsticiale et au point inférieur de celle-ci, c'est bien d'après la ligne des solstices que cette nutation se fait; par conséquent d'après rien autre chose.

S'il y a une nutation à raison de l'inclinaison de cette ligne en question, à mon avis il doit y en avoir encore une autre et même plus considérable, à raison de la ligne des équinoxes, celle-ci ayant une inclinaison actuellement de 1° 14′ 40″, tandis que celle de la ligne des solstices n'est que de 10′ 16″; mais n'ayant pas les documents voulus, je ne suis pas à même d'en fournir des preuves, pas plus que pour celle qui doit se faire à raison de la pente-en-longue qui est de 1° 24′ et dont il a été question au paragraphe 12.

De ce que l'inclinaison de la ligne solsticiale va en augmentant et cela 9′ 1/3 en 583 1/2 années, la nutation en question doit en faire autant; aussi se peut-il que les 17′ 34″ des livres astronomiques aient augmenté de quelque peu.

Comme quoi l'orbite lunaire a plus d'étendue au 1ᵉʳ janvier lorsque le Soleil est à son périgée qu'au 1ᵉʳ juillet lorsqu'il est à son apogée.

§ 26

Étant plus près du soleil à la première date qu'à la seconde, la terre marche plus vite et cela parce que le courant d'éther qui lui sert de force motrice est plus fort étant plus près du soleil; la terre marchant plus vite qu'habituellement, elle produit un courant circulaire d'une étendue plus grande que lorsqu'elle se déplace d'une vitesse moindre.

Lire à ce sujet paragraphe 1.

Cette extension se fait donc proportionnellement à la vitesse, de même que celle-ci se fait proportionnellement à la distance de la terre du soleil, mais en sens inverse.

Le courant circulaire que la terre soulève à raison de son mouvement est le véhicule de la lune et cela au même titre que celui qui sert de force motrice à la terre, mais qui est soulevé par le soleil à raison du sien; et si le premier est identique avec l'orbite lunaire, l'autre l'est avec l'orbite terrestre.

L'extension de ce courant, c'est-à-dire de l'orbite lunaire est non seulement proportionnelle à la vitesse de la terre et à celle de la rotation de son axe, mais elle est aussi proportionnelle à sa masse; par conséquent si cette masse était moindre l'orbite de la lune serait plus rapprochée qu'elle ne l'est.

Comme il faut un peu plus de temps à la lune pour faire le tour de son orbite lorsque celle-ci est à son maximum d'extension qu'à son minimum, la durée de la révolution sidérale de notre satellite, évaluée chaque année vers le 1ᵉʳ janvier, surpasse de plus d'un quart d'heure la valeur qu'on lui trouve vers le 1ᵉʳ juillet, soit dit d'après les livres astronomiques.

Comme quoi l'extension des courants circulaires est proportionnelle à la vitesse et à la masse des corps, cela nous dit entre autres exemples un train de chemin de fer, vu qu'il met l'air en mouvement sur une étendue d'autant plus grande et cela à la ronde, qu'il a du poids et que sa marche est accélérée; par conséquent on l'entend d'autant plus loin et cela toujours à la ronde.

Un autre effet de cette propagation à la ronde est visible dans les halos d'air qui se font le long des palissades placées à une certaine distance de la voie, lorsqu'un train est en marche; ces halos tournent avec une rapidité prodigieuse et en double sens opposé l'un à l'autre.

Boule-versé comme l'air est par un train de chemin de fer, il se forme avec cela deux courants rectilignes opposés aussi l'un à l'autre, dont l'un, le supérieur, va en sens contraire du train et dont l'autre, l'inférieur lui fait suite, ce qui peut se voir aux morceaux de papier qu'il entraîne le long de la voie.

Mais ce qui *boule-verse* le plus l'air dont le ciel est rempli, mais à l'état excessivement raréfié et qui dans cet état est de l'éther pur, ce sont les *boules* astrales, dont notre terre fait partie et cela à raison de leur déplacement et rotation.

Un autre effet curieux de ce bouleversement astral, c'est l'anneau de Saturne qui, étant incandescent, est visible.

Des anneaux pareils contournent toutes planètes et satellites, de même que tout soleil, mais n'étant pas incandescents, ils passent inaperçus plus ou moins; cependant de temps à autre on en voit autour de la lune qui jouent en plusieurs couleurs.

Les auréoles qui entourent les astres sont aussi de ce nombre; si elles sont d'un si beau brillant, c'est qu'elles sont incandescentes.

Puisque courants circulaires il y a de toutes dimensions et cela à proportion de la masse et de la vitesse des corps qui les soulèvent et que nous savons maintenant comme quoi celui qui sert de véhicule à la lune s'élargit et se retrécit alternativement, nous pouvons nous passer parfaitement de l'attraction ou de toute autre force perturbatrice à laquelle on a recours pour expliquer cette irrégularité de l'orbite lunaire; s'il y a une force perturbatrice, il n'y en a toujours pas dans le cas en question.

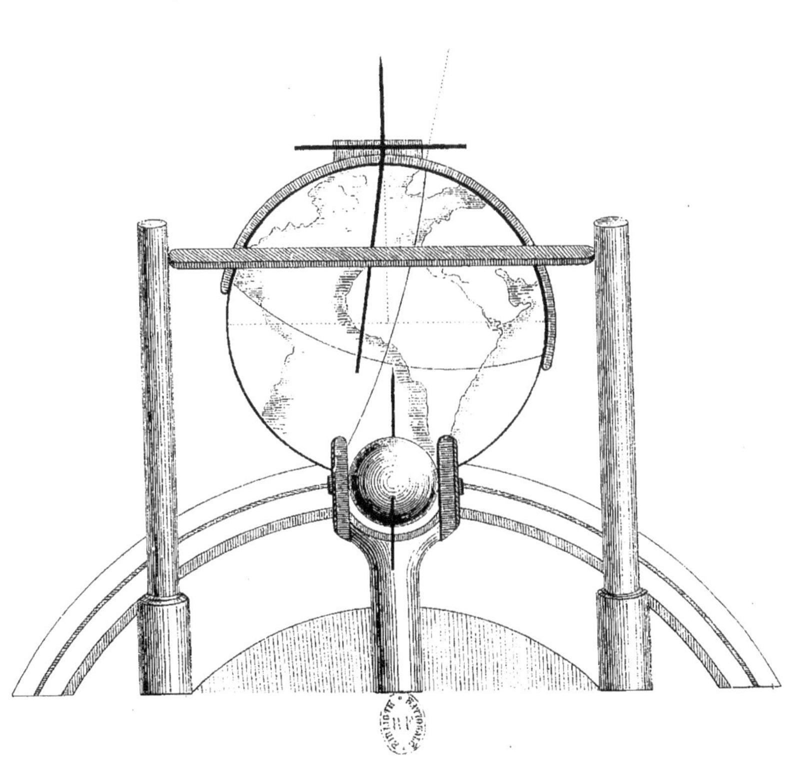

CHAPITRE V

Comme quoi il y a un temps solaire et un temps moyen.

§ 27

Le soleil n'occupant pas exactement le centre de l'orbite terrestre à cause de son déplacement, étant plus près de nous en hiver qu'en été, son diamètre varie nécessairement d'étendue, ayant 32′ 36″ 34 au périgée et 31′ 32″ 2 à l'apogée[1], sa moyenne est de 32′ 42″ 18 ou 1,924″ 18, ce qui fait à son périgée 32″ 16 de plus et à son apogée 32″ 16 de moins que la moyenne de son diamètre.

Si on attribue à la moitié de la ligne des solstices le même nombre de millimètres qu'il y a de secondes angulaires pour le diamètre solaire qui sont au nombre de 1,924″ 18, on a 1,924ᵐᵐ 18 pour la distance moyenne du soleil, distance toute relative, bien entendu.

Comme cette distance est à l'inverse de la dimension de son diamètre, il est à son périgée de 32ᵐᵐ 16 plus près et à son apogée de 32ᵐᵐ 16 plus loin de nous que le centre de l'orbite terrestre.

C'est d'après cette donnée que je me suis occupé à construire un appareil qui indique catégoriquement l'avance et le retard du temps solaire sur le temps moyen, c'est-à-dire sur le méridien et cela conformément au tableau des livres astronomiques.

Construit rationnellement, les quatre équations y ressortent naturellement, se faisant le 15 avril, le 15 juin, le 1ᵉʳ septembre et le 25 décembre: ce qui ressort encore très clairement, c'est le retard ou l'avance d'une minute du temps solaire sur le temps moyen aux solstices d'été et d'hiver ; cette divergence-ci est due à l'inclinaison de 1° 24′ du plan de l'orbite terrestre sur celui de l'écliptique, car, sans cette inclinaison, cette divergence n'aurait pas lieu ; encore une preuve de l'existence de cette pente.

En résumé, les divergences des deux temps en question sont dues à trois facteurs : 1) à l'obliquité de l'axe terrestre de 23° 27′ ; 2) à la pente de l'orbite terrestre qui donne à cet axe une seconde inclinaison de 1° 24′, et 3) à ce que le soleil n'occupe pas exactement le centre de l'orbite terrestre.

Voir figure n° 22.

L'orbite de la terre a une inclinaison de 1° 24′ ; le soleil y est placé un peu d'à côté du centre de celle-ci ; l'axe de la terre est dirigé vers le Nord.

L'aiguille qui part du soleil indique l'heure solaire sur le globe terrestre.

Les deux colonnes sont mobiles ; on les tourne selon les besoins autour d'un rond en bois ajusté sur la table ; de la barre qui rejoint ces deux colonnes part une autre aiguille qui est barrée au bout ; cette barre s'ajuste à la monture en demi-cercle dont la terre est munie et qui est surmontée d'une tige ; ce demi-cercle est mobile aussi ; cette tige doit toujours être maintenue perpendiculairement à l'orbite terrestre qui a une pente de 1° 24′.

[1] D'après la *Connaissance des Temps*, de l'année 1887.

Le but de ceci c'est pour que la terre fasse exactement face au centre de son orbite qui se trouve un peu écarté du soleil ; l'aiguille qui part de celui-ci doit-être tournée bien en face de cette tige de même que celle qui est barrée et dont le départ est sensément au centre de l'orbite en question.

Autant que l'aiguille solaire s'écarte du méridien, après avoir posé la terre convenablement, autant elle est en retard ou en avance sur l'heure moyenne et cela conformément au tableau suivant :

+ signifie le retard et — signifie l'avance du soleil sur le méridien, soit sur l'heure moyenne.

Janvier		Minutes	Avril		Minutes	Aout		Minutes	Novembre		Minutes
1	+	4	1	+	4	2	+	6	3	—	16 1/4
4	+	5	5	+	3	11	+	5	9	—	16
6	+	6	8	+	2	17	+	4	17	—	15
8	+	7	12	+	1	21	+	3	21	—	14
11	+	8	15		0	25	+	2	25	—	13
13	+	9	20	—	1	29	+	1	28	—	12
16	+	10	25	—	2	Septembre			Décembre		
19	+	11	Mai			1		0	1	—	11
23	+	12	11	—	3	4	—	1	3	—	10
27	+	13	15	—	4	7	—	2	6	—	9
Février			19	—	3	10	—	3	8	—	8
2	+	14	Juin			13	—	4	10	—	7
13	+	14 1/2	5	—	2	16	—	5	12	—	6
20	+	14	10	—	1	19	—	6	15	—	5
27	+	13	15		0	22	—	7	17	—	4
Mars			20	+	1	25	—	8	19	—	3
4	+	12	24	+	2	27	—	9	21	—	2
8	+	11	29	+	3	30	—	10	23	—	1
12	+	10	Juillet			Octobre			25		0
16	+	9	4	+	4	4	—	11	27	+	1
19	+	8	11	+	5	7	—	12	29	+	2
23	+	7	20	+	6	11	—	13	31	+	3
26	+	6				15	—	14			
29	+	5				20	—	15			
						28	—	16			

Il y a encore d'autres petites manipulations à y faire, mais cela serait trop long à les décrire ici. Pour savoir au juste ce qu'il en est de cet appareil, il faut le voir en fonction ; il en est de lui comme de tout autre instrument ou mécanisme.

Pour lui donner un nom, appellons-le *Horarium*.

Si cet instrument n'a pas une grande portée pratique, il est par contre d'une grande importance théorique ou scientifique, vu qu'il démontre l'emplacement exact du soleil dans l'orbite terrestre, en même temps, comme quoi il se produit une avance et un retard du temps solaire sur la moyenne, c'est-à-dire sur celui qui est conforme au centre de notre orbite.

Les cadrans solaires nous indiquent bien l'heure, mais ils restent boîte fermée pour le mécanisme ou le mouvement ; on y voit bien le fait, mais non pas la cause de ces divergences d'heures.

Disons à cette occasion que les explications qu'on donne à ce sujet dans les livres astronomiques m'ont peu satisfait, avec leurs trois soleils, dont deux fictifs ; aussi laissent-elles beaucoup à désirer comme clarté et exactitude ; elles sont à refaire comme bien d'autres contenues dans les mêmes livres.

LE PRINCIPE DU MOUVEMENT

APPLIQUÉ A LA MÉTÉOROLOGIE

INTRODUCTION

Après avoir fait la découverte de la chose principale qui est le principe du mouvement, d'après lequel il se forme des courants circulaires [1], je n'ai pas tardé à l'appliquer tout à la fois à la météorologie et à la mécanique céleste, deux sciences intimement liées ensemble.

Compliqué comme est le mécanisme de ces courants, ce n'est qu'à la longue, après bien des tâtonnements, des marches et des contre-marches, que j'ai pu le tirer au clair et lui donner le développement qu'il a maintenant ; aussi j'ai fini par créer tout un système météorologique dont les parties tiennent entre elles comme autant de branches au même arbre ; de ce que la météorologie s'étend à l'infini, ce système est encore loin d'être complet — si jamais il le sera — mais étant basé sur un principe fondamental qui est la loi du mouvement, il est à même de grandir ; tel incomplet qu'il soit encore, les météorologues y trouveront néanmoins une bonne base d'opération, s'ils veulent se donner la peine de l'étudier et de s'en pénétrer.

Compliquée et ramifiée comme est la question, il serait trop long pour raconter de quelle manière je me suis pris pour vaincre toutes les difficultés que j'ai rencontrées en route.

Caché comme est ce mécanisme atmosphérique aux yeux du corps, au sensualisme, ma besogne était avant tout une de raisonnements, en coordonnant les faits ou les observations catégoriquement, en évitant d'attribuer à un facteur ce qui revient à un autre, et à ne pas confondre les effets avec les causes et les apparences avec la réalité, enfin à mettre de la logique en toute chose, du moins de mon mieux et cela indépendamment de toute école ou doctrine.

Dans leur recherche de ce principe ou de cette loi que j'ai découvert par induction, les Météorologues se sont donné une peine infinie depuis de nombreuses années déjà, car c'est par millions et millions qu'on compte les observations faites sur tous les points du globe, qu'il s'agit de débrouiller et de coordonner ; mais manquant de ligne de conduite, faute de principe, il leur est impossible de le faire catégoriquement et d'en tirer une conclusion juste ; la tâche est d'autant plus mal aisée que les mouvements observés varient souvent d'une latitude ou d'une zône à une autre et qu'ils sont souvent contradictoires.

Aussi est-on encore loin d'avoir rassemblé en un seul édifice, ou d'avoir édifié en un

---

[1] Lire à ce sujet paragraphe 1.

seul système les nombreux matériaux qu'on a collectionnés à force d'observations en tout genre ; épars comme sont ces matériaux, ils attendent encore leur architecte.

Perdu comme on est dans les détails du labyrinthe météorologique, je veux dire dans ses détails, à court qu'on est du fil d'Arianne pour trouver la porte de sortie, c'est-à-dire une conclusion, on est encore loin d'avoir mis la main sur la cause de l'oscillation des vents, du baromètre et de l'aiguille de déclinaison ; c'est que cachée comme elle est au fond des choses, elle ne se laisse pas découvrir empiriquement ; on aura beau amonceler les observations et multiplier les coûteuses expéditions au Nord et ailleurs, on ne sera pas plus avancé pour cela, inextricable qu'est la question surtout dans l'ignorance du principe du mouvement et de ses effets, soit dit sans vouloir amoindrir personne, sachant qu'il ne manque pas de savants d'un très grand mérite dans cette nouvelle science qu'on appelle la météorologie.

Quoique cette science ait déjà fait beaucoup de progrès, et cela grâce à eux, il aurait été assurément bien plus considérable, si les théories en cours sur les vents, la chaleur solaire, sur le froid ou le gel n'étaient pas si défectueuses ou si insuffisantes ; ainsi au lieu de considérer ce dernier comme une force positive, ce qu'il est en réalité, on ne le considère tout bonnement que pour une négation de la chaleur, pour un rien, tel évident qu'il soit, du moins dans ses effets.

Enracinés comme sont les faux dogmes scientifiques — et il n'en manque pas — et endoctriné qu'on en a été dans sa jeunesse comme d'autant d'articles de foi, ils ne seront probablement pas d'une extirpation facile ; qu'il y en a, cela ressortira évidemment au courant de ce traité-ci.

Enchevêtrés comme sont les fluides magnétiques-électriques qui contournent la terre en tous sens, nous avons en eux le nœud gordien, dont la solution était encore à faire jusqu'ici.

Si Alexandre l'a tranché dans une de ses expéditions en passant par Gordium[1], cela ne peut l'être qu'au figuré et non pas en réalité ; aussi ce nœud existe-t-il encore en entier, en tout cas, il ne l'a pas résolu ; du reste il est encore journellement tranché par le grand Alexandre[2] céleste, en vertu de ses raies ou traits de lumière.

On aura confondu l'Alexandre macédonien avec l'astre du jour qui, à titre d'expéditeur de lumière et de force est un Alexandre aussi ; ce malentendu est d'autant plus admissible que ce roi grec passa pour Roi-Soleil, du moins aux yeux de ceux qui furent éblouis par ses brillants exploits, y compris ses courtisans.

C'est ainsi qu'on aura attribué à l'un ce qui revient à l'autre. C'est donc par un formidable malentendu que s'est formée cette légende. Si, compris au pied de la lettre le récit du nœud gordien paraît fabuleux, il n'en est plus de même en le comprenant au figuré, dans son véritable sens, car alors nous avons en lui les mille et mille courants circulaires qui environnent la terre comme autant de cordes et dont, en décrivant leur mécanisme, de même que leur point de départ, je me flatte de donner la solution dans le courant de ce traité, sinon dans son entier, du moins dans ses parties principales.

La voiture, dont il est question dans ce récit ou dans cette fable, n'en est pas une autre que celle qui nous transporte autour du soleil[3], c'est-à-dire la terre.

[1] Ce mot se rapporte à corde, *Gordel*, en patois allemand.

[2] En principe, ce mot signifie un expéditeur de lumière, *A-lex-sander ; sander* se rapporte à *senden*, signifiant expédier.

[3] Dans le récit en question, il figure comme temple d'Apollon.

Ce qui m'a donné le courage et la persévérance dans la poursuite de cette difficile solution, dans ce démèlement de courants et de forces, tâche aussi absorbante que compliquée, c'était la profonde conviction dans la validité de mes idées, conviction gagnant en force au fur et à mesure que j'approfondissais la question et que j'étudiais les faits dans leur mille rapports entre eux, dans leur connexité.

Ainsi plus près le navigateur approche du rivage, plus distinctement se dessine la contrée.

Que m'en reviendra-t-il ?

Très incomplet comme était encore mon système des courants atmosphériques en 1880, il n'y avait que huit vents avec leur oscillation normale, mais non pas l'anormale que je n'ai découvert de visu que plus tard, de même l'existence de seize vents au lieu de huit ; et incomplet comme il était encore, leur non-oscillation n'y figurait pas non plus ; tous ces compléments ont été faits à force d'observer le point de descente des nuages ; rien de plus précieux que ce point pour contrôler mes calculs de l'oscillation de ceux-ci et par conséquent celle du vent dominant.

Qu'il soit dit à cette occasion, comme *mea culpa*, que la petite brochure que j'ai publiée dans la même année, portant le titre de *Météorologie nouvelle*, a vu aussi le jour trop tôt, n'ayant pas encore suffisamment approfondi la question ; prématurée comme était cette publication, elle ne put avoir le succès voulu ; elle était encore trop verte.

Mûrie suffisamment comme est celle d'aujourd'hui, à force d'avoir envisagé les questions sous toutes leurs faces et de les avoir tournées et retournées mille fois, je me flatte d'avoir un succès complet, sinon immédiat ; pour cela il faut laisser le temps voulu pour leur contrôle.

Quoi qu'il en soit, cela n'empêche pas que les cartes sur l'oscillation des vents que j'ai établies à cette époque, ne soient exactes, sinon complètes ; qu'elles le sont, c'est ce que j'ai pu voir à leur mise à l'épreuve, répétée des milliers de fois, en les confrontant avec l'oscillation du point de descente des nuages.

Je les tiens à la disposition des Météorologues.

Sachant maintenant qu'il est imprudent d'offrir des fruits non mûrs, j'ai pris tout le temps voulu pour lancer cet ouvrage, voulant être sûr dix fois pour une, d'être dans le vrai, du moins en principe, sinon en toutes les nombreuses applications ; si donc quelquefois erreurs il y a, ce ne peut être que dans celles-ci, n'ayant pu les contrôler toutes par l'observation.

CHAPITRE VII

La provenance et le mécanisme des vents.

§ 28

En vertu de la loi [1] que tout corps qui tourne ou qui se déplace soulève des courants *circul-airs*, il se fait le vent équatorial, soufflant tantôt de l'Est, tantôt de l'Ouest; à ce courant, se joignent 7 autres courants, dont chacun a son contre-air ou contre-courant, ce qui fait seize vents en somme. Si le vent de l'Ouest est le contre-courant de celui de l'Est, le vent du Sud est le contre-courant de celui du Nord et ainsi de suite.

Enveloppant la terre comme autant de rubans de grande largeur, ils s'entrecroisent de tout côté.

Symétriquement espacés comme sont ces courants circul-airs, ils sont séparés l'un de l'autre d'une distance angulaire de 22° 1/2; et arqués comme ils sont, ils sont autant d'arc-boutants de notre atmosphère.

Ces 16 vents sont permanents, mais à de différentes hauteurs et plus ou moins sensibles dans le bas de l'atmosphère.

Le vent dominant est celui qui charrie les nuages; c'est tantôt l'un, tantôt l'autre; si ceux-ci vont en deux directions différentes, c'est qu'il y a alors deux vents dominants à différentes hauteurs.

Qu'il y a 16 vents bien distincts l'un de l'autre, mais faisant partie d'un même système, c'est ce que j'ai constaté de visu avec une grande exactitude et des milliers de fois à l'aide des nuages et de leur point de descente sous l'horizon, ces nuages ayant été charriés par l'un ou par l'autre.

Pas de guide plus sûr que ce point, pour observer la direction des vents.

§ 29

Ces 16 vents ont tantôt une oscillation, tantôt ils n'en ont pas.

Lorsqu'ils ne sont pas sous l'influence des fluides que le soleil exhale, lorsqu'ils en sont isolés par la matière atmosphérique dont ils sont le *véhi-cule* [1], ils n'ont pas d'oscillation, car alors ils tournent avec la terre autour de son axe, en soufflant exactement de 0, de 22 1/2, de 45, de 67 1/2 de 90 degrés de l'horizon, soit du côté Sud, soit du côté Nord.

Cette non-oscillation a lieu principalement par un temps couvert ou orageux, lorsqu'ils sont par trop chargés de matière pour donner prise aux fluides solaires sur eux; qu'il en soit ainsi, cela nous dit le point de descente des nuages.

Lorsque les vents soufflent en tempête qui se font ordinairement à la suite des orages, dans ce cas ils sont aussi très souvent sans oscillation.

[1] Voir pour cela le paragraphe 1.
[2] Ce mot est dérivé de *wehen* (teutonique).

Par contre, il y a oscillation, lorsque le soleil est rentré dans ses droits, car alors la direction des vents est déviée par les fluides de cet astre, en se conformant à ceux-ci, influencés qu'ils en sont.

Ces fluides solaires, du moins ceux du rayon vecteur, se bifurquent aux tropiques, là où le soleil se trouve au zénith ; bifurqués comme ils y sont, il se forme un double courant le long des tropiques en sens opposé l'un à l'autre ; il se forme de même un autre double courant perpendiculairement à celui-là.

Ces deux doubles courants solaires, qui contournent la terre dans son entier en double sens, ne tournent pas avec la terre autour de son axe ; par contre notre globe tourne en dedans et lorsque les vents en sont influencés, ils ne tournent plus non plus avec la terre autour de son axe, étant alors confondus avec les courants solaires.

Comme ces deux doubles courants solaires, dont l'un est horizontal et l'autre vertical, oscillent apparemment d'un côté et de l'autre du méridien et de l'équateur, et que la terre tourne en dedans d'eux, il s'en suit une oscillation de la direction des vents

A raison de ce fait, les vents du Nord et du Sud, influencés qu'ils sont par le courant solaire vertical et confondus qu'ils sont avec lui, oscillent conformément à ce courant d'un côté et de l'autre du méridien ; l'amplitude de cette oscillation varie selon les saisons ; elle est à son maximum d'environ 48 degrés et à son minimum de 24° ; à son maximum elle est aux solstices et aux équinoxes et à son minimum elle est aux dates intermédiaires.

Comme l'oscillation est la même pour les 16 vents, qu'ils sont solidaires l'un de l'autre, ils oscillent tous de la même manière et du même pas d'un côté et de l'autre de la ligne moyenne qui pour les vents du Nord et du Sud est le méridien et pour les vents de l'Est et de l'Ouest est l'équateur, tandis que pour les vents intermédiaires leur itinéraire moyenne va exactement du S-O à N-E ; de S-S-O à N-N-E ; de S-O-O à N-E-E et ainsi de suite, distant l'un de l'autre de 22° 1/2, tels qu'ils sont dessinés sur la figure n° 1.

Cette oscillation est diurne et annuelle, et elle est tantôt normale et tantôt anormale ou à rebours. Lorsqu'elle est anormale, nous avons celle d'il y a 6 mois plus tôt ou plus tard, se faisant contrairement à la normale ; l'anormale a lieu presque aussi fréquemment que la normale ; et tandis que celle-ci est boréale, l'autre est australe.

Cette oscillation a été calculée par moi, il y a environ 9 ans de cela, pour toute l'année ; pour la commodité du calcul, je l'ai divisé en 48 semaines et j'ai adopté 24° au lieu de 23°27′ pour l'obliquité de l'écliptique, ce calcul étant fait conformément à la rotation de la terre autour de son axe et autour du soleil.

Voir les tableaux n°ˢ 1 et 2 ; les heures y sont désignées à 3 heures d'intervalle. Le g signifie à gauche de leurs lignes moyennes et le d signifie à droite.

Sur un de ces tableaux, il y a l'oscillation normale, sur l'autre l'anormale ; ils sont valables pour toutes les latitudes et longitudes.

Oscillation normale.

		MIDI	3 h. S.	6 h. S.	9 h. S.	MINUIT	3 h. M.	6 h. M.	9 h. M.
Du 17 Mars	au 24 Mars...	24° g	12° g	0°	12° d	24° d	12° d	0°	12° g
24 —	au 31 — ...	22	10	2 d	12	22	10	2 g	12
31 —	au 7 Avril...	20	8	4	12	20	8	4	12
7 Avril	au 15 — ...	18	6	6	12	18	6	6	12
15 —	au 23 — ...	16	4	8	12	16	4	8	12
23 —	au 30 — ...	14	2	10	12	14	2	10	12
30 —	au 8 Mai....	12	0	12	12	12	0	12	12
8 Mai	au 16 —	10	2 d	14	12	10	2 g	14	12
16 —	au 24 —	8	4	16	12	8	4	16	12
24 —	au 1er Juin ..	6	6	18	12	6	6	18	12
1er Juin	au 9 — ..	4	8	20	12	4	8	20	12
9 —	au 17 — ..	2	10	22	12	2	10	22	12
17 —	au 24 — ..	0°	12° d	24° d	12° d	0°	12° g	24° g	12° g
24 —	au 3 Juillet..	2 d	12	22	10	2 g	12	22	10
3 Juillet	au 11 — ..	4	12	20	8	4	12	20	8
11 —	au 19 — ..	6	12	18	6	6	12	18	6
19 —	au 27 — ..	8	12	16	4	8	12	16	4
27 —	au 4 Août...	10	12	14	2	10	12	14	2
4 Août	au 12 — ...	12	12	12	0	12	12	12	0
12 —	au 20 — ...	14	12	10	2 g	14	12	10	2 d
20 —	au 28 — ...	16	12	8	4	16	12	8	4
28 —	au 4 Sept...	18	12	6	6	18	12	6	6
4 Septemb.	au 12 — ...	20	12	4	8	20	12	4	8
12 —	au 19 — ...	22	12	2	10	22	12	2	10
19 —	au 27 — ...	24° d	12° d	0°	12° g	24° g	12° g	0°	12° d
27 —	au 4 Octobre	22	10	2 g	12	22	10	2 d	12
4 Octobre	au 13 —	20	8	4	12	20	8	4	12
13 —	au 21 —	18	6	6	12	18	6	6	12
21 —	au 28 —	16	4	8	12	16	4	8	12
28 —	au 4 Novemb.	14	2	10	12	14	2	10	12
4 Novemb.	au 12 —	12	0	12	12	12	0	12	12
12 —	au 20 —	10	2 g	14	12	10	2 d	14	12
20 —	au 27 —	8	4	16	12	8	4	16	12
27 —	au 5 Décemb.	6	6	18	12	6	6	18	12
5 Décemb.	au 13 —	4	8	20	12	4	8	20	12
13 —	au 20 —	2	10	22	12	2	10	22	12
20 —	au 28 —	0°	12° g	24° g	12° g	0°	12° d	24° d	12° d
28 —	au 4 Janvier.	2 g	12	22	10	2 d	12	22	10
4 Janvier	au 11 —	4	12	20	8	4	12	20	8
11 —	au 18 —	6	12	18	6	6	12	18	6
18 —	au 26 —	8	12	16	4	8	12	16	4
26 —	au 3 Février.	10	12	14	2	10	12	14	2
3 Février	au 10 —	12	12	12	0	12	12	12	0
10 —	au 17 —	14	12	10	2 d	14	12	10	2 g
17 —	au 24 —	16	12	8	4	16	12	8	4
24 —	au 3 Mars...	18	12	6	6	18	12	6	6
3 Mars	au 10 — ...	20	12	4	8	20	12	4	8
10 —	au 17 — ...	22	12	2	10	22	12	2	10

Oscillation anormale.

Période	MIDI	3 h. S.	6 h. S.	9 h. S.	MINUIT	3 h. M.	6 h. M.	9 h. M.
Du 17 Mars au 24 Mars...	24° d	12° d	0°	12° g	24° g	12° g	0°	12° d
24 — au 31 — ...	22	10	2 g	12	22	10	2 d	12
31 — au 7 Avril...	20	8	4	12	20	8	4	12
7 Avril au 15 — ...	18	6	6	12	18	6	6	12
15 — au 23 — ...	16	4	8	12	16	4	8	12
23 — au 30 — ...	14	2	10	12	14	2	10	12
30 — au 8 Mai....	12	0	12	12	12	0	12	12
8 Mai au 16 —	10	2 g	14	12	10	2 d	14	12
16 — au 24 —	8	4	16	12	8	4	16	12
24 — au 1er Juin ..	6	6	18	12	6	6	18	12
1er Juin au 9 — ..	4	8	20	12	4	8	20	12
9 — au 17 — ..	2	10	22	12	2	10	22	12
17 — au 24 — ..	0°	12° g	24° g	12° g	0°	12° d	24° d	12° d
24 — au 3 Juillet..	2 g	12	22	10	2 d	12	22	10
3 Juillet au 11 — ..	4	12	20	8	4	12	20	8
11 — au 19 — ..	6	12	18	6	6	12	18	6
19 — au 27 — ..	8	12	16	4	8	12	16	4
27 — au 4 Août...	10	12	14	2	10	12	14	2
4 Août au 12 — ...	12	12	12	0	12	12	12	0
12 — au 20 — ...	14	12	10	2 d	14	12	10	2 g
20 — au 28 — ...	16	12	8	4	16	12	8	4
28 — au 4 Sept...	18	12	6	6	18	12	6	6
4 Septemb. au 12 — ...	20	12	4	8	20	12	4	8
12 — au 19 — ...	22	12	2	10	22	12	2	10
19 — au 27 — ...	24° g	12° g	0°	12° d	24° d	12° d	0°	12° g
27 — au 4 Octobre	22	10	2 d	12	22	10	2 g	12
4 Octobre au 13 —	20	8	4	12	20	8	4	12
13 — au 21 —	18	6	6	12	18	6	6	12
21 — au 28 —	16	4	8	12	16	4	8	12
28 — au 4 Novemb.	14	2	10	12	14	2	10	12
4 Novemb. au 12 —	12	0	12	12	12	0	12	12
12 — au 20 —	10	2 d	14	12	10	2 g	14	12
20 — au 27 —	8	4	16	12	8	4	16	12
27 — au 5 Décemb.	6	6	18	12	6	6	18	12
5 Décemb. au 13 —	4	8	20	12	4	8	20	12
13 — au 20 —	2	10	22	12	2	10	22	12
20 — au 28 —	0°	12° d	24° d	12° d	0°	12° g	24° g	12° g
28 — au 4 Janvier.	2 d	12	22	10	2 g	12	22	10
4 Janvier au 11 —	4	12	20	8	4	12	20	8
11 — au 18 —	6	12	18	6	6	12	18	6
18 — au 26 —	8	12	16	4	8	12	16	4
26 — au 3 Février.	10	12	14	2	10	12	14	2
3 Février au 10 —	12	12	12	0	12	12	12	0
10 — au 17 —	14	12	10	2 g	14	12	10	2 d
17 — au 24 —	16	12	8	4	16	12	8	4
24 — au 3 Mars...	18	12	6	6	18	12	6	6
3 Mars au 10 — ...	20	12	4	8	20	12	4	8
10 — au 17 — ...	22	12	2	10	22	12	2	10

Voir aussi les figures n° 23 à 31.

Sur le n° 23 se trouvent dessinés les 16 vents, sans oscillation, chacun restant dans sa ligne moyenne.

Sur les figures 24 et 25, cartes A et B, il y a l'oscillation des vents du Nord. Est, Sud, Ouest et de N-E, S-E, S-O et N-O, se faisant du 7 au 15 avril, de midi à minuit et de minuit à midi.

Sur les figures 26 et 27, cartes A et B, il y a celle des vents N-N-E, N-E-E, S-E-S, S-S-E, S-S-O. S-O-O, N-O-O et N-N-O, se faisant aux mêmes dates, de midi à midi et de minuit à midi.

Sur les figures 28 et 29, il y a l'oscillation des mêmes vents que sur 24 et 25, se faisant 6 mois plus tard, du 13 au 21 octobre, de minuit à midi et de midi à minuit.

Sur les n°s 30 et 31, il y a celle des mêmes vents que sur les n°s 26 et 27, se faisant aussi 6 mois plus tard et dans le même ordre de succession.

Les flèches indiquent la direction de l'oscillation.

Pour être tout à fait dans le vrai, il faudrait que les 16 vents figurent sur la même carte tels qu'ils le sont sur le n° 23, mais alors à cause de leur oscillation et de leur empiètement réciproque il y aurait un tel embrouillement de lignes qu'on ne pourrait plus rien reconnaître; je l'ai donc divisé en deux cartes, dont l'une contient les 8 vents principaux et l'autre les 8 vents intermédiaires et de ce que chacune d'elle est dédoublée en oscillation de gauche à droite et de droite à gauche, cela en fait quatre pour chaque semaine.

Ces cartes sont établies à titre de spécimen; à 4 par semaine, cela en ferait, à raison de 48 semaines 192 pour toute l'année.

Si j'ai choisi les dates du 7 au 15 avril et du 13 au 21 octobre, c'est que l'oscillation n'y est que de 36° d'amplitude; si elle était de 48°, tel que cela a lieu aux solstices et aux équinoxes, il y aurait trop d'embrouillement à cause de l'empiètement momentané d'un vent sur l'autre dans son oscillation.

A l'aide du tableau précédent on modifie ces lignes, si on veut dresser des cartes pour l'une ou l'autre semaine de l'année.

Ce travail a été fait déjà par moi en l'année 1880, mais non en entier car sur les 96 cartes dont il se compose, 2 pour chaque semaine dont l'une indique l'oscillation de gauche à droite et l'autre celle de droite à gauche, ne figurent que 8 vents et non pas 16, tels que les S-S-O, S-O-O, N-O-O, etc.: l'oscillation anormale n'y figure pas non plus.

Voir la figure n° 32.

La petite boule représente le soleil et l'aiguille qui passe à travers représente tout à la fois son rayon vecteur[1] et son flex ou hâle qui, au contact avec la Terre, ne pouvant passer outre, se bifurque en deux *raies-flexions*[2] annulaires qui s'entrecroisent à angle droit; l'une d'elles contourne la terre verticalement et l'autre horizontalement, le long des tropiques; chacune a son *contr-aire* ou contre-courant; elles sont représentées par l'anneau vertical de face et par l'horizontal.

Leur point d'intersection ou bifurcation se trouve aux tropiques, là où le soleil est au zénith; comme ces deux doubles courants *circul-airs* s'entrecroisent une seconde fois par derrière,

---

[1] Ce mot se rapporte à *wecken* (teut.) signifiant réveiller.

[2] Il n'est pas impossible, d'après la loi de la réflexion qui est celle de la lumière, il y en ait quatre, même huit au lieu de deux; ceci reste encore à être déterminé. Quoi qu'il en soit, deux sont suffisants pour la circonstance.

90°
N
67½°
NNO
67½°
NNE
45°
NO
45°
NE
Méridien
22½°
NOO
22½°
NETE
0°
O
Equateur
Equateur
E
0°
22½°
SOO
22½°
SETE
Méridien
45°
SO
45°
SE
67½°
SSO
67½°
SSE
S
90°

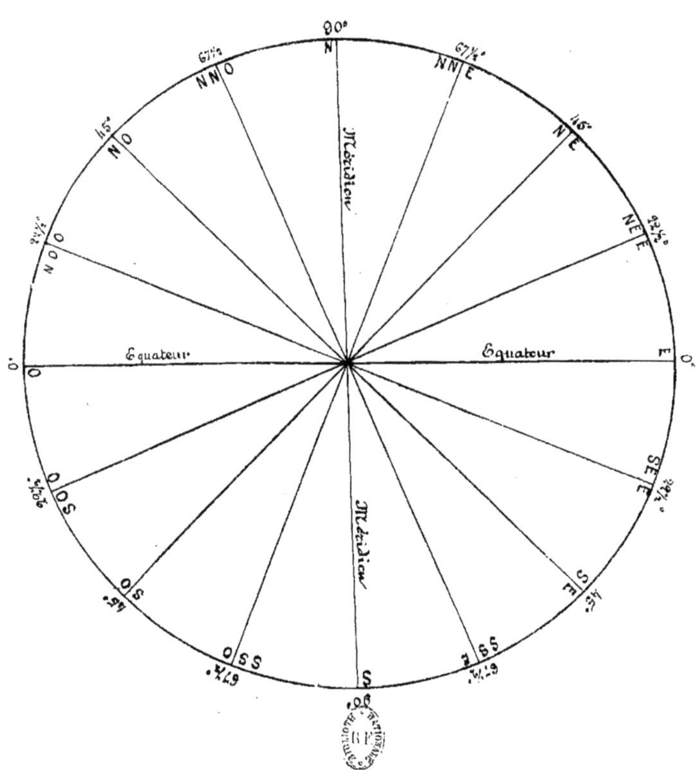

N.º 23

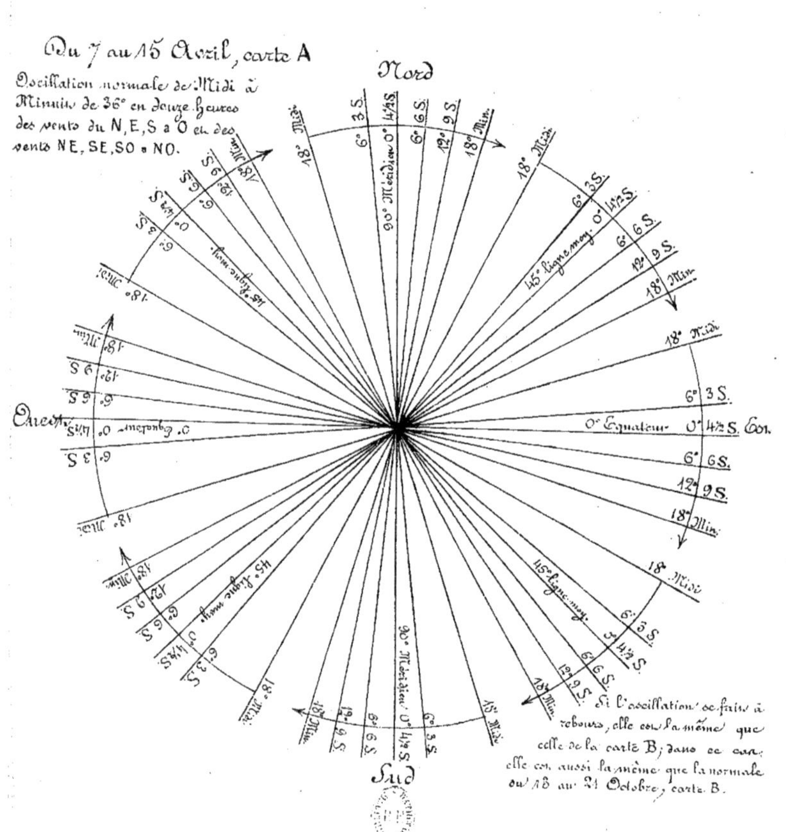
Du 7 au 15 Avril, carte A
Oscillation normale de Midi à
Minuit de 36° en douze heures
des vents du N, E, S a O et des
vents NE, SE, SO, NO.
Nord
Ouest
Sud
90° Méridien 0° 4½ S.
45° ligne moy. 0° 4½ S.
0° Équateur 0° 4½ S. Cor.
18° Midi
6° 3 S.
6° 6 S.
12° 9 S.
18° Min.
Si l'oscillation se fait à
rebours, elle est la même que
celle de la carte B; dans ce cas
elle est aussi la même que la normale
du 18 au 24 Octobre, carte B.

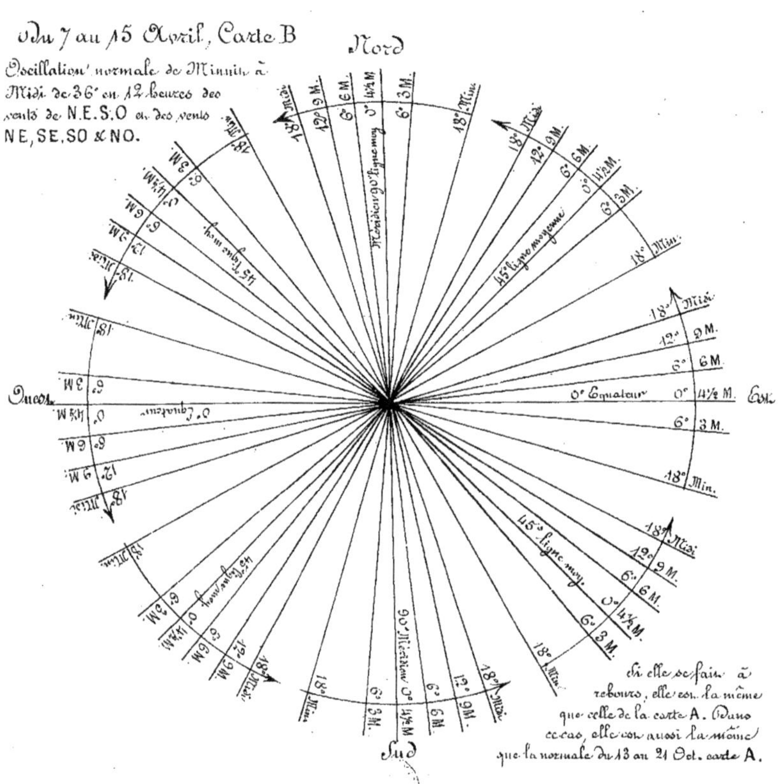
Du 7 au 15 Avril, Carte B
Oscillation normale de Minuit à
Midi de 36° en 12 heures des
vents de N.E.S.O ou des vents
NE, SE, SO & NO.
Nord
Ouest
Est
Sud
0° Equateur
18° Min.
12° 9 M.
6° 6 M.
0° 4½ M.
6° 3 M.
18° Midi
Si elle se fait à
rebours, elle est la même
que celle de la carte A. Dans
ce cas, elle est aussi la même
que la normale du 13 au 21 Oct. carte A.

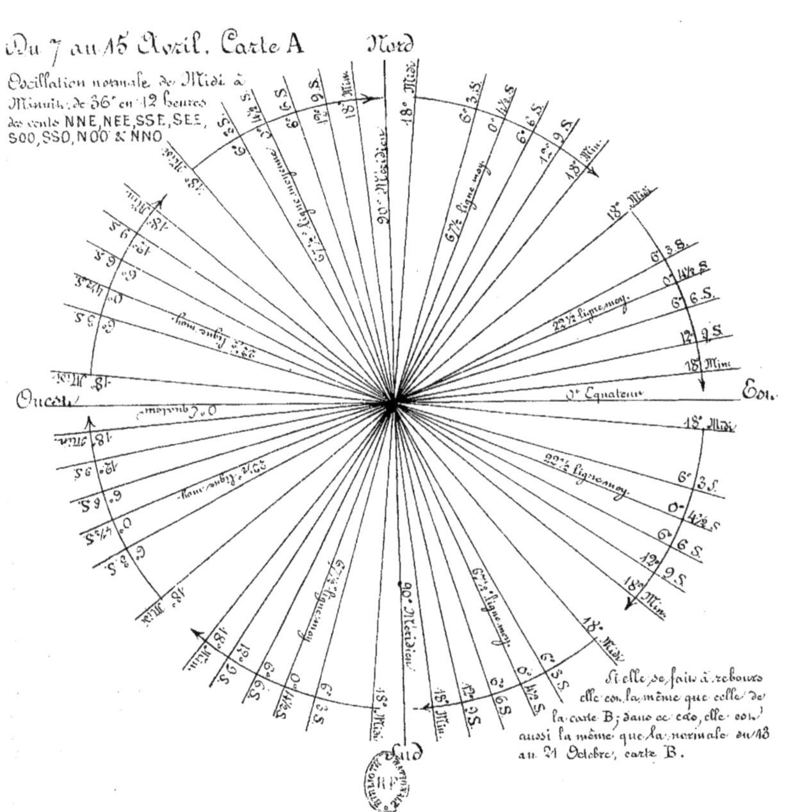

Du 7 au 15 Avril. Carte A
Nord
Oscillation normale de Midi à
Minuit, de 36° en 12 heures
des vents NNE, NEE, SSE, SEE,
SOO, SSO, NOO & NNO
Ouest
Est.
Sud
Si elle se fait à rebours
elle est la même que celle de
la carte B; dans ce cas, elle est
aussi la même que la normale du 13
au 21 Octobre, carte B.

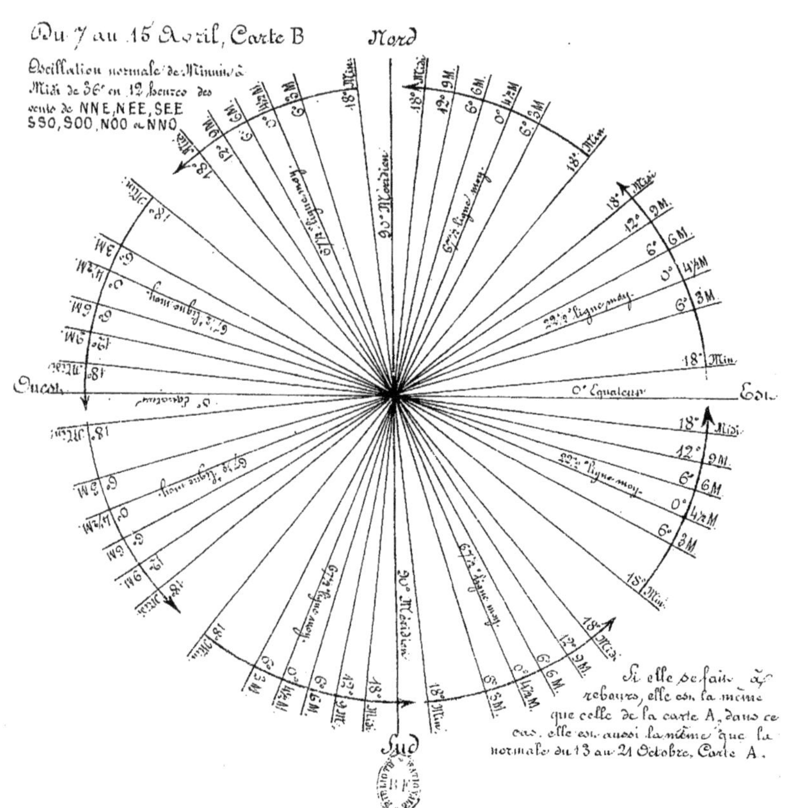

Du 7 au 15 Avril, Carte B
Nord
Oscillation normale de Minuit à Midi de 36° en 12 heures des vents de NNE, NEE, SEE SSO, SOO, NOO et NNO
90.° Méridien
67.½ ligne moy.
45.° ligne moy.
22.½ ligne moy.
0.° Équateur
18.° Min
12.° 9M
6.° 6M
0.° 4½M
6.° 3M
18.° Midi
12.° 9M
6.° 6M
0.° 4½M
6.° 3M
18.° Min
Ouest
Est
Sud
67.½ ligne moy.
45.° ligne moy.
22.½ ligne moy.
90.° Méridien
Si elle se fait à rebours, elle est la même que celle de la carte A, dans ce cas, elle est aussi la même que la normale du 13 au 21 Octobre, Carte A.

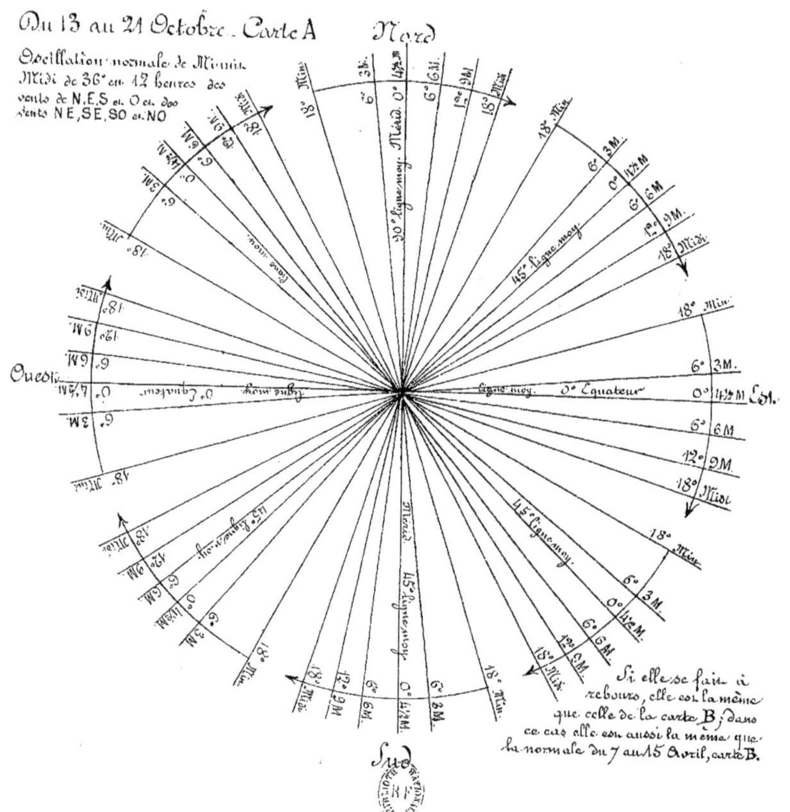

Du 13 au 21 Octobre. Carte A
Nord
Oscillation normale de Minuit.
Midi de 36° en 12 heures des
vents de N, E, S et O et des
vents NE, SE, SO et NO
Ouest
Sud
Si elle se fait à
rebours, elle est la même
que celle de la carte B; dans
ce cas elle est aussi la même que
la normale du 7 au 15 Avril, carte B.

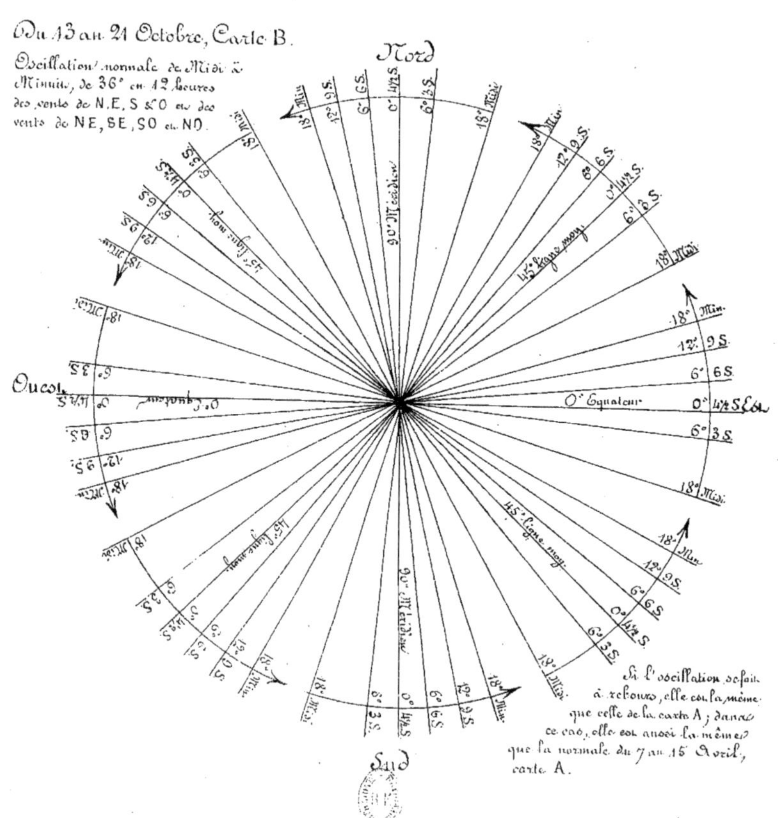
Du 13 au 21 Octobre, Carte B.
Oscillation normale de Midi à Minuit, de 36° en 12 heures des vents de N, E, S & O ou des vents de NE, SE, SO ou NO.
Nord
Ouest
Sud
Si l'oscillation se fait à rebours, elle est la même que celle de la carte A; dans ce cas, elle est aussi la même que la normale du 7 au 15 Avril, carte A.

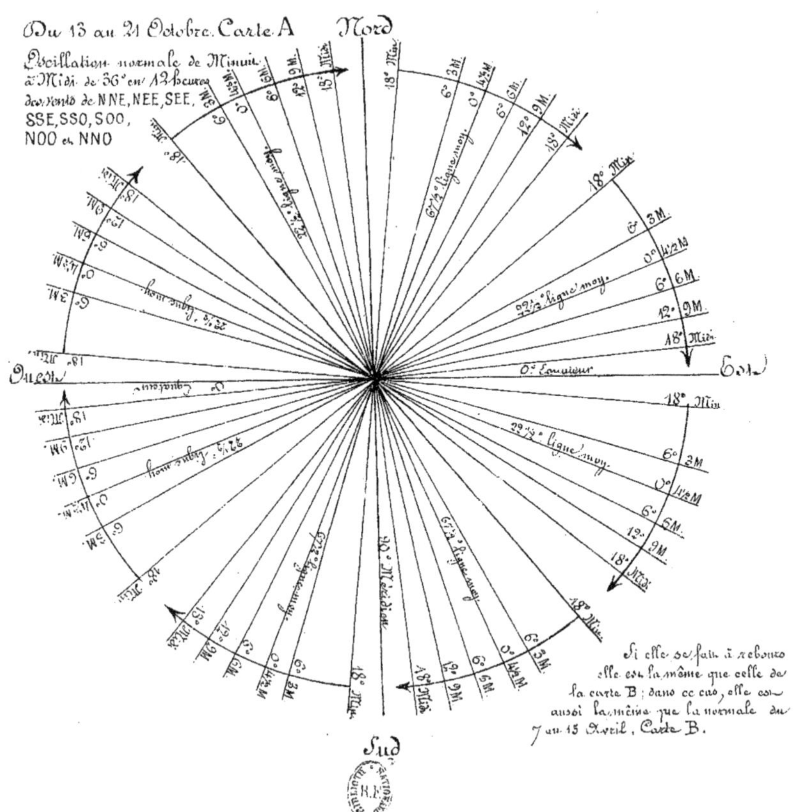

Du 13 au 21 Octobre. Carte A
Oscillation normale de Minuit
à Midi de 36° en 12 heures
des vents de NNE, NEE, SEE,
SSE, SSO, SOO,
NOO et NNO
Nord
Est
Ouest
Sud
Si elle se fait à rebours
elle est la même que celle de
la carte B ; dans ce cas, elle est
aussi la même que la normale du
7 au 15 Avril, Carte B.

N.° 31

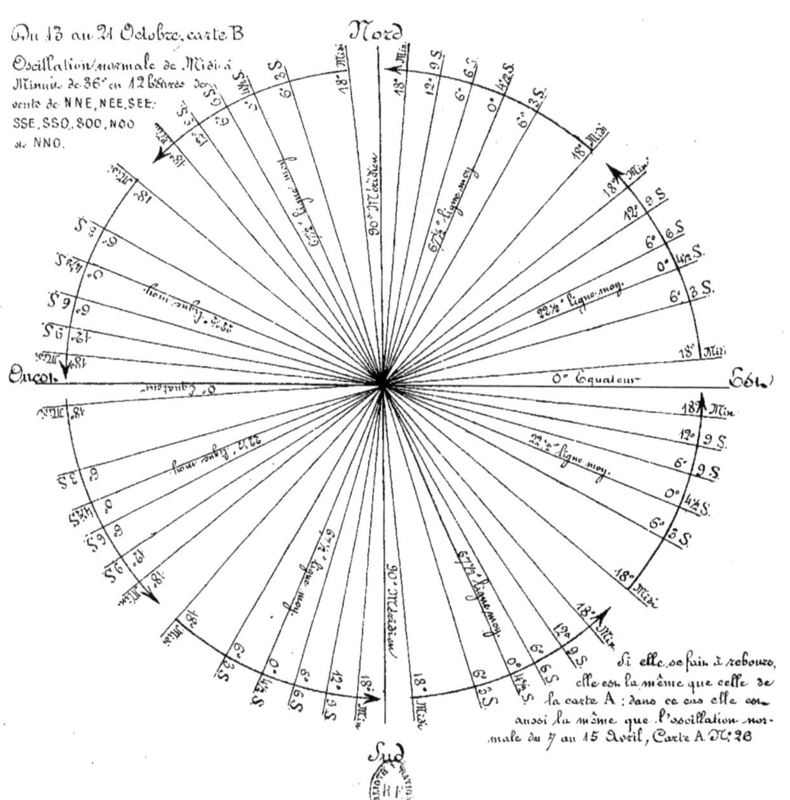

Du 13 au 21 Octobre, carte B
Oscillation normale de Midi à
Minuit de 36° en 12 heures des
vents de NNE, NEE, SEE,
SSE, SSO, SOO, NOO
et NNO.
Nord
Ouest
Est
Sud
Si elle se fait à rebours,
elle est la même que celle de
la carte A : dans ce cas elle est
aussi la même que l'oscillation nor-
male du 7 au 15 Avril, Carte A. N.° 28

N.º 32

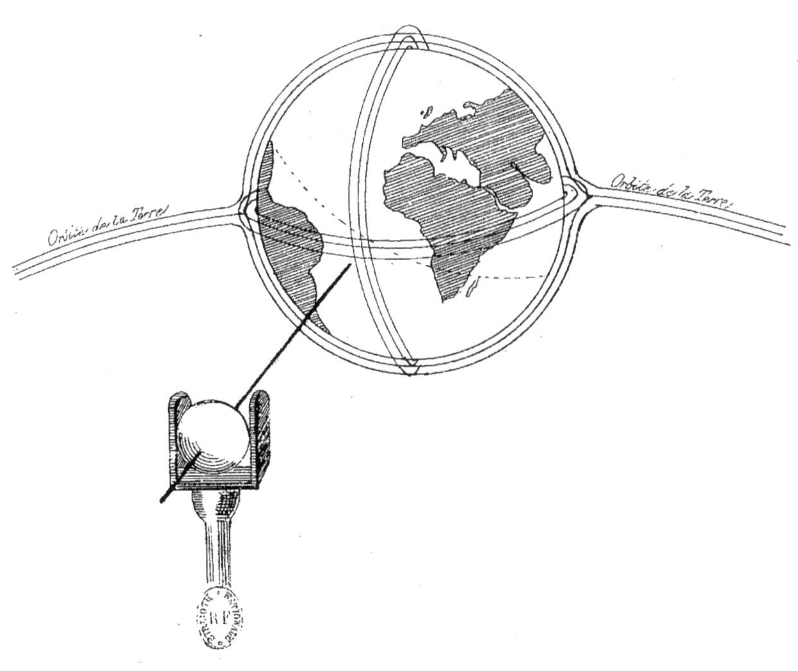

il s'y forme un second nœud ; le premier je le désigne par nœud de midi ; le second par nœud de minuit.

Le troisième anneau qui contourne la terre verticalement est le produit des fluides de l'orbite terrestre qui, ne pouvant passer outre, la contournent et cela en double sens[1].

Ce double anneau indique la limite entre le jour et la nuit et lorsqu'il est incandescent ou colorié, il est identique avec l'arc-en-ciel, faisant toujours face au soleil ; il se bifurque avec le courant tropical à 6 heures du matin et à 6 heures du soir, heure moyenne.

Ce sont ces trois anneaux pneumatiques-magnétiques-électriques qui par leur attraction font dévier de leur itinéraire normal[2] les courants aériens ou vents que la terre soulève à la ronde par son déplacement et par sa rotation axiale ; c'est aussi à eux que le baromètre doit son oscillation diurne.

Cette attraction est la même pour tous les courants atmosphériques, étant solidaires l'un de l'autre de ce qu'ils font tous partie du même système.

Ces trois courants annulaires ne tournent pas avec la terre autour de son axe, étant indépendants de celui-ci, et lorsque les vents en sont influencés, confondus comme ils sont avec eux dans ce cas, eux non plus ne se conforment plus à cette rotation axiale.

Dans ce cas, la Terre tourne en dedans ; et il faut bien qu'il en soit ainsi, autrement il n'y aurait pas d'oscillation.

Comme l'axe de la terre est incliné de 23° 27', disons 24° pour faire une somme ronde, les longitudes et les latitudes en tournant en dedans, en sont coupées à angle de 0° à 24° ; de là résulte une oscillation diurne apparente de ces courants de la même variation ; et par suite de l'évolution de la terre autour du soleil, il se fait une oscillation annuelle.

Ajoutons-y encore que si les longitudes sont coupées plus ou moins obliquement par les deux courants verticaux, les latitudes le sont par le courant horizontal ou tropical.

Cette coupure se faisant deux fois dans les 24 heures, il y a aussi bien une oscillation nocturne que diurne.

Voilà ce qu'il en est de l'oscillation normale.

Comme les fluides se croisent aussi bien au point de minuit qu'à celui de midi, il s'y produit là un second centre de force ou d'action magnétique-électrique qui est de la même force ou à peu près que le point de midi ; opposés comme ils sont l'un à l'autre dans leur position, ils le sont aussi dans leur action ou influence de temps à autre, sinon toujours ; aussi lorsque le point de minuit prédomine, les vents oscillent en sens contraire ou anormalement ; s'il n'en était pas ainsi cette oscillation *contre-air* ne pourrait plus se produire ; c'est que nous avons ici affaire à un procédé magnétique-électrique encore inconnu ou mal connu expérimentalement.

Du reste ce cas n'est pas isolé, car il se produit un nœud analogue à celui de minuit à l'endroit où les courants lunaires s'entrecroisent et qui contournent la terre aussi bien que les courants solaires et orbitials ; ce qui nous prouve ce nœud contre-lunair, c'est la seconde marée, celle qui se fait lorsque le méridien se trouve dans ce nœud et que la lune se trouve à 180° de distance ; mais la question est traitée plus à fond à l'article « La Marée ».

---

[1] Voir pour cela paragraphe 1 ; il y est désigné par anneau équinoxial.
[2] Ce mot se rapporte à Nord et indirectement à la direction.

Ce qui prouve encore l'existence du nœud de minuit, c'est l'oscillation anormale diurne du baromètre dont il est question aussi plus loin.

Tel que ce globe est entouré d'anneaux, il ne nous donne qu'une idée imparfaite de tous les fluides qui l'entourent et qui s'entrecroisent à différentes hauteurs, qui ont leur origine tout à la fois dans la terre, le soleil, la lune et dans l'orbite terrestre ; pour s'y reconnaître, pour ne pas s'embrouiller, il s'agit donc de démêler les principaux courants qui sont autant d'arc-boutants d'une sphère pneumatique-magnétique-électrique, qu'on appelle l'atmo-sphère.

Eh bien, ce démêlement j'ai pu le faire à la longue, grâce aux lois que j'ai eu la chance de découvrir et à leur application, jointe à une longue pratique météorologique ; aussi m'est-il permis d'en parler en connaissance de cause ; mais comme ce mécanisme est très compliqué, il n'est pas d'une description aisée, quoique je me flatte d'être entièrement maître de mon sujet.

Ce qu'il y a de certain, c'est qu'avec mes globes en main, revêtus de différentes manières, ces explications me seront bien plus faciles à donner verbalement et seront comprises de même.

L'anneau du matin et soir ou équinoxial qui se confond avec l'arc-en-ciel et qu'il faut se figurer d'une très grande largeur est mythologiquement parlant l'Iris, qui joua le rôle de conciliatrice entre la pluie et le beau temps, lorsque le besoin de son *inter-vent-ion*[1] se fit sentir ; mais météorologiquement parlant, il s'agit ici de deux antagonistes sous forme de nœuds de midi et de minuit et d'un anneau pneumatique-magnétique qui les sépare et qui est aussi bien un vent ; il est visible lorsqu'il est coloré à titre d'arc-en-ciel.

Cet anneau ayant sa part d'influence sur les vents et le baromètre, il en résulte leur oscillation de 6 heures du soir à 6 heures du matin, heures moyennes.

Lorsque le vent équatorial se trouve sensiblement influencé par le double courant horizontal qui s'étend le long des tropiques et qui a son point de départ au soleil, il se confond avec ce courant : dans ce cas il s'appelle les Alizés qui ont le même itinéraire en oscillant d'un côté à l'autre de l'équateur ; son contre-courant s'appelle les contre-alizés ; aux latitudes supérieures on les désigne simplement par vents de l'Est et de l'Ouest.

Jusqu'à quelle hauteur les alizés et leur *contre-air* s'étendent-ils, on ne le saura jamais au juste ; en tout cas elle doit dépasser un grand nombre de fois le volume de la terre, vu que la moindre agitation met l'air ou l'éther[2] en mouvement sur une très grande étendue et tout à la ronde ; cela étant, il n'est pas impossible qu'ils ne s'étendent à la lune, notre satellite[3].

S'il y a deux points de descente de nuages à la fois, c'est qu'alors il y a deux vents dominants, un inférieur et un supérieur ; dans ce cas la forme des nuages n'est pas la même pour l'un et l'autre ; et comme les vents inférieurs ne sont pas toujours les mêmes que les dominants, la girouette est dirigée dans une autre direction, même bien des fois en sens opposé au vent dominant.

En tirant une ligne du point de descente à son point opposé, on a la véritable direction des nuages et par conséquent du vent dominant.

Vus dans leur ensemble, les nuages ont souvent la forme d'un œil.

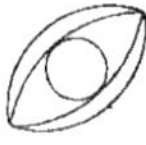
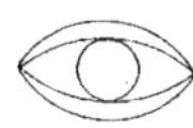

---

[1] Ce mot se rapporte à vent.
[2] L'éther est le fond ou le principe de l'air.
[3] Pas de satelite sans atelage ou attaches ; dans l'espèce ce sont des fluides qui contournent la terre.

Ils ont la forme de l'œil parce qu'en apparence ils sont bien moins écartés les uns des autres à leur point de descente et de lever; il en est comme des arbres d'une longue allée.

Mythologiquement parlant cet œil est celui de *Hera* qui personnifie la terre ou *Tera*[1] en latin; cet œil étant tourné tantôt d'un côté, tantôt d'un autre, il est d'une très grande vigilance; de cette vigilance junonienne il est souvent question dans Homer et aussi dans le calendrier, et cela chaque fois où il est dit que « vigile jeune » signifiant en principe que *Junon ou Jeunon veille*, qu'elle veille au grain et autres graminées à titre de déesse de la fertilité et de la maternité. Et oval comme il est, cet œil est l'œuf[2] de Latone, d'où est sorti Apollon et Diane; cette sortie se renouvelle chaque fois que le soleil et la lune sortent de derrière un nuage où ils se tenaient à l'état latent ou caché, en attendant que les nuages se fendent ou qu'ils aient évacué la place.

Puisque nous sommes sur le terrain mythologique, disons encore que l'enceinte de Troie[3] auquel Apollon et Neptune ont travaillé pour le compte de Laomedon, roi de ce pays, n'en était pas une autre que l'œil ou l'œuf en question qui veille sur les grains et qui enveloppe la terre. Si ces deux *œufriers*[4] divins n'ont pas été payés pour leur *œufre*[5] ou ouvrage, c'est qu'ils avaient travaillé à l'œil, ayant eu en Laomedon[6] affaire à un homme qui omettait volontiers de payer ses dettes, faute de reconnaissance pour les services rendus; mais mal lui en prit, car pour se venger Neptune l'inonda de ses effluves et Apollon l'accabla de microbes pestilentiels.

Voilà la véritable signification de ce mythe compris au figuré.

M'est avis qu'Apollon et Neptune y sont identifiés aux nœuds de midi et de minuit, reliés qu'ils sont entre eux par des courants éthérés-magnétiques qui contournent la terre en divers sens et qui, en se bifurquant en deux endroits opposés l'un à l'autre, forment ces deux nœuds en question.

Visibles sont ces courants dans les bandes polaires, qui réguliers comme tirés au cordeau, contournent la terre à une grande hauteur, dépassant de loin les montagnes les plus élevées; fins comme des cordes, ces courants éthérés sont les cordes de la lyre[7] d'Apollon; c'est encore avec ces mêmes cordes que le puissant Neptune ou le nœud de minuit enserre ou enveloppe la terre, d'après la mythologie.

C'est par un temps serein, au lever et au coucher du soleil, que ces cordes atmosphériques sont visibles de temps à autre; de leur tension dépend la pluie (Neptune) et le beau temps (Apollon).

Lorsque ces deux divinités ne sont pas *d'a-cord*, qu'ils ne *s'a-cordent* pas, la belle Iris fait tout son possible pour les concilier par sa médiation *cor-diale*, en plantant son arc entre elles, qui

---

[1] *He-ra* de même que *te-ra* signifie la roue, si d'habitude ce dernier s'écrit avec deux r, il y en a un de trop assurément.

Hera se nomme aussi Junon, mot qui se rapporte à jeune.

[2] Ce mot se rapporte à oval.

[3] Ce mot se rapporte à *é-troitesse;* on n'y était pas à l'aise.

[4] De là, le mot ouvrier.

[5] De là, le mot œuvre.

[6] La-omedon signifie l'omission en principe.

[7] Leyère en allemand, signifiait en principe l'air, de là aussi l'aria signifiant air ou chanson.

étant constamment en face du soleil ou d'Hélios, est la limite entre le jour et la nuit, de même qu'il l'est entre le domaine d'Apollon et de Neptune[1].

Selon les contrées que les vents traversent, ils gagnent ou ils perdent en chaleur, en froid, en sécheresse ou en humidité et selon qu'ils sont purs ou vides ou qu'ils charrient de la matière aérienne, ils sont rapides ou lents.

Le vent étant un hâle ou un souffle, il est froid au fond, dans le principe; pour vous en rendre compte, vous n'avez qu'à souffler sur votre main et vous vous apercevrez qu'il est bien plus froid que l'air ambiant plus ou moins chargé de matière. Affrianté[2] qu'il est de matière, vorace comme l'ogre de la fable, il en absorbe autant qu'il peut, ce qui l'empèse et le ralentit énormément, ce qu'on peut voir à la marche lente qu'ont les nuages très *sou-vent* ; et *ven-tru*[3] comme il devient[4] par sa goinfrerie[5], il ressemble à une grosse chaîne de montagnes en lente marche, qu'on appelle Cumuli, mot qui se rapporte à accumuler.

Rien de plus pittoresque et de majestueux que ces montagnes *va-poreuses*, blanches comme la neige, glacées qu'elles sont par le hâle qu'ils contiennent et qui les entoure.

En transformant les vapeurs et les nuages en pluie, en neige, en grêlons, les vents se vident et à mesure qu'ils se vident, ils regagnent leur vitesse et en même temps leur avidité.

Comme c'est aux tropiques que les vents emmagasinent le plus de matière, c'est là aussi qu'ils se ralentissent le plus ou sur une plus grande étendue; de là le calme si réputé des tropiques; mais ne pouvant rester indéfiniment dans cet état de stagnation, ils finissent par éclater à force d'avoir avalé de la poudre atmosphérique : c'est cette poudre impalpable ou gazeuse qui donne aux nuages ce teint noir ou bleu foncé qu'ils ont dans ces moments-là et qui en éclatant, jette ses feux; de là les éclairs.

Débarrassés de leur contenu poudreux, déchaînés de leurs attaches matérielles, après cette sortie éclatante ou orageuse, les vents soufflent alors avec une grande véhémence, à tout briser sur leur route qui s'étend des tropiques jusqu'aux nord de l'Europe et au-delà, selon les circonstances.

Voilà comme il se fait que dans nos parages les tempêtes viennent si souvent du S-O, de S-O-O. ou du S-S-O.

Sortis à coup de *tonne-air* de leur outre orageuse, on les reconnaît au bruit qu'ils font le long de leur itinéraire et à leur non-oscillation, ce qu'on voit aux nuages qu'ils charrient avec eux, car ils n'en ont pas dans ce cas-ci; rien de plus *outre-rageant*[6] que ces vents tempestueux; le soleil n'ayant plus d'influence sur eux, isolés qu'ils en sont par la tourbe atmosphérique, leur règne est celui de la *dé-solation*[7]; les navigateurs les craignent comme le feu.

Aucun vent n'existe en dehors du grand système, qu'il s'appelle le Sirocco, Fœhn, Mistral, Mousson, Alizé ou brise du matin ou du soir du bord de la mer.

Les vents soufflent non seulement horizontalement, mais aussi de bas en haut et de haut en bas plus ou moins obliquement; lorsqu'il souffle de bas en haut, il y a détente ou dépression,

---

[1] Lire aussi à ce sujet ma dissertation dans la *Sphère du Mot* à l'article « le véritable Thésée ».

[2] Ce mot se rapporte à frais et froid.

[3] Étant dérivé de ventre il l'est aussi de vent.

[4] De-venir est aussi un dérivé de vent.

[5] Ce mot se rapporte aussi à froid.

[6] Ce mot se rapporte à outre et à orage.

[7] Dé-solés nous sommes chaque fois que le soleil se cache derrière d'épais nuages.

par conséquent baisse barométrique, dont l'importance est proportionnelle à la force du vent montant; par contre, lorsqu'il souffle de haut en bas, il cause une pression atmosphérique[1] et une hausse du baromètre; c'est tantôt l'un, tantôt l'autre qui domine; c'est à eux que sont dues principalement les courbes les plus prononcées qu'indique le baromètre enregistreur, tandis que les petits zigzags de ces courbes sont le fait de l'oscillation diurne, due à l'influence des courants solaires verticale et du courant qui se confond avec l'arc-en ciel.

Dans les tempêtes les coups de vent d'en haut sont suivis généralement par ceux d'en bas et cela coup sur coup.

De ces coups de vents se faisant alternativement de bas en haut ou de haut en bas, je me suis rendu compte très souvent à l'aide d'un rond de carton que j'ai passé par le milieu dans une longue tige, où il peut se mouvoir à son aise, soit pour monter soit pour descendre selon les coups qu'il reçoit.

Poussé alternativement de haut en bas ou de bas en haut, il s'y maintient aussi longtemps qu'il n'a pas été rejeté en bas; lorsqu'il n'est plus suffisamment soutenu par le vent montant et que les coups de vent d'en haut s'amoindrissent, il glisse lentement en bas, tandis que précédemment poussé qu'il était d'en haut très violemment, il y glissait avec une grande rapidité. Pour que ce carton ne s'envole pas de la tige ou de la perche, il faut munir celle-ci d'un obstacle au bout.

S'il n'y avait que des vents montants ou descendants, la fluctuation atmosphérique ne se ferait que dans ces sens, mais comme il y en a aussi d'horizontales, ils en sont plus ou moins paralysés ou conciliés.

Voilà comment il se fait que dans les tempêtes notamment, les coups de vents alternent de direction et cela coup sur coup; d'où un grand affolement de la girouette et des fois aussi de l'aiguille de déclinaison.

Le vent dominant qu'on reconnaît à la direction des nuages, souffle à certains jours de divers côtés successivement; par exemple d'abord d'O.; puis de N-O-O. puis de S-O. ou S-O-O. pour sauter de là au N-E. ou N-N-E.; il fait très souvent ces sauts sans tenir compte des sections intermédiaires de la rose des vents, comme par caprice; dans leur domination ils ne succèdent donc pas régulièrement. D'autrefois le vent dominant souffle toute la journée et même au-delà dans la même direction; tout ceci a été constaté mille fois par moi-même et cela à l'aide du point de descente des nuages.

Irréguliers, prime-sautiers, roués[2] comme sont les vents dominants dans leur succession, cette *rou-airie* est devenue synonyme de ruse. Cette irrégularité doit tenir aux orages qui éclatent tantôt d'un côté, tantôt d'un autre, surtout le long des tropiques.

Pour se rendre compte à peu près de cette irrégularité dans leur succession, je reproduis ici mes observations du mois de juillet 1888.

---

[1] *Atmos* est synonyme des mots teutoniques *Athem* et *athmen,* signifiant respirer.
[2] Compris dans la signification propre du mot.

— 62 —

Rubrique de vents observés au mois de juillet 1888

A l'aide du point de descente des nuages; ils avaient tantôt une oscillation normale, tantôt anormale ou étaient sans oscillation; de toute manière ils concordaient exactement avec ma théorie et mes calculs d'oscillation. M signifie Matin et S signifie Soir.

3 juillet	8 h.	M.	O soufflant de 14° d'à gauche de sa ligne moyenne; oscillation normale.				
3 —	10 h. 1/2 —		O	—	4°	—	— —
4 —	8 h.	—	SOO	—	22° 1/2 qui est sa	—	sans oscillation.
4 —	10 h.	—	SOO	—	22° 1/2 — —	—	—
5 —	10 h.	—	SOO	—	4° d'à droite de	—	oscillation anormale.
5 —	Midi		SO	—	4° — —	—	— normale.
6 —	9 h.	M.	SOO	—	22° 1/2 qui est sa	—	sans oscillation.
6 —	1 h.	S.	SOO	—	7° d'à droite de	—	oscillation normale.
7 —	9 h.	M.	O	—	8° d'à gauche de	—	— —
7 —	Midi		O	—	4° d'à droite de	—	— —
7 —	7 h. 1/2 S.		O	—	14° — —	—	— —
8 —	10 h. 1/2 M.		O	—	2° d'à gauche de	—	— —
8 —	Midi		SSO	—	4° d'à droite de	—	— —
8 —	9 h.	S.	SSO	—	8° — —	—	— —
10 —	8 h.	—	SSO	—	12° — —	—	— —
11 —	10 h. 1/2 M.		SSO	—	67° 1/2 qui est sa	—	— —
13 —	Midi		NO	—	45° — —	—	sans oscillation.
13 —	7 h. 1/2 S.		NO	—	12° d'à droite de	—	oscillation normale.
17 —	9 h.	M.	SO	—	45° qui est sa	—	sans oscillation.
19 —	6 h.	S.	NOO	—	18° d'à droite de	—	oscillation normale.
21 —	8 h.	M.	SOO	—	8° d'à gauche de	—	— —
21 —	7 h. 1/2 S.		SO	—	14° d'à droite de	—	— —
23 —	10 h. 1/2 M.		SO	—	45° qui est sa	—	sans oscillation.
23 —	1 h. 1/2 S.		SO	—	45° — —	—	—
24 —	10 h.	M.	SOO	—	22° 1/2 qui est sa	—	—
24 —	7 h. 1/2 S.		SOO	—	22° 1/2 — —	—	—
25 —	8 h.	M.	SOO	—	8° d'à gauche de	—	oscillation normale.
26 —	7 h. 1/2 —		O	—	0° qui est sa	—	sans oscillation.
26 —	Midi		SOO	—	8° d'à droite de	—	oscillation normale.
26 —	7 h.	S.	SOO	—	22° 1/2 qui est sa	—	sans oscillation.
27 —	8 h.	M.	SOO	—	8° d'à gauche de	—	oscillation normale.
27 —	10 h. 1/2 —		SOO	—	2° — —	—	— anormale.
27 —	Midi		SOO	—	8° — —	—	— —
27 —	7 h. 1/2 S.		SOO	—	22° 1/2 qui est sa	—	sans oscillation.
28 —	8 h.	M.	SSO	—	67° 1/2 — —	—	—
28 —	Midi		SSO	—	67° 1/2 — —	—	—
28 —	7 h. 1/2 S.		SOO	—	22° 1/2 — —	—	—
29 —	Midi		SOO	—	22° 1/2 — —	—	—
30 —	11 h.	M.	SOO	—	22° 1/2 — —	—	—
30 —	8 h.	S.	SO	—	6° d'à droite de	—	oscillation anormale.
31 —	8 h.	M.	O	—	0° qui est sa	—	sans oscillation.

§ 30

Pour observer le point de descente des nuages, il est indispensable d'avoir la vue libre à la ronde.

Pour cela, je me sers d'une table ronde dont le diamètre ne fait qu'un avec le méridien, étant dirigé vers l'étoile polaire ou à peu près.

Sur cette table sont tracés les 16 vents d'une façon régulière, se concentrant au milieu d'elle; la circonférence de cette table est divisée en degrés; au milieu d'elle est plantée une mince tige en fer d'un mètre à peu près de haut; le long de cette tige sont ajustés par le haut et le bas deux fils à droite et à gauche d'elle et dont ils sont écartés d'environ 2 centimètres; le long de ces fils il y a de petits nœuds pour servir de point de repère; comme les nuages descendent le long de ces fils et de cette tige, je suis à même de constater leur point de descente à un degré près; dans cette tige est enfilée une étoile de 16 branches découpée en zinc et qui, tout en reposant sur la table, est mobile; en dirigeant une de ses branches sur le point de descente, on sait au juste de combien de degrés ce point diffère de la ligne moyenne du vent dominant, cette ligne étant une des 16 qui sont tracées sur la table; le maximum de cette divergence ou oscillation est de 23° 27' soit 24° en somme ronde.

Comme les nuages sont des fois très lents à se déplacer ou qu'ils sont par trop brouillés, pour découvrir le point de descente, il faut y mettre alors beaucoup d'attention et de la patience et pour ne pas offusquer mes yeux par le soleil, la lune ou la réverbération des nuages, je regarde ceux-ci à travers un trou grand comme une pièce de 2 francs, pratiqué dans une planchette en bois, en tenant celle-ci dans la main et en l'appuyant au front.

Voir pour cela la figure n° 33.

Si, avec cela, on a une girouette très mobile et légère, on peut se rendre compte des directions des vents inférieurs qui concourent avec le vent dominant.

§ 34

D'après le mécanisme des vents, j'ai inventé il y a un certain nombre d'années déjà, un moteur aérien qui, lorsqu'il sera construit convenablement et dans la dimension voulue pourra produire une grande force motrice et très régulière, à condition qu'on lui ajoute une autre force comme auxiliaire, tel que celle de la vapeur, de l'eau, de l'électricité, ou celle d'une bête ou d'un homme pour entretenir le mouvement; cela étant, il remplacera un jour très avantageusement les grosses machines à vapeur dans une foule de cas, même sur les navires.

Associé à une petite force régulière le problème de la production de l'électricité à bon marché et en grande quantité sera résolu.

D'une construction rationnelle et conforme à la rose des vents, tournant toujours dans le même sens sans bouger de place, ce moteur utilise à merveille les forces vives qui se croisent dans l'air, et dont, faute d'un appareil convenablement approprié, on n'a pas encore su tirer beaucoup de profit, à part la navigation à la voile.

Et n'est-ce pas regrettable que des forces immenses telles que celles de l'air nous échappent et cela par impuissance de savoir s'en servir d'une façon rationnelle?

Eh bien, cette lacune sera comblée lorsque mon moteur aura reçu le développement voulu par des mécaniciens intelligents, mais de ce qu'il ne l'a pas encore reçu jusqu'ici, il n'a pas encore été apprécié à sa juste valeur.

En cela, il partage le sort de toutes les idées nouvelles et de toutes les inventions hors ligne qui n'ont pas encore été appliquées d'une manière efficace.

D'une simplicité élémentaire, on peut l'ériger en tout pays.

Comme il rafraîchit aussi l'air qui l'entoure, il pourra rendre de grands services pour la conservation d'une foule de choses, surtout dans les pays chauds. A ce moteur aérien, j'ai donné le nom de « Tourbillon ».

Voir la figure n° 34.

N. B. — Les personnes qui voudront en construire d'après ce système pourront s'adresser directement à l'inventeur pour avoir ses conseils là-dessus, de même que pour ce qui concerne l'observation des vents.

§ 32

Le vent étant un hâle, un souffle, une spiration aérienne, son origine et son mécanisme sont tout autres que ce qu'on en dit dans les livres pédagogiques, empiriquement.

Pour démontrer comment il se forme, on a recours à deux chambres contigües, mais de différentes températures et qu'en entrebaillant la porte, il se forme un double courant, froid et chaud, le premier en bas, le second en haut.

Cela est vrai dans ce cas-ci ou dans ce milieu, mais où au grand air se trouvent ces deux locaux couverts d'un plafond et séparés l'un de l'autre par une cloison? où donc y a-t-il une porte qu'on ouvre ou qu'on ferme à volonté?

Et qu'arriverait-il si ces chambres n'avaient pas de plafond? Se formerait-il des courants horizontaux? Il faut croire que non, parce que l'air échaudé ou la chaleur s'en irait par le haut, comme c'est son habitude, et elle se perdrait dans le haut de l'atmosphère.

Comme le milieu n'est pas le même, qu'il est tout autre, cette expérience ne prouve aucunement ce qu'il en est des vents. Je me demande à cette occasion à quoi servent les expériences, si les conclusions qu'on en tire sont fausses, faute de tenir compte des circonstances, faute de logique? A nous induire en erreur.

En tout cas, il n'y est pas démontré comme quoi il y a 16 vents, dont plusieurs soufflent à la fois, ce qu'on peut voir à l'agitation d'une girouette sensible ou d'une bande de papier, comme quoi ils ont une oscillation ou non et que comme quoi celle-ci est alternativement normale ou anormale. C'est qu'on ne connaît pas la loi.

§ 33

Entre l'oscillation des vents et les périodes des étoiles filantes, il y a une corrélation ou une coïncidence frappante; c'est quand l'amplitude de cette oscillation n'est que de 23^0 $27'$ qui en est le minimum tandis qu'au maximum elle est du double; ce maximum a lieu aux équinoxes et aux solstices, tandis que le minimum se fait aux semaines qui se trouvent entre ces 4 dates; cela a lieu vers le commencement de février, de mai, d'août et de novembre et c'est juste à ces dates qu'il y a le plus d'étoiles filantes.

Ces quatre périodes d'étoiles filantes ont été dûment constatées, entre autres par A. de Humbolt et par Adolphe Ermann. Voir pour cela le *Cosmos*, 1er vol., page 80, édition de Cotta, 1877.

Pour la cause et la provenance de ces météores on se perd dans les suppositions; d'aucuns croient qu'ils consistent de débris d'une ancienne comète.

Cela me paraît aussi sérieux que de prétendre qu'ils proviennent d'une vieille lune; à mon avis leur source n'est pas une autre que celle de notre atmosphère où il se passe encore bien d'autres choses auxquelles on ne voit que du feu; qui jamais les énumérera toutes? Comme ces étoiles filantes décrivent un grand arc au ciel dans un rien de temps, leur vol ne se fait pas à une grande distance de la terre.

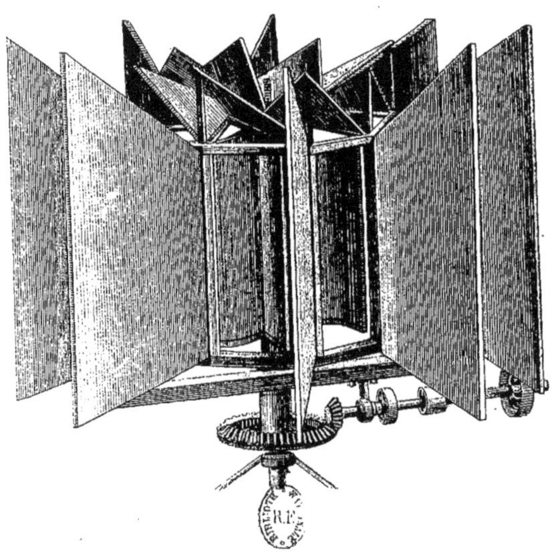

A quoi attribuer les halos qui de temps à autre contournent la Lune et le Soleil à plus ou moins de distance ?

§ 34

A rien autre qu'à leur hâle ou haleine[1]. Qui dit haleine dit spiration, soit respir- et aspiration. C'est donc en aspirant ou respirant l'air par leur puissant pneuma ou souffle qu'ils y forment ces grands cercles qu'on appelle halos. Pas d'effets sans causes, et celle de ces halos n'est pas une autre, car pas de hâle, pas d'halo.

S'il se produit de si grands halos autour de la lune il doit s'en produire au moins autant autour de la terre en vertu de son hâle à elle; pour voir ces halos terraires, il faudrait être placé sur la lune, mais comme cela ne se peut pas, il faut se contenter de les voir par la pensée, comme la plupart des choses qui ne sont pas du domaine de nos cinq sens ou de notre sensualité et qui pour cela échappent à l'empirisme.

Entre autre chose qui lui échappe, c'est l'atmosphère de la lune, sur l'existence de laquelle on a déjà tant parlé pour et contre.

Disons à cela que si elle ne peut pas être constatée de visu, elle n'existe pas moins pour la raison, vu que logiquement son hâle implique une atmosphère, mot qui traduit en allemand, signifie sphère de la haleine, *atmo* étant synonime de *athem* ou *athmen*.

---

[1] *Halo, hâle* et *haleine* sont parents.

CHAPITRE VIII

La cause de la hausse et de la baisse prolongée du baromètre.

§ 35

Cette cause réside en premier lieu dans les 16 vents qui enveloppent la terre ; en second lieu dans l'action de la lune, en vertu de ses courants pneumatiques-magnétiques qui les contournent aussi.

Avant d'aller plus loin, disons qu'il ne faut pas confondre ces hausses et baisses prolongées avec l'oscillation diurne et nocturne du baromètre, celle-ci étant due au soleil, il en sera question plus loin, de même que l'action lunaire.

De ces 16 vents, les uns sont des vents montants, les autres des vents descendants plus ou moins obliques ou des vents horizontaux.

Ce sont les vents montants qui font descendre le baromètre et les vents descendants qui le font monter et tandis que les premiers sont la cause d'une détente ou dépression, les autres sont celle d'une pression atmosphérique.

Les plus forts maxima et minima barométriques se font lorsque les vents sont sans oscillation, ce qui a lieu quand les courants solaires n'ont pas de prise sur eux, tel que cela a été expliqué au chapitre précédent.

Lorsqu'ils n'ont pas d'oscillation, le baromètre monte ou descend des fois d'un trait pendant une journée entière et même au delà sans accuser la moindre oscillation diurne ; en cela il se conforme donc tout à fait aux vents.

Sur le tableau suivant se trouve annotée une série plus ou moins interrompue de hausses et de baisses prolongées dues aux vents sans oscillation, copiée de mes registres d'observation.

Observations faites à Enghien :

1887	2 juin	SO 45°	minimum du baromètre 48 mm		
	3 —	O 0°	maximum	—	60
	6 —	NNO 77° 1/2	—	—	64
	9 —	NO 45°	—	—	70
	22 —	E 0°	—	—	65
	5 juillet	NOO 22° 1/2	minimum	—	57
	6 —	NNO 67° 1/2	maximum	—	67
	26 —	SO 45°	minimum	—	56
	3 août	NE 45°	maximum	—	69
	8 —	NO 45°	—	—	66
	13 —	SOO 22° 1/2	minimum	—	55
	16 —	SO 45°	—	—	53
	1er sept.	SO 45°	—	—	53
	3 —	SOO 22° 1/2	maximum	—	62
	5 —	O 0°	minimum	—	53
	8 —	NE 45°	maximum	—	69
	12 —	O 0°	minimum	—	56
	14 —	SOO 22° 1/2	maximum	—	68

1887	24 sept.	NO 45°	maximum du baromètre 69 mm		
	28 —	SOO 22° 1/2	minimum	—	44
	2 octob.	NE 45°	maximum	—	66
	24 —	NO 45°	minimum	—	59
	26 —	N 90°	maximum	—	73
	30 —	O 0°	minimum	—	47
	3 novemb.	SO 45°	minimum	—	40
	7 —	S 90°	—	—	45
	18 —	NOO 22° 1/2	—	—	49
1888	11 mars	SOO 22° 1/2	—	—	43
	25 —	SOO 22° 1/2	—	—	43
	28 —	SOO 22° 1/2	—	—	34
	7 avril	SOO 67° 1/2	—	—	52
	26 —	NNE 67° 1/2	maximum	—	64
	1er mai	SO 45°	minimum	—	52
	12 —	O 0°	maximum	—	71
	21 —	NNE 67° 1/2	—	—	71
	15 juin	NO 45°	minimum	—	55

1888	18 juin	NOO 22° 1/2	maximum du baromètre	65 mm		1888	29 juillet	SSO 22° 1/2	maximum du baromètre	60 mm
	30 —	O 0°	minimum	— 54			3 août	NNE 67° 1/2	—	— 67
	2 juillet	SO 45°	maximum	— 65			5 —	NOO 22° 1/2	minimum	— 56
	11 —	SOO 22° 1/2	minimum	— 56			8 —	N 90°	maximum	— 67
	17 —	SO 45°	—	— 49			12 —	E 0°	minimum	— 60
	28 —	SSO 67° 1/2	—	— 54			14 —	SOO 22° 1/2	maximum	— 66

Tous ces vents ont été observés d'après le point de descente des nuages et cela avec le plus grand soin ; ce sont ceux qui dominaient pour le moment.

Comme on peut voir d'après cette statistique[1], ce sont les vents qui soufflent du côté nord, tels que les N-O-O, N-O, N-N-O, N, N-N-E et N-E-E, qui ont produit les hausses tandis que ceux qui soufflent du côté sud, tels que les S-O-O, S-O, S-S-O, S, S-E-E, S-E et S-E-E ont produit les baisses du baromètre et cela à peu d'exception près.

Comme les vents montants sont ordinairement plus chauds que les vents descendants, les hausses et les baisses du baromètre se font généralement à l'inverse de celles du thermomètre.

Comme quoi le baromètre a une oscillation diurne.

§ 36

Maintenant que nous savons au juste en quoi réside la cause principale des hausses et des baisses prolongées du baromètre — la secondaire étant dans la lune — nous allons démontrer la cause et le mécanisme de son oscillation diurne et qui est aussi bien nocturne.

Cette oscillation est due aux deux doubles courants pneumatiques-magnétiques verticaux dont l'un va du point de midi à celui de minuit et vice-versa[2] et qui a son origine au soleil, tandis que l'autre a le sien dans les courants de l'orbite terrestre que je désigne par courant équinoxial, parce qu'il se confond avec le cercle qui sépare le jour d'avec la nuit et qui se confond aussi avec l'arc-en-ciel ; étant toujours en face du soleil, tous les deux coupent le plan de l'écliptique et les tropiques perpendiculairement, séparés l'un de l'autre de 90 degrés. C'est aux mêmes doubles courants circulaires que les vents doivent leur oscillation, lorsque oscillation il y a.

Voir pour cela figure n° 32.

De même que celle des vents, l'oscillation du baromètre est tantôt normale, tantôt anormale, et cela parce que chacun de ses doubles courants se compose d'un courant d'électricité positive et négative, dont l'un a la prépondérance sur l'autre selon l'état du temps.

Lorsqu'elle est anormale ou australe, le baromètre monte au lieu de descendre ou descend au lieu de monter.

Comme la terre tourne en dedans de ces deux doubles courants verticaux circulaires et que son axe est incliné sur le plan de l'écliptique de 23° 27', le méridien se trouve alternativement à gauche et à droite d'eux, d'où il résulte une oscillation apparente de ces courants et par conséquent une oscillation effective du baromètre, de même qu'une des vents.

---

[1] Si cette statistique est si incomplète en dates, cela tient à ce que le temps n'est pas toujours favorable pour observer la marche des nuages, étant des fois brouillé à rien n'y reconnaître, surtout en hiver ; avec cela je n'ai pas toujours résidé dans mon lieu d'observation, cependant cette statistique n'est pas moins concluante.

[2] Double comme il est, il se confond avec les vents du Nord et du Sud, lorsqu'il y a oscillation.

Par un temps régulier, elle se fait généralement 4 fois en 24 heures, vu que le méridien passe deux fois par jour sous le courant solaire vertical et deux fois sous le courant équinoxial.

De ce que l'amplitude de cette oscillation grandit au fur et à mesure qu'on s'écarte de l'équateur, les heures tropiques varient conformément aux latitudes; elles sont donc plus ou moins en avance ou en retard sur leurs moyennes qui sont midi, 6 heures du soir, minuit et 6 heures du matin.

Voir pour cela les figures suivantes a, b, c, d.

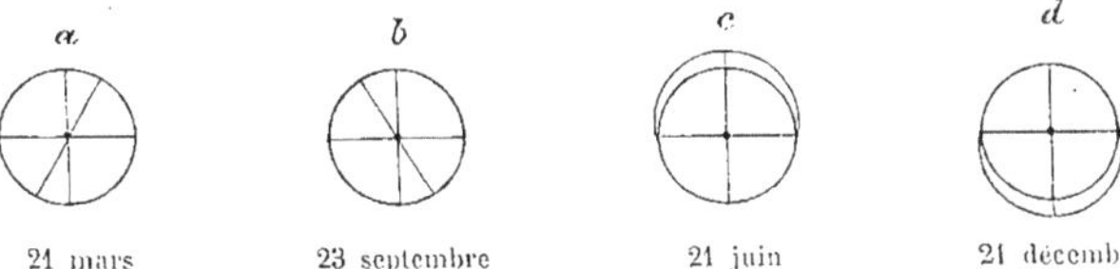

En a la terre est à l'équinoxe du printemps; en b, à celle d'automne; en c, au solstice d'été et en d, à celui d'hiver.

Si à l'équinoxe du printemps, à midi, le courant solaire est à gauche du méridien à l'hémisphère nord et à droite de celui-ci à l'hémisphère sud, il en est tout à l'inverse à l'équinoxe d'automne. Et plus il s'écarte du méridien plus il est en avance ou en retard sur l'heure du midi ou de minuit.

Si ce courant solaire coupe le méridien ou la ligne des pôles à angle de 23° 27' aux deux équinoxes, aux deux solstices il se confond avec lui, de sorte que l'heure tropique n'y est pas plus en avance qu'en retard sur l'heure moyenne qui est midi et minuit, à toutes les latitudes.

Si aux deux équinoxes l'anneau équinoxial va d'un pôle à l'autre, au solstice d'été cet anneau se trouve reculé de 23° 27' derrière le pôle nord et d'autant derrière le pôle sud au solstice d'hiver; et si aux deux équinoxes, à 6 heures du matin et du soir, il se confond avec le méridien, il le coupe d'autant aux deux solstices, soit vers la gauche, soit vers la droite. Et plus il s'écarte du méridien plus il est en avance ou en retard sur les 6 heures du matin et 6 heures du soir, heure moyenne.

Ces 4 figures sont aussi valables pour l'oscillation des vents et probablement aussi pour l'aiguille de déclinaison, soit dit sans avoir vérifié cette dernière.

Voir les tableaux suivants A et B sur lesquels sont établies les heures tropiques de l'oscillation diurne du baromètre pour toutes les latitudes des deux hémisphères[1]; les ayant contrôlées très rigoureusement par une longue suite d'observations, leur validité est indiscutable.

Si l'oscillation diurne de l'aiguille de déclinaison est la même que celle du baromètre ces heures tropiques sont aussi valables pour elle.

Elles ont été calculées d'après l'angle que le courant vertical fait avec le méridien, angle qui varie de 0° à 23° 27'.

On peut les calculer aussi d'après l'augmentation ou la diminution graduelle des jours et des nuits qui se font conformément aux saisons et aux latitudes.

---

[1] Ce travail a été fait en 1880 déjà.

Je me permets de reproduire ici ce qu'en dit le R. P. Dechevrens, dans son intéressant rapport paru dans l'*Annuaire de la Société Mét. de France* en 1876, tome xxiv°, page 202, et daté Zi K. Wei.

« Oscillation irrégulière du baromètre.

« Sous cette dénomination je comprends tous les mouvements de la colonne barométrique qui ont une certaine durée, une certaine intensité qui les distinguent nettement de l'oscillation diurne normale. Cette oscillation diurne normale peut exister au milieu de l'oscillation irrégulière; c'est le cas ordinaire, comme aussi elle peut s'effacer entièrement et ne plus laisser paraître que la perturbation, ce qui a lieu dans les tempêtes et les typhons. »

Il constate aussi que la baisse du baromètre est accompagnée d'un vent opposé à celui qui accompagne la hausse, il constate en outre les relations entre les mouvements de la lune et les variations de la pression atmosphérique [1], c'est-à-dire les hausses et baisses qui se produisent lorsque la lune se trouve au maximum de sa déclinaison nord ou sud et lorsqu'elle passe d'un hémisphère à l'autre; il constate aussi l'influence lunaire sur l'aiguille de déclinaison aux syzygies.

Et ayant trouvé une grande analogie entre les courbes du baromètre, du thermomètre et de l'aiguille de déclinaison sous le rapport de l'influence solaire, cet observateur éminent s'adresse la question suivante :

« Est-ce une action directe agissant par l'intermédiaire de la température et par l'intermédiaire des courants magnétiques du globe? Je ne chercherai pas à trancher la question, heureux d'avoir pu signaler à l'attention d'hommes plus compétents un fait intéressant et dont l'étude plus approfondie fera peut-être un jour ressortir avec un nouvel éclat l'unité [2] et l'harmonie qui brillent dans toutes les œuvres de la création! »

En intercalant les 4 heures tropiques du jour et de la nuit avec celles d'il y a six mois plus tôt ou plus tard, j'ai intercalé les heures tropiques de l'oscillation anormale avec celles de la normale; pour ce motif le tableau A a 8 colonnes au lieu de 4.

C'était indispensable, parce que d'un moment à l'autre, de normale qu'elle était, elle peut devenir anormale, sans nous dire pourquoi.

Pour plus de détails, je fournis le second tableau B qui ne contient que l'oscillation normale et qui n'a que 4 colonnes.

S'il y a 8 heures tropiques en principe, cela ne veut pas dire que le baromètre doit rebrousser chemin 8 fois par jour, cela dit seulement que si oscillation il y a, elle se fera à l'une ou à l'autre de ces 8 heures tropiques; s'il se fait un revirement dans les intervalles, c'est qu'alors il y aura un brusque changement de vent dominant, tel que cela peut se produire dans les temps orageux ou tempestueux; c'est ce qu'on appelle un affollement; mais ce cas est exceptionnel, car après une hausse ou baisse prolongée, le baromètre revire à l'une ou à l'autre de ces 8 heures tropiques.

Il faut encore tenir compte de ce qu'il ne rebrousse pas toujours chemin subitement, qu'il est quelquefois long à se décider soit à monter soit à descendre,

Régulière comme est l'oscillation à l'équateur, les heures tropiques ne s'écartent guère des heures moyennes qui y sont midi, 6 heures du soir, minuit et 6 heures du matin; aussi n'y

---

[1] Voir la page 217 du même volume.
[2] Ce mot signifie une seule et unique idée.

peut-on remarquer de différence entre l'oscillation normale et anormale, mais il en est tout autre aux latitudes supérieures, vu que là les deux régimes sont très distincts l'un de l'autre et cela d'autant plus qu'elles s'approchent des pôles.

Chacun de ces régimes se divise en deux périodes dont l'une va du solstice d'été à celui d'hiver et l'autre du solstice d'hiver à celui d'été; il se divise encore en deux sous-périodes, allant d'un équinoxe à l'autre.

Lorsque le régime anormal domine dans l'hémisphère nord, c'est comme s'il y régnait le régime normal de l'hémisphère sud qui pour l'hémisphère boréal est identique avec celui de la période écoulée ou suivante; c'est comme s'il y avait une interversion d'hémisphère et de semestre en même temps.

Et il en est de même à l'hémisphère sud mais au rebours.

Sur le tableau n° 5, qui a 8 colonnes, chaque régime porte son signe : le normal y est indiqué par $\vee$ et l'anormal par $\wedge$.

Si les heures tropiques sont les mêmes pour les deux périodes, il n'en est pas de même du régime que ces deux signes représentent; pour ce motif ces signes alternent d'un régime à l'autre; cette alternance est générale d'une période à l'autre, tandis qu'elle n'est que partielle d'une sous-période à l'autre.

A l'Équateur

Tableau A

Bloc 1

Hémisphère Nord	∧	∨	∧	∨	∧	∨	∨	∧	Hémisphère Sud
20 Mars	Midi	Midi	6h — S	6h — S	Minuit	Minuit	6h — M	6h — M	23 Septembre
28 —	11h 59 M	— 1	6 —	6 —	11h 59 S	— 1	6 —	6 —	30 —
5 Avril	11 58	— 2	6 —	6 —	11 58	— 2	6 —	6 —	7 Octobre
13 —	11 57	— 3	6 —	6 —	11 57	— 3	6 —	6 —	14 —
21 —	11 56	— 4	6 —	6 —	11 56	— 4	6 —	6 —	22 —
29 —	11 55	— 5	6 —	6 —	11 55	— 5	6 —	6 —	29 —
6 Mai	11 54	— 6	6 —	6 —	11 54	— 6	6 —	6 —	6 Novembre
13 —	11 55	— 5	6 —	6 —	11 55	— 5	6 —	6 —	14 —
21 —	11 56	— 4	6 —	6 —	11 56	— 4	6 —	6 —	21 —
29 —	11 57	— 3	6 —	6 —	11 57	— 3	6 —	6 —	29 —
6 Juin	11 58	— 2	6 —	6 —	11 58	— 2	6 —	6 —	6 Décembre
14 —	11 59	— 1	6 —	6 —	11 5J	— 1	6 —	6 —	14 —

Bloc 2

Hémisphère Nord	∨	∧	∧	∨	∨	∨	∨	∧	Hémisphère Sud
21 Juin	Midi	Midi	6h — S	6h — S	Minuit	Minuit	6h — M	6h — M	21 Décembre
29 —	11h 59 M	— 1	6 —	6 —	11h 59 S	11h 59 S	6 —	6 —	29 —
7 Juillet	11 58	— 2	6 —	6 —	11 58	11 58	6 —	6 —	6 Janvier
15 —	11 57	— 3	6 —	6 —	11 57	11 57	6 —	6 —	13 —
23 —	11 56	— 4	6 —	6 —	11 56	11 56	6 —	6 —	21 —
31 —	11 55	— 5	6 —	6 —	11 55	11 55	6 —	6 —	29 —
7 Août	11 54	— 6	6 —	6 —	11 54	11 54	6 —	6 —	4 Février
15 —	11 55	— 5	6 —	6 —	11 55	11 55	6 —	6 —	12 —
23 —	11 56	— 4	6 —	6 —	11 56	11 56	6 —	6 —	17 —
31 —	11 57	— 3	6 —	6 —	11 57	11 57	6 —	6 —	26 —
7 Septembre	11 58	— 2	6 —	6 —	11 58	11 58	6 —	6 —	5 Mars
15 —	11 59	— 1	6 —	6 —	11 59	11 59	6 —	6 —	12 —

Bloc 3

Hémisphère Nord	∨	∧	∨	∧	∨	∧	∧	∨	Hémisphère Sud
23 Septembre	Midi	Midi	6h — S	6h — S	Minuit	Minuit	6h — M	6h — M	20 Mars
30 —	11h 59 M	— 1	6 —	6 —	11h 59 S	— 1	6 —	6 —	28 —
7 Octobre	11 58	— 2	6 —	6 —	11 58	— 2	6 —	6 —	5 Avril
19 —	11 57	— 3	6 —	6 —	11 57	— 3	6 —	6 —	13 —
22 —	11 56	— 4	6 —	6 —	11 56	— 4	6 —	6 —	21 —
29 —	11 55	— 5	6 —	6 —	11 55	— 5	6 —	6 —	29 —
6 Novembre	11 54	— 6	6 —	6 —	11 54	— 6	6 —	6 —	6 Mai
14 —	11 55	— 5	6 —	6 —	11 55	— 5	6 —	6 —	13 —
21 —	11 56	— 4	6 —	6 —	11 56	— 4	6 —	6 —	21 —
29 —	11 57	— 3	6 —	6 —	11 57	— 3	6 —	6 —	29 —
6 Décembre	11 58	— 2	6 —	6 —	11 58	— 2	6 —	6 —	6 Juin
14 —	11 59	— 1	6 —	6 —	11 59	— 1	6 —	6 —	14 —

Bloc 4

Hémisphère Nord	∧	∨	∨	∧	∧	∨	∧	∨	Hémisphère Sud
21 Décembre	Midi	Midi	6h — S	6h — S	Minuit	Minuit	6h — M	6h — M	21 Juin
29 —	11h 59 M	— 1	6 —	6 —	11h 59 S	— 1	6 —	6 —	29 —
6 Janvier	11 58	— 2	6 —	6 —	11 58	— 2	6 —	6 —	7 Juillet
13 —	11 57	— 3	6 —	6 —	11 57	— 3	6 —	6 —	14 —
21 —	11 56	— 4	6 —	6 —	11 56	— 4	6 —	6 —	23 —
29 —	11 55	— 5	6 —	6 —	11 55	— 5	6 —	6 —	31 —
4 Février	11 54	— 6	6 —	6 —	11 54	— 6	6 —	6 —	7 Août
12 —	11 55	— 5	6 —	6 —	11 55	— 5	6 —	6 —	15 —
19 —	11 56	— 4	6 —	6 —	11 56	— 4	6 —	6 —	23 —
26 —	11 57	— 3	6 —	6 —	11 57	— 3	6 —	6 —	31 —
5 Mars	11 58	— 2	6 —	6 —	11 58	— 2	6 —	6 —	7 Septembre
12 —	11 59	— 1	6 —	6 —	11 59	— 1	6 —	6 —	15 —

.10me Latitude

Hémisphère Nord									Hémisphère Sud
	∧	∨	∨	∧	∨	∧	∧	∨	
20 Mars	11h 40 S	Minuit 20	6h — M	6h — M	11h 40 M	Midi 20	6h — S	6h — S	22 Septembre
28 —	11 45	— 15	5 59	6 2	11 45	— 15	5 59	6 2	30 —
5 Avril	11 49	— 11	5 58	6 4	11 49	— 11	5 58	6 4	7 Octobre
13 —	11 53	— 7	5 56	6 6	11 53	— 7	5 56	6 6	14 —
21 —	11 56	— 4	5 54	6 8	11 56	— 4	5 54	6 8	22 —
29 —	11 58	— 2	5 52	6 9	11 58	— 2	5 52	6 9	29 —
6 Mai	Minuit	—	5 50	6 10	Midi	—	5 50	6 10	6 Novembre
13 —	—	—	5 49	6 12	—	—	5 49	6 12	14 —
21 —	—	—	5 48	6 14	—	—	5 48	6 14	21 —
29 —	—	—	5 46	6 15	—	—	5 46	6 15	29 —
6 Juin	—	—	5 44	6 16	—	—	5 44	6 16	6 Décembre
14 —	—	—	5 42	6 18	—	—	5 42	6 18	14 —
	∨	∧	∨	∧	∧	∨	∧	∨	
21 Juin	Minuit	Minuit	5h 40 M	6h 20 M	Midi	Midi	5h 40 S	6h 20 S	21 Décembre
29 —	—	—	5 42	6 18	—	—	5 42	6 18	29 —
7 Juillet	—	—	5 44	6 16	—	—	5 44	6 16	6 Janvier
15 —	—	—	5 46	6 15	—	—	5 46	6 15	13 —
23 —	—	—	5 48	6 14	—	—	5 48	6 14	21 —
31 —	—	—	5 49	6 12	—	—	5 49	6 12	28 —
7 Août	—	—	5 50	6 10	—	—	5 50	6 10	4 Février
15 —	11h 58 S	— 2	5 52	6 9	11h 58 M	— 2	5 52	6 9	12 —
23 —	11 56	— 4	5 54	6 8	11 56	— 4	5 54	6 8	19 —
31 —	11 53	— 7	5 56	6 6	11 53	— 7	5 56	6 6	26 —
7 Septembre	11 49	— 11	5 58	6 4	11 49	— 11	5 58	6 4	5 Mars
15 —	11 45	— 15	5 59	6 2	11 45	— 15	5 59	6 2	13 —
	∨	∧	∧	∨	∧	∨	∨	∧	
23 Septembre	11h 40 S	Minuit 20	6h — M	6h — M	11h 40 M	Midi 20	6h — S	6h — S	20 Mars
30 —	11 45	— 15	5 59	6 2	11 45	— 15	5 59	6 2	28 —
7 Octobre	11 49	— 11	5 58	6 4	11 49	— 11	5 58	6 4	5 Avril
14 —	11 53	— 7	5 56	6 6	11 53	— 7	5 56	6 6	13 —
22 —	11 56	— 4	5 54	6 8	11 56	— 4	5 54	6 8	21 —
29 —	11 58	— 2	5 52	6 9	11 58	— 2	5 52	6 9	29 —
6 Novembre	Minuit	—	5 50	6 10	Midi	—	5 50	6 10	6 Mai
14 —	—	—	5 49	6 12	—	—	5 49	6 12	13 —
21 —	—	—	5 48	6 14	—	—	5 48	6 14	21 —
29 —	—	—	5 46	6 15	—	—	5 46	6 15	29 —
6 Décembre	—	—	5 44	6 16	—	—	5 44	6 16	6 Juin
14 —	—	—	5 42	6 18	—	—	5 42	6 18	14 —
	∧	∨	∧	∨	∨	∧	∨	∧	
21 Décembre	Minuit	Minuit	5h 40 M	6h 20 M	Midi	Midi	5h 40 S	6h 20 S	21 Juin
29 —	—	—	5 42	6 18	—	—	5 42	6 18	29 —
6 Janvier	—	—	5 44	6 16	—	—	5 44	6 16	7 Juillet
13 —	—	—	5 46	6 15	—	—	5 46	6 15	15 —
21 —	—	—	5 48	6 14	—	—	5 48	6 14	23 —
28 —	—	—	5 49	6 12	—	—	5 49	6 12	31 —
4 Février	—	—	5 50	6 10	—	—	5 50	6 10	7 Août
12 —	11h 58 S	— 2	5 52	6 9	11h 58 M	— 2	5 52	6 9	15 —
19 —	11 56	— 4	5 54	6 8	11 56	— 4	5 54	6 8	23 —
26 —	11 53	— 7	5 56	6 6	11 53	— 7	5 56	6 6	31 —
5 Mars	11 49	— 11	5 58	6 4	11 49	— 11	5 58	6 4	7 Septembre
13 —	11 45	— 15	5 59	6 2	11 45	— 15	5 59	6 2	15 —

15ᵐᵉ Latitude

Hémisphère Nord	∨	∧	∧	∨	∧	∨	∨	∧	Hémisphère Sud
20 Mars	11ʰ 30 M	Midi 30	6ʰ — S	6ʰ — S	11ʰ 30 S	Minuit 30	6ʰ — M	6ʰ — M	23 Septembre
28 —	11 37	— 23	5 58	6 2	11 37	— 23	5 58	6 3	30 —
5 Avril	11 42	— 17	5 55	6 5	11 42	— 17	5 55	6 5	7 Octobre
13 —	11 48	— 12	5 53	6 8	11 48	— 12	5 53	6 8	14 —
22 —	11 52	— 8	5 50	6 10	11 52	— 8	5 50	6 10	21 —
29 —	11 55	— 5	5 48	6 13	11 55	— 5	5 48	6 13	29 —
6 Mai	11 57	— 3	5 45	6 15	11 57	— 3	5 45	6 15	6 Novembre
13 —	11 59	— 1	5 43	6 17	11 59	— 1	5 43	6 17	14 —
21 —	Midi	—	5 40	6 20	Minuit	—	5 40	6 20	21 —
29 —	—	—	5 38	6 22	—	—	5 38	6 22	29 —
5 Juin	—	—	5 35	6 25	—	—	5 35	6 25	6 Décembre
13 —	—	—	5 33	6 27	—	—	5 33	6 27	14 —

Hémisphère Nord	∧	∨	∧	∨	∨	∧	∨	∧	Hémisphère Sud
21 Juin	Midi	Midi	5 30 S	6ʰ 30 S	Minuit	Minuit	5ʰ 30 M	6ʰ 30 M	21 Décembre
29 —	—	—	5 33	6 27	—	—	5 33	6 27	29 —
7 Juillet	—	—	5 35	6 25	—	—	5 35	6 25	6 Janvier
15 —	—	—	5 38	6 22	—	—	5 38	6 22	13 —
23 —	—	—	5 40	6 20	—	—	5 40	6 20	21 —
31 —	11ʰ 59 M	— 1	5 43	6 17	11ʰ 59 S	— 1	5 43	6 17	28 —
7 Août	11 57	— 3	5 45	6 15	11 57	— 3	5 45	6 15	4 Février
15 —	11 55	— 5	5 48	6 13	11 55	— 5	5 48	6 13	12 —
23 —	11 52	— 8	5 50	6 10	11 52	— 8	5 50	6 10	19 —
31 —	11 48	— 12	5 53	6 8	11 48	— 12	5 53	6 8	26 —
7 Septembre	11 42	— 17	5 55	6 5	11 42	— 17	5 55	6 5	5 Mars
15 —	11 37	— 23	5 58	6 2	11 37	— 23	5 58	6 3	12 —

Hémisphère Nord	∧	∨	∨	∧	∨	∧	∧	∨	Hémisphère Sud
23 Septembre	11ʰ 30 M	Midi 30	6ʰ — S	6ʰ — S	11ʰ 30 S	Minuit 30	6ʰ — M	6ʰ — M	20 Mars
30 —	11 37	— 23	5 58	6 2	11 37	— 23	5 58	6 3	28 —
7 Octobre	11 43	— 17	5 55	6 5	11 42	— 17	5 55	6 5	5 Avril
14 —	11 48	— 12	5 53	6 8	11 48	— 12	5 53	6 8	13 —
21 —	11 52	— 8	5 50	6 10	11 52	— 8	5 50	6 10	22 —
29 —	11 55	— 5	5 48	6 13	11 55	— 5	5 48	6 13	29 —
6 Novembre	11 57	— 3	5 45	6 15	11 57	— 3	5 45	6 15	6 Mai
14 —	11 59	— 1	5 43	6 17	11 59	— 1	5 43	6 17	13 —
21 —	Midi	—	5 40	6 20	Minuit	—	5 40	6 20	21 —
29 —	—	—	5 38	6 22	—	—	5 38	6 22	29 —
6 Décembre	—	—	5 35	6 25	—	—	5 35	6 25	6 Juin
14 —	—	—	5 33	6 27	—	—	5 33	6 27	14 —

Hémisphère Nord	∨	∧	∨	∧	∧	∨	∧	∨	Hémisphère Sud
21 Décembre	Midi	Midi	5ʰ 30 S	6ʰ 30 S	Minuit	Minuit	5ʰ 30 M	6ʰ 30 M	21 Juin
29 —	—	—	5 33	6 27	—	—	5 33	6 27	29 —
6 Janvier	—	—	5 35	6 25	—	—	5 35	6 25	7 Juillet
13 —	—	—	5 38	6 22	—	—	5 38	6 23	15 —
21 —	—	—	5 40	6 20	—	—	5 40	6 20	23 —
28 —	11ʰ 59 M	— 1	5 43	6 17	11ʰ 59 S	— 1	5 45	6 17	31 —
4 Février	11 57	— 3	5 45	6 15	11 57	— 3	5 45	6 15	7 Août
12 —	11 55	— 5	5 48	6 13	11 55	— 5	5 48	6 13	15 —
19 —	11 52	— 8	5 50	6 10	11 52	— 8	5 50	6 10	23 —
26 —	11 48	— 12	5 53	6 8	11 48	— 12	5 53	6 8	31 —
5 Mars	11 42	— 17	5 55	6 5	11 42	— 17	5 55	6 5	7 Septembre
12 —	11 37	— 23	5 58	6 2	11 37	— 23	5 58	6 3	15 —

20ᵐᵉ Latitude

Hémisphère Nord	∨	∧	∧	∨	∧	∨	∨	∧	Hémisphère Sud
20 Mars	11h 20 M	Midi 40	6h — S	6h — S	11h 20 S	Minuit 40	6h — M	6h — M	23 Septembre
28 —	11 24	— 36	5 57	6 3	11 24	— 36	5 57	6 3	30 —
5 Avril	11 28	— 32	5 51	6 6	11 28	— 32	5 51	6 6	7 Octobre
13 —	11 32	— 28	5 50	6 10	11 32	— 28	5 50	6 10	14 —
22 —	11 36	— 24	5 47	6 13	11 36	— 24	5 47	6 13	21 —
29 —	11 40	— 20	5 43	6 17	11 40	— 20	5 43	6 17	29 —
6 Mai	11 43	— 17	5 40	6 20	11 43	— 17	5 40	6 20	6 Novembre
13 —	11 46	— 14	5 37	6 23	11 46	— 14	5 37	6 23	14 —
21 —	11 49	— 11	5 33	6 27	11 49	— 11	5 33	6 27	21 —
29 —	11 52	— 8	5 30	6 30	11 52	— 8	5 30	6 30	29 —
6 Juin	11 55	— 5	5 26	6 33	11 55	— 5	5 36	6 33	6 Décembre
13 —	11 58	— 2	5 23	6 37	11 58	— 2	5 23	6 37	14 —

Hémisphère Nord	∧	∨	∧	∨	∨	∧	∨	∧	Hémisphère Sud
21 Juin	Midi	Midi —	5h 20 S	6h 40 S	Minuit	Minuit	5h 20 M	6h 40 M	21 Décembre
29 —	11h 53 M	— 2	5 23	6 37	11h 58 S	— 2	5 23	6 37	29 —
7 Juillet	11 55	— 5	5 26	6 33	11 55	— 5	5 26	6 33	6 Janvier
15 —	11 52	— 8	5 30	6 30	11 52	— 8	5 30	6 30	13 —
23 —	11 49	— 11	5 33	6 27	11 49	— 11	5 33	6 27	21 —
31 —	11 46	— 14	5 37	6 23	11 46	— 14	5 37	6 23	28 —
7 Août	11 43	— 17	5 40	6 20	11 43	— 17	5 40	6 20	6 Février
15 —	11 40	— 20	5 43	6 17	11 40	— 20	5 43	6 17	12 —
23 —	11 36	— 24	5 47	6 13	11 36	— 24	5 47	6 13	19 —
31 —	11 32	— 28	5 50	6 10	11 32	— 28	5 50	6 10	26 —
7 Septembre	11 28	— 32	5 54	6 6	11 28	— 32	5 54	6 6	5 Mars
15 —	11 24	— 36	5 57	6 3	11 24	— 36	5 57	6 3	12 —

Hémisphère Nord	∧	∨	∨	∧	∨	∧	∧	∨	Hémisphère Sud
23 Septembre	11h 20 M	Midi 40	6h — S	6h — S	11h 20 S	Minuit 40	6h — M	6h — M	20 Mars
30 —	11 24	— 36	5 57	6 3	11 24	— 36	5 57	6 3	28 —
7 Octobre	11 28	— 32	5 54	6 6	11 28	— 32	5 51	6 6	5 Avril
14 —	11 32	— 28	5 50	6 10	11 32	— 28	5 50	6 10	13 —
22 —	11 36	— 24	5 47	6 13	11 36	— 24	5 47	6 13	21 —
29 —	11 40	— 20	5 43	6 17	11 40	— 20	5 43	6 17	29 —
6 Novembre	11 43	— 17	5 40	6 20	11 43	— 17	5 40	6 20	6 Mai
14 —	11 46	— 14	5 37	6 23	11 46	— 14	5 37	6 23	13 —
21 —	11 49	— 11	5 33	6 27	11 49	— 11	5 33	6 27	21 —
29 —	11 52	— 8	5 30	6 30	11 52	— 8	5 30	6 30	29 —
6 Décembre	11 55	— 5	5 26	6 33	11 55	— 5	5 26	6 33	6 Juin
14 —	11 58	— 2	5 23	6 37	11 58	— 2	5 23	6 37	13 —

Hémisphère Nord	∨	∧	∨	∧	∧	∨	∧	∨	Hémisphère Sud
21 Décembre	Midi	Midi —	5h 20 S	6h 40 S	Minuit	Minuit	5h 20 M	6h 40 M	21 Juin
29 —	11h 58 M	— 2	5 23	6 37	11h 58 S	— 2	5 23	6 37	29 —
6 Janvier	11 55	— 5	5 26	6 33	11 55	— 5	5 26	6 33	7 Juillet
13 —	11 52	— 8	5 30	6 30	11 52	— 8	5 30	6 30	15 —
21 —	11 49	— 11	5 33	6 27	11 49	— 11	5 33	6 27	23 —
28 —	11 46	— 14	5 37	6 23	11 46	— 14	5 37	6 23	31 —
4 Février	11 43	— 17	5 40	6 20	11 43	— 17	5 40	6 20	7 Août
12 —	11 40	— 20	5 43	6 17	11 40	— 20	5 43	6 17	15 —
19 —	11 36	— 24	5 47	6 13	11 36	— 24	5 47	6 13	23 —
26 —	11 32	— 28	5 50	6 10	11 32	— 28	5 50	6 10	31 —
5 Mars	11 28	— 32	5 54	6 6	11 28	— 32	5 54	6 6	7 Septembre
12 —	11 24	— 36	5 57	6 3	11 24	— 36	5 57	6 3	15 —

25ᵐᵉ Latitude

Hémisphère Nord									Hémisphère Sud
	∨	∧	∧	∨	∧	∨	∨	∧	
20 Mars	11ʰ 10 M	Midi 50	6ʰ — S	6ʰ — S	11ʰ 10 S	Minuit 50	6ʰ — M	6ʰ — M	23 Septembre
28 —	11 17	— 43	5 55	6 5	11 17	— 43	5 55	6 5	30 —
5 Avril	11 23	— 37	5 50	6 10	11 23	— 37	5 50	6 10	7 Octobre
13 —	11 28	— 32	5 46	6 14	11 28	— 32	5 46	6 14	14 —
22 —	11 32	— 28	5 42	6 18	11 32	— 28	5 42	6 18	21 —
29 —	11 36	— 24	5 38	6 22	11 36	— 24	5 38	6 22	29 —
6 Mai	11 40	— 20	5 34	6 26	11 40	— 20	5 34	6 26	6 Novembre
13 —	11 44	— 16	5 30	6 30	11 44	— 16	5 30	6 30	14 —
21 —	11 48	— 12	5 26	6 34	11 48	— 12	5 26	6 34	21 —
29 —	11 51	— 9	5 22	6 38	11 51	— 9	5 22	6 38	29 —
6 Juin	11 54	— 6	5 18	6 42	11 54	— 6	5 18	6 42	6 Décembre
13 —	11 57	— 3	5 11	6 46	11 57	— 3	5 14	6 46	14 —

Hémisphère Nord									Hémisphère Sud
	∧	∨	∧	∨	∨	∧	∨	∧	
21 Juin	Midi	Midi	5ʰ 10 S	6ʰ 50 S	Minuit	Minuit	5ʰ 10 M	6ʰ 50 M	21 Décembre
29 —	11ʰ 57 M	— 3	5 14	6 46	11ʰ 57 S	— 3	5 14	6 46	29 —
7 Juillet	11 54	— 6	5 18	6 42	11 54	— 6	5 18	6 42	6 Janvier
15 —	11 51	— 9	5 22	6 38	11 51	— 9	5 22	6 38	13 —
23 —	11 48	— 12	5 26	6 34	11 48	— 12	5 26	6 34	21 —
31 —	11 44	— 16	5 30	6 30	11 44	— 16	5 30	6 30	28 —
7 Août	11 40	— 20	5 34	6 26	11 40	— 20	5 34	6 26	4 Février
15 —	11 36	— 24	5 38	6 22	11 36	— 21	5 38	6 22	12 —
23 —	11 32	— 28	5 42	6 18	11 32	— 28	5 42	6 18	19 —
31 —	11 28	— 32	5 46	6 14	11 28	— 32	5 46	6 14	26 —
7 Septembre	11 23	— 37	5 50	6 10	11 23	— 37	5 50	6 10	5 Mars
15 —	11 17	— 43	5 55	6 5	11 17	— 43	5 55	6 5	12 —

Hémisphère Nord									Hémisphère Sud
	∧	∨	∨	∧	∨	∧	∧	∨	
23 Septembre	11ʰ 10 M	Midi 50	6ʰ — S	6ʰ — S	11ʰ 10 S	Minuit 50	6ʰ — M	6ʰ — M	20 Mars
30 —	11 17	— 43	5 55	6 5	11 17	— 43	5 55	6 5	28 —
7 Octobre	11 23	— 37	5 50	6 10	11 23	— 37	5 50	6 10	5 Avril
14 —	11 28	— 32	5 46	6 14	11 28	— 32	5 46	6 14	13 —
21 —	11 32	— 28	5 42	6 18	11 32	— 28	5 42	6 18	22 —
29 —	11 36	— 24	5 38	6 22	11 36	— 24	5 38	6 22	29 —
6 Novembre	11 40	— 20	5 34	6 26	11 40	— 20	5 34	6 26	6 Mai
14 —	11 44	— 16	5 30	6 30	11 44	— 16	5 30	6 30	13 —
21 —	11 48	— 12	5 26	6 34	11 48	— 12	5 26	6 34	21 —
29 —	11 51	— 9	5 22	6 38	11 51	— 9	5 22	6 38	29 —
6 Décembre	11 54	— 6	5 18	6 42	11 54	— 6	5 18	6 42	6 Juin
14 —	11 57	— 3	5 14	6 46	11 57	— 3	5 14	6 46	13 —

Hémisphère Nord									Hémisphère Sud
	∨	∧	∨	∧	∧	∨	∧	∨	
21 Décembre	Midi	Midi	5ʰ 10 S	6ʰ 50 S	Minuit	Minuit	5ʰ 10 M	6ʰ 50 M	21 Juin
29 —	11ʰ 57 M	— 3	5 14	6 46	11ʰ 57 S	— 3	5 14	6 46	29 —
6 Janvier	11 54	— 6	5 18	6 42	11 54	— 6	5 18	6 42	7 Juillet
13 —	11 48	— 9	5 22	6 38	11 51	— 9	5 22	6 38	15 —
21 —	11 48	— 12	5 26	6 34	11 48	— 12	5 26	6 34	23 —
28 —	11 44	— 16	5 30	6 30	11 44	— 16	5 30	6 30	31 —
4 Février	11 40	— 20	5 34	6 26	11 40	— 20	5 34	6 26	7 Août
12 —	11 36	— 24	5 38	6 22	11 36	— 24	5 38	6 22	15 —
19 —	11 32	— 28	5 42	6 18	11 32	— 28	5 42	6 18	23 —
26 —	11 28	— 32	5 46	6 14	11 28	— 32	5 46	6 14	31 —
5 Mars	11 23	— 37	5 50	6 10	11 23	— 37	5 50	6 10	7 Septembre
12 —	11 17	— 43	5 55	6 5	11 17	— 43	5 55	6 5	15 —

30ᵐᵉ Latitude

Hémisphère Nord	∨	∧	∧	∨	∧	∨	∨	∧	Hémisphère Sud
20 Mars	11ʰ — M	1ʰ — S	6ʰ — S	6ʰ — S	11ʰ — S	1ʰ — M	6ʰ — M	6ʰ — M	23 Septembre
28 —	11 7	Midi 53	5 55	6 5	11 7	Min. 53	5 55	6 5	30 —
5 Avril	11 14	— 46	5 50	6 10	11 14	— 46	5 50	6 10	7 Octobre
13 —	11 20	— 40	5 45	6 15	11 20	— 40	5 45	6 15	14 —
22 —	11 25	— 35	5 40	6 20	11 25	— 35	5 40	6 20	21 —
29 —	11 30	— 30	5 35	6 25	11 30	— 30	5 35	6 25	29 —
6 Mai	11 35	— 25	5 30	6 30	11 35	— 25	5 30	6 30	6 Novembre
13 —	11 40	— 20	5 25	6 35	11 40	— 20	5 25	6 35	14 —
21 —	11 45	— 15	5 20	6 40	11 45	— 15	5 20	6 40	21 —
29 —	11 50	— 10	5 15	6 45	11 50	— 10	5 15	6 45	26 —
6 Juin	11 54	— 6	5 10	6 50	11 54	— 6	5 10	6 50	6 Décembre
13 —	11 57	— 3	5 5	6 55	11 57	— 3	5 5	6 55	14 —

Hémisphère Nord	∧	∨	∧	∨	∨	∧	∨	∧	Hémisphère Sud
21 Juin	Midi	Midi	5ʰ — S	7ʰ — S	Minuit	Minuit	5ʰ — M	7ʰ — M	21 Décembre
29 —	11ʰ 57 M	— 3	5 5	6 55	11ʰ 57 S	— 3	5 5	6 55	29 —
7 Juillet	11 54	— 6	5 10	6 50	11 54	— 6	5 10	6 50	6 Janvier
15 —	11 50	— 10	5 15	6 45	11 50	— 10	5 15	6 45	13 —
23 —	11 45	— 15	5 20	6 40	11 45	— 15	5 20	6 40	21 —
31 —	11 40	— 20	5 25	6 35	11 40	— 20	5 25	6 35	28 —
7 Août	11 35	— 25	5 30	6 30	11 35	— 25	5 30	6 30	4 Février
15 —	11 30	— 30	5 35	6 25	11 30	— 30	5 35	6 25	12 —
23 —	11 25	— 35	5 40	6 20	11 25	— 35	5 40	6 20	19 —
31 —	11 20	— 40	5 45	6 15	11 20	— 40	5 45	6 15	26 —
7 Septembre	11 14	— 46	5 50	6 10	11 14	— 46	5 50	6 10	5 Mars
15 —	11 7	— 53	5 55	6 5	11 7	— 53	5 55	6 5	12 —

Hémisphère Nord	∧	∨	∨	∧	∨	∧	∧	∨	Hémisphère Sud
23 Septembre	11ʰ — M	1ʰ — S	6ʰ — S	6ʰ — S	11ʰ — S	1ʰ — M	6ʰ — M	6ʰ — M	20 Mars
30 —	11 7	Midi 53	5 55	6 5	11 7	Min. 53	5 55	6 5	28 —
7 Octobre	11 14	— 46	5 50	6 10	11 14	— 46	5 50	6 10	5 Avril
14 —	11 20	— 40	5 45	6 15	11 20	— 40	5 45	6 15	13 —
21 —	11 25	— 35	5 40	6 20	11 25	— 35	5 40	6 20	22 —
29 —	11 30	— 30	5 35	6 25	11 30	— 30	5 35	6 25	29 —
6 Novembre	11 35	— 25	5 30	6 30	11 35	— 25	5 30	6 30	6 Mai
14 —	11 40	— 20	5 25	6 35	11 40	— 20	5 25	6 35	13 —
21 —	11 45	— 15	5 20	6 40	11 45	— 15	5 20	6 40	21 —
29 —	11 50	— 10	5 15	6 45	11 50	— 10	5 15	6 45	29 —
6 Décembre	11 54	— 6	5 10	6 50	11 54	— 6	5 10	6 50	6 Juin
14 —	11 57	— 3	5 5	6 55	11 57	— 3	5 5	6 55	13 —

Hémisphère Nord	∨	∧	∨	∧	∧	∨	∧	∨	Hémisphère Sud
21 Décembre	Midi	Midi	5ʰ — S	7ʰ — S	Minuit	Minuit	5ʰ — M	7ʰ — M	21 Juin
29 —	11ʰ 57 M	— 3	5 5	6 55	11ʰ 57 S	— 3	5 5	6 55	29 —
6 Janvier	11 54	— 6	5 10	6 50	11 54	— 6	5 10	6 50	7 Juillet
13 —	11 50	— 10	5 15	6 45	11 50	— 10	5 15	6 45	15 —
21 —	11 45	— 15	5 20	6 40	11 45	— 15	5 20	6 40	23 —
28 —	11 40	— 20	5 25	6 35	11 40	— 20	5 25	6 35	31 —
4 Février	11 35	— 25	5 30	6 30	11 35	— 25	5 30	6 30	7 Août
12 —	11 30	— 30	5 35	6 25	11 30	— 30	5 35	6 25	15 —
19 —	11 25	— 35	5 40	6 20	11 25	— 35	5 40	6 20	23 —
26 —	11 20	— 40	5 45	6 15	11 20	— 40	5 45	6 15	31 —
5 Mars	11 14	— 46	5 50	6 10	11 14	— 46	5 50	6 10	7 Septembre
12 —	11 7	— 53	5 55	6 5	11 7	— 53	5 55	6 5	15 —

35ᵐᵉ Latitude

Hémisphère Nord	∨	∧	∧	∨	∧	∨	∨	∧	Hémisphère Sud
20 Mars	10ʰ 48 M	1ʰ 12 S	6ʰ — S	6ʰ — S	10ʰ 48 S	1ʰ 12 M	6ʰ — M	6ʰ — M	23 Septembre
28 —	10 57	1 9	5 54	6 6	10 57	1 9	5 54	6 6	30 —
5 Avril	11 5	Midi 55	5 48	6 12	11 5	Min. 55	5 48	6 12	7 Octobre
13 —	11 12	— 48	5 42	6 18	11 12	— 48	5 42	6 18	14 —
22 —	11 19	— 41	5 36	6 24	11 19	— 41	5 36	6 24	21 —
29 —	11 25	— 35	5 30	6 30	11 25	— 35	5 30	6 30	29 —
6 Mai	11 30	— 30	5 24	6 36	11 30	— 30	5 24	6 36	6 Novembre
13 —	11 35	— 25	5 18	6 42	11 35	— 25	5 18	6 42	14 —
21 —	11 40	— 20	5 12	6 48	11 40	— 20	5 12	6 48	21 —
29 —	11 45	— 15	5 6	6 54	11 45	— 15	5 6	6 54	29 —
6 Juin	11 50	— 10	5	7	11 50	— 10	5	7	6 Décembre
13 —	11 55	— 5	4 54	7 6	11 55	— 5	4 54	7 6	14 —

Hémisphère Nord	∧	∨	∧	∨	∨	∧	∨	∧	Hémisphère Sud
21 Juin	Midi	Midi	4ʰ 48 S	7ʰ 12 S	Minuit	Minuit	4ʰ 48 M	7ʰ 12 M	21 Décembre
29 —	11ʰ 55 M	— 5	4 54	7 6	11ʰ 55 S	— 5	4 54	7 6	29 —
7 Juillet	11 50	— 10	5	7	11 50	— 10	5	7	6 Janvier
15 —	11 45	— 15	5 6	6 54	11 45	— 15	5 6	6 54	13 —
23 —	11 40	— 20	5 12	6 48	11 40	— 20	5 12	6 48	21 —
31 —	11 35	— 25	5 18	6 42	11 35	— 25	5 18	6 42	28 —
7 Août	11 30	— 30	5 24	6 36	11 30	— 30	5 24	6 36	4 Février
15 —	11 25	— 35	5 30	6 30	11 25	— 35	5 30	6 30	12 —
23 —	11 19	— 41	5 36	6 24	11 19	— 41	5 30	6 24	19 —
31 —	11 12	— 48	5 42	6 18	11 12	— 48	5 42	6 18	26 —
7 Septembre	11 5	— 55	5 48	6 12	11 5	— 55	5 48	6 12	5 Mars
15 —	10 57	1 9 S	5 54	6 6	10 57	1 9 M	5 54	6 6	12 —

Hémisphère Nord	∧	∨	∨	∧	∨	∧	∧	∨	Hémisphère Sud
23 Septembre	10ʰ 48 M	1ʰ 12 S	6ʰ — S	6ʰ — S	10ʰ 48 S	1ʰ 12 M	6ʰ — M	6ʰ M	20 Mars
30 —	10 57	1 9	5 54	6 6	10 57	1 9	5 54	6 6	28 —
7 Octobre	11 5	Midi 55	5 48	6 12	11 5	Min. 55	5 48	6 12	5 Avril
14 —	11 12	— 48	5 42	6 18	11 12	— 48	5 42	6 18	13 —
21 —	11 19	— 41	5 36	6 24	11 19	— 41	5 36	6 24	22 —
29 —	11 25	— 35	5 30	6 30	11 25	— 35	5 30	6 30	29 —
6 Novembre	11 30	— 30	5 24	6 36	11 30	— 30	5 24	6 36	6 Mai
14 —	11 35	— 25	5 18	6 42	11 35	— 25	5 18	6 42	13 —
21 —	11 40	— 20	5 12	6 48	11 40	— 20	5 12	6 48	21 —
29 —	11 45	— 15	5 6	6 54	11 45	— 15	5 6	6 54	29 —
6 Décembre	11 50	— 10	5	7	11 50	— 10	5	7	6 Juin
14 —	11 55	— 5	4 54	7 6	11 55	— 5	4 54	7 6	13 —

Hémisphère Nord	∨	∧	∨	∧	∧	∨	∧	∨	Hémisphère Sud
21 Décembre	Midi	Midi	4ʰ 48 S	7ʰ 12 S	Minuit	Minuit	4ʰ 48 M	7ʰ 12 M	21 Juin
29 —	11ʰ 55 M	— 5	4 54	7 6	11ʰ 55 S	— 5	4 54	7 6	29 —
6 Janvier	11 50	— 10	5	7	11 50	— 10	5	7	7 Juillet
13 —	11 45	— 15	5 6	6 54	11 45	— 15	5 6	6 54	15 —
21 —	11 40	— 20	5 12	6 48	11 40	— 20	5 12	6 48	23 —
28 —	11 35	— 25	5 18	6 42	11 35	— 25	5 18	6 42	31 —
4 Février	11 30	— 30	5 24	6 36	11 30	— 30	5 24	6 36	7 Août
12 —	11 25	— 35	5 30	6 30	11 25	— 35	5 30	6 30	15 —
19 —	11 19	— 41	5 36	6 24	11 19	— 41	5 36	6 24	23 —
26 —	11 12	— 48	5 42	6 18	11 12	— 48	5 42	6 18	31 —
5 Mars	11 5	— 55	5 48	6 12	11 5	— 55	5 48	6 12	7 Septembre
12 —	10 57	1ʰ 9 S	5 54	6 6	10 57	1 9 M	5 54	6 6	15 —

40me Latitude

Hémisphère Nord	∨	∧	∧	∨	∧	∨	∨	∧	Hémisphère Sud
20 Mars	10h 30 M	1h 30 S	6h — S	6h — S	10h 30 S	1h 30 M	6h — M	6h — M	23 Septembre
28 —	10 42	1 18	5 53	6 7	10 42	1 18	5 53	6 7	30 —
5 Avril	10 53	1 7	5 45	6 15	10 53	1 7	5 45	6 15	7 Octobre
13 —	11 3	Midi 57	5 38	6 23	11 3	Min. 57	5 38	6 23	14 —
22 —	11 12	— 48	5 30	6 30	11 12	— 48	5 30	6 30	21 —
29 —	11 19	— 41	5 23	6 37	11 19	— 41	5 23	6 37	29 —
6 Mai	11 25	— 35	5 15	6 45	11 25	— 35	5 15	6 37	6 Novembre
13 —	11 31	— 29	5 8	6 52	11 31	— 29	5 8	6 45	14 —
21 —	11 37	— 23	5 —	7 —	11 37	— 23	5 —	6 50	21 —
29 —	11 43	— 17	4 53	7 7	11 43	— 17	4 53	7 —	29 —
6 Juin	11 49	— 11	4 45	7 15	11 49	— 11	4 45	7 7	6 Décembre
13 —	11 55	— 5	4 35	7 22	11 55	— 5	4 35	7 15	14 —
								7 22	

Hémisphère Nord	∧	∨	∧	∨	∨	∧	∨	∧	Hémisphère Sud
21 Juin	Midi	Midi	4h 30 S	7h 30 S	Minuit	Minuit	4h 30 M	7h 30 M	21 Décembre
29 —	11h 55 M	— 5	4 38	7 22	11h 55 S	— 5	4 38	7 22	29 —
7 Juillet	11 49	— 11	4 45	7 13	11 49	— 11	4 45	7 15	6 Janvier
15 —	11 43	— 17	4 53	7 7	11 43	— 17	4 53	7 7	13 —
23 —	11 37	— 23	5 —	7 —	11 37	— 23	5 —	7 —	21 —
31 —	11 31	— 29	5 8	6 52	11 31	— 29	5 8	6 52	28 —
7 Août	11 25	— 35	5 15	6 45	11 25	— 35	5 18	6 45	4 Février
15 —	11 19	— 41	5 23	6 37	11 19	— 41	5 23	6 37	12 —
23 —	11 12	— 48	5 30	6 30	11 12	— 48	5 30	6 30	19 —
31 —	11 3	— 57	5 35	6 23	11 3	— 57	5 35	6 23	26 —
7 Septembre	10 53	1 7 S	5 45	6 15	10 53	1h 7 M	5 45	6 15	5 Mars
15 —	10 42	1 18	5 53	6 7	10 42	1 18	5 53	6 7	12 —

Hémisphère Nord	∧	∨	∨	∧	∨	∧	∧	∨	Hémisphère Sud
23 Septembre	10h 30 M	1h 30 S	6h — S	6h — S	10h 30 S	1h 30 M	6h — M	6h — M	20 Mars
30 —	10 42	1 18	5 53	6 7	10 42	1 18	5 53	6 7	28 —
7 Octobre	10 53	1 7	5 45	6 15	10 13	1 7	5 45	6 15	5 Avril
14 —	11 3	Midi 57	5 38	6 23	11 3	Min. 57	5 38	6 23	13 —
21 —	11 12	— 48	5 30	6 30	11 12	— 48	5 30	6 30	22 —
29 —	11 19	— 41	5 23	6 37	11 19	— 41	5 23	6 37	29 —
6 Novembre	11 25	— 35	5 15	6 45	11 25	— 35	5 23	6 37	6 Mai
14 —	11 31	— 29	5 8	6 52	11 31	— 29	5 15	6 45	13 —
21 —	11 37	— 23	5 —	7 —	11 37	— 23	5 8	6 52	21 —
29 —	11 43	— 17	4 53	7 7	11 43	— 17	5 —	7 —	29 —
6 Décembre	11 49	— 11	4 45	7 15	11 49	— 11	4 53	7 7	6 Juin
14 —	11 55	— 5	4 35	7 22	11 59	— 5	4 45	7 15	13 —
							4 35	7 25	

Hémisphère Nord	∨	∧	∨	∧	∧	∨	∧	∨	Hémisphère Sud
21 Décembre	Midi	Midi	4h 30 S	7h 30 S	Minuit	Minuit	4h 30 M	7h 30 M	21 Juin
29 —	11h 55 M	— 5	4 38	7 22	11h 58 S	— 5	4 35	7 22	29 —
6 Janvier	11 49	— 11	4 45	7 15	11 49	— 11	4 45	7 15	7 Juillet
13 —	11 43	— 17	4 53	7 7	11 43	— 17	4 53	7 7	15 —
21 —	11 37	— 23	5 —	7 —	11 37	— 23	5 —	7 —	23 —
28 —	11 31	— 29	5 8	6 52	11 31	— 29	5 8	6 52	31 —
4 Février	11 25	— 35	5 15	6 45	11 25	— 35	5 15	6 45	7 Août
12 —	11 19	— 41	5 23	6 37	11 19	— 41	5 23	6 37	15 —
19 —	11 12	— 48	5 30	6 30	11 12	— 48	5 30	6 30	23 —
26 —	11 3	— 57	5 35	6 23	11 3	— 57	5 38	6 23	31 —
5 Mars	10 53	1h 7 S	5 45	6 15	10 53	1h 7 M	5 43	6 15	7 Septembre
12 —	10 42	1 18	5 53	6 7	10 42	1 18	5 53	6 7	15 —

45me Latitude

Hémisphère Nord	∨	∧	∧	∨	∧	∨	∨	∧	Hémisphère Sud
20 Mars	10ʰ 12 M	1ʰ 48 S	6ʰ — S	6ʰ — S	10ʰ 12 S	1ʰ 48 M	6ʰ — M	6ʰ — M	23 Septembre
28 —	10 25	1 35	5 51	6 9	10 25	1 35	5 51	6 9	30 —
5 Avril	10 37	1 23	5 42	6 18	10 37	1 23	5 42	6 18	7 Octobre
13 —	10 48	1 12	5 33	6 27	10 48	1 12	5 33	6 27	14 —
22 —	10 58	1 2	5 24	6 36	10 58	1 2	5 24	6 36	21 —
29 —	11 7	Midi 53	5 15	6 45	11 7	Min. 53	5 15	6 45	29 —
6 Mai	11 15	— 45	5 6	6 54	11 15	— 45	5 6	6 54	6 Novembre
13 —	11 23	— 37	4 57	7 3	11 23	— 37	4 57	7 3	14 —
21 —	11 31	— 29	4 48	7 12	11 31	— 29	4 48	7 12	21 —
29 —	11 39	— 21	4 39	7 21	11 39	— 21	4 39	7 21	29 —
6 Juin	11 47	— 13	4 30	7 30	11 47	— 15	4 30	7 30	6 Décembre
13 —	11 54	— 6	4 21	7 39	11 54	— 6	4 21	7 39	14 —

Hémisphère Nord	∧	∨	∧	∨	∨	∧	∨	∧	Hémisphère Sud
21 Juin	Midi	Midi	4ʰ 12 S	7ʰ 48 S	Minuit	Minuit	4ʰ 12 M	7ʰ 48 M	21 Décembre
29 —	11ʰ 51 M	— 6	4 21	7 39	11ʰ 54 S	— 6	4 21	7 39	29 —
7 Juillet	11 47	— 13	4 30	7 30	11 47	— 13	4 30	7 30	6 Janvier
15 —	11 39	— 21	4 39	7 21	11 39	— 21	4 39	7 21	13 —
23 —	11 31	— 29	4 48	7 12	11 31	— 29	4 48	7 12	21 —
31 —	11 23	— 37	4 57	7 —	11 23	— 37	4 57	7 —	28 —
7 Août	11 15	— 45	5 6	6 50	11 15	— 45	5 6	6 50	4 Février
15 —	11 7	— 53	5 15	6 45	11 7	— 53	5 15	6 45	12 —
23 —	10 58	1ʰ 2 S	5 24	6 36	10 58	1ʰ 2 M	5 24	6 36	19 —
31 —	10 48	1 12	5 33	6 27	10 48	1 13	5 33	6 27	26 —
7 Septembre	10 37	1 25	5 42	6 18	10 37	1 25	5 42	6 18	5 Mars
15 —	10 25	1 35	5 51	6 9	10 25	1 35	5 51	6 9	12 —

Hémisphère Nord	∧	∨	∨	∧	∨	∧	∧	∨	Hémisphère Sud
23 Septembre	10ʰ 12 M	1ʰ 48 S	6ʰ — S	6ʰ — S	10ʰ 12 S	1ʰ 48 M	6ʰ — M	6ʰ — M	20 Mars
30 —	10 25	1 35	5 51	6 9	10 25	1 35	5 51	6 9	28 —
7 Octobre	10 37	1 23	5 42	6 18	10 37	1 23	5 42	6 18	5 Avril
14 —	10 48	1 12	5 33	6 27	10 48	1 12	5 33	6 27	13 —
21 —	10 58	1 2	5 24	6 36	10 58	1 2	5 24	6 36	22 —
29 —	11 7	Midi 53	5 15	6 45	11 7	Min. 53	5 15	6 45	29 —
6 Novembre	11 15	— 45	5 6	6 54	11 15	— 45	5 6	6 54	6 Mai
14 —	11 23	— 37	4 57	7 3	11 23	— 37	4 57	7 3	13 —
21 —	11 31	— 29	4 48	7 12	11 31	— 29	4 48	7 12	21 —
29 —	11 39	— 21	4 39	7 21	11 39	— 21	4 39	7 21	29 —
6 Décembre	11 47	— 13	4 30	7 30	11 47	— 13	4 30	7 30	6 Juin
14 —	11 54	— 6	4 21	7 39	11 54	— 6	4 21	7 39	13 —

Hémisphère Nord	∨	∧	∨	∧	∧	∨	∧	∨	Hémisphère Sud
21 Décembre	Midi	Midi	4ʰ 12 S	7ʰ 48 S	Minuit	Minuit	4ʰ 12 M	7ʰ 48 M	21 Juin
29 —	11ʰ 54 M	— 6	4 21	7 39	11ʰ 54 S	— 6	4 21	7 39	29 —
6 Janvier	11 47	— 13	4 30	7 30	11 47	— 13	4 30	7 30	7 Juillet
13 —	11 39	— 21	4 39	7 12	11 39	— 21	4 39	7 21	15 —
21 —	11 31	— 29	4 48	7 3	11 31	— 29	4 48	7 12	23 —
28 —	11 23	— 37	4 57	6 54	11 23	— 37	4 57	7 —	31 —
4 Février	11 15	— 45	5 6	6 45	11 15	— 45	5 6	6 50	7 Août
12 —	11 7	— 53	5 15	6 36	11 7	— 53	5 15	6 45	15 —
19 —	10 58	1ʰ 2 S	5 24	6 27	10 58	1ʰ 2 M	5 24	6 36	23 —
26 —	10 48	1 12	5 33	6 18	10 48	1 12	5 33	6 27	31 —
5 Mars	10 37	1 25	5 42	6 9	10 37	1 25	5 42	6 18	7 Septembre
12 —	10 25	1 35	5 51	6	10 25	1 35	5 51	6 9	15

48ᵐᵉ Latitude

Hémisphère Nord									Hémisphère Sud
	∨	∧	∧	∨	∧	∨	∨	∧	
20 Mars	10h — M	2h — S	6h — S	6h — S	10h — S	2h — M	6h — M	6h — M	23 Septembre
28 —	10 14	1 46	5 50	6 10	10 14	1 46	5 50	6 10	30 —
5 Avril	10 27	1 33	5 40	6 20	10 27	1 33	5 40	6 20	7 Octobre
13 —	10 39	1 21	5 30	6 30	10 39	1 21	5 30	6 30	14 —
22 —	10 50	1 10	5 20	6 40	10 50	1 10	5 20	6 40	21 —
29 —	11 —	1 —	5 10	6 50	11 —	1 —	5 10	6 50	29 —
6 Mai	11 10	Midi 50	5 —	7 —	11 10	Min. 50	5 —	7 —	6 Novembre
13 —	11 20	— 40	4 50	7 10	11 20	— 40	4 50	7 10	14 —
21 —	11 30	— 30	4 40	7 20	11 30	— 30	4 40	7 20	21 —
29 —	11 39	— 21	4 30	7 30	11 39	— 21	4 30	7 30	29 —
6 Juin	11 47	— 13	4 20	7 40	11 47	— 13	4 20	7 40	6 Décembre
13 —	11 54	— 6	4 10	7 50	11 54	— 6	4 10	7 50	14 —

Hémisphère Nord									Hémisphère Sud
	∧	∨	∧	∨	∨	∧	∨	∧	
21 Juin	Midi	Midi	4h — S	8h — S	Minuit	Minuit	4h — M	8h — M	21 Décembre
29 —	11h 54 M	— 6	4 10	7 50	11h 54 S	— 6	4 10	7 50	29 —
7 Juillet	11 47	— 13	4 20	7 40	11 47	— 13	4 20	7 40	6 Janvier
15 —	11 39	— 21	4 30	7 30	11 39	— 21	4 30	7 30	13 —
23 —	11 30	— 30	4 40	7 20	11 30	— 30	4 40	7 20	21 —
31 —	11 26	— 40	4 50	7 10	11 26	— 40	4 50	7 10	28 —
7 Août	11 10	— 50	5 —	7 —	11 10	— 50	5 —	7 —	4 Février
15 —	11 —	1h — S	5 10	6 50	11 —	1h — M	5 10	6 50	12 —
23 —	10 50	1 10	5 20	6 40	10 50	1 10	5 20	6 40	19 —
31 —	10 39	1 21	5 30	6 30	10 39	1 21	5 30	6 30	26 —
7 Septembre	10 27	1 33	5 40	6 20	10 27	1 33	5 40	6 20	5 Mars
15 —	10 14	1 46	5 50	6 10	10 14	1 46	5 50	6 10	12 —

Hémisphère Nord									Hémisphère Sud
	∧	∨	∨	∧	∨	∧	∧	∨	
23 Septembre	10h — M	2h — S	6h — S	6h — S	10h — S	2h — M	6h — M	6h — M	20 Mars
30 —	10 14	1 46	5 50	6 10	10 14	1 46	5 50	6 10	28 —
7 Octobre	10 27	1 33	5 40	6 20	10 27	1 33	5 40	6 20	5 Avril
14 —	10 39	1 21	5 30	6 30	10 39	1 21	5 30	6 30	13 —
21 —	10 50	1 10	5 20	6 40	10 50	1 10	5 20	6 40	22 —
29 —	11 —	1 —	5 10	6 50	11 —	1 —	5 10	6 50	29 —
6 Novembre	11 10	Midi 50	5 —	7 —	11 10	Min. 50	5 —	7 —	6 Mai
14 —	11 20	— 40	4 50	7 10	11 20	— 40	4 50	7 10	13 —
21 —	11 30	— 30	4 40	7 20	11 30	— 30	4 40	7 20	21 —
29 —	11 39	— 21	4 30	7 30	11 39	— 21	4 30	7 30	29 —
6 Décembre	11 47	— 13	4 20	7 40	11 47	— 13	4 20	7 40	6 Juin
14 —	11 54	— 6	4 10	7 50	11 54	— 6	4 10	7 50	13 —

Hémisphère Nord									Hémisphère Sud
	∨	∧	∨	∧	∧	∨	∧	∨	
21 Décembre	Midi	Midi	4h — S	8h — S	Minuit	Minuit	4h — M	8h — M	21 Juin
29 —	11h 54 M	— 6	4 10	7 50	11h 54 S	— 6	4 10	7 50	29 —
6 Janvier	11 47	— 13	4 20	7 40	11 47	— 13	4 20	7 40	7 Juillet
13 —	11 39	— 21	4 30	7 30	11 39	— 21	4 30	7 30	15 —
21 —	11 30	— 30	4 40	7 20	11 30	— 30	4 40	7 20	23 —
28 —	11 20	— 40	4 50	7 10	11 20	— 40	4 50	7 10	31 —
4 Février	11 10	— 50	5 —	7 —	11 10	— 50	5 —	7 —	7 Août
12 —	11 —	1h — S	5 10	6 50	11 —	1h — M	5 10	6 50	15 —
19 —	10 50	1 10	5 20	6 40	10 50	1 10	5 20	6 40	23 —
26 —	10 39	1 21	5 30	6 30	10 39	1 21	5 30	6 30	31 —
5 Mars	10 27	1 33	5 40	6 20	10 27	1 33	5 40	6 20	7 Septembre
12 —	10 14	1 46	5 50	6 10	10 14	1 46	5 50	6 10	15 —

50ᵐᵉ Latitude

Hémisphère Nord	∨	∧	∧	∨	∧	∨	∨	∧	Hémisphère Sud
20 Mars	9ʰ 54 M	2ʰ 6 S	6ʰ — S	6ʰ — S	9ʰ 54 S	2ʰ 6 M	6ʰ — M	6ʰ — M	23 Septembre
28 —	10 9	1 51	5 50	6 10	10 9	1 51	5 50	6 10	30 —
5 Avril	10 23	1 37	5 39	6 21	10 23	1 37	5 39	6 21	7 Octobre
15 —	10 36	1 24	5 29	6 31	10 36	1 24	5 29	6 31	14 —
22 —	10 48	1 12	5 18	6 42	10 48	1 12	5 18	6 42	21 —
29 —	10 59	1 1	5 8	6 52	10 59	1 1	5 8	6 52	29 —
6 Mai	11 9	Midi 51	4 57	7 3	11 9	Min. 51	4 57	7 3	6 Novembre
13 —	11 18	— 42	4 47	7 13	11 18	— 42	4 47	7 13	14 —
21 —	11 27	— 33	4 36	7 24	11 27	— 33	4 36	7 24	21 —
29 —	11 36	— 24	4 26	7 34	11 36	— 24	4 26	7 34	29 —
6 Juin	11 44	— 16	4 15	7 45	11 44	— 16	4 15	7 45	6 Décembre
13 —	11 52	— 8	4 5	7 55	11 52	— 8	4 5	7 55	14 —

Hémisphère Nord	∧	∨	∧	∨	∨	∧	∨	∧	Hémisphère Sud
21 Juin	Midi	Midi	3 54 S	8ʰ 6 S	Minuit	Minuit	3ʰ 54 M	8ʰ 6 M	21 Décembre
29 —	11ʰ 52 M	— 8	4 5	7 55	11ʰ 52 S	— 8	4 5	7 55	29 —
7 Juillet	11 44	— 16	4 15	7 45	11 44	— 16	4 15	7 45	6 Janvier
15 —	11 36	— 24	4 26	7 34	11 36	— 24	4 26	7 34	13 —
23 —	11 27	— 33	4 36	7 24	11 27	— 33	4 36	7 24	21 —
31 —	11 18	— 42	4 47	7 13	11 18	— 42	4 47	7 13	28 —
7 Août	11 9	— 51	4 57	7 3	11 9	— 51	4 57	7 3	4 Février
15 —	10 59	1ʰ 1 S	5 8	6 52	10 59	1ʰ 1 M	5 8	6 52	12 —
23 —	10 48	1 12	5 18	6 42	10 48	1 12	5 18	6 42	19 —
31 —	10 36	1 24	5 29	6 31	10 36	1 24	5 29	6 31	26 —
7 Septembre	10 23	1 37	5 39	6 21	10 23	1 37	5 39	6 21	5 Mars
15 —	10 9	1 51	5 50	6 10	10 9	1 51	5 50	6 10	12 —

Hémisphère Nord	∧	∨	∨	∧	∨	∧	∧	∨	Hémisphère Sud
23 Septembre	9ʰ 54 M	2ʰ 6 S	6ʰ — S	6ʰ — S	9ʰ 54 S	2ʰ 6 M	6ʰ — M	6ʰ — M	20 Mars
30 —	10 9	1 51	5 50	6 10	10 9	1 51	5 50	6 10	28 —
7 Octobre	10 23	1 37	5 39	6 21	10 23	1 37	5 39	6 21	5 Avril
14 —	10 36	1 24	5 29	6 31	10 36	1 29	5 29	6 31	13 —
21 —	10 48	1 12	5 18	6 42	10 48	1 12	5 18	6 42	22 —
29 —	10 59	1 1	5 8	6 52	10 59	1 1	5 8	6 52	29 —
6 Novembre	11 9	Midi 51	4 57	7 3	11 9	Min. 51	4 57	7 3	6 Mai
14 —	11 18	— 42	4 47	7 13	11 18	— 42	4 47	7 13	13 —
21 —	11 27	— 33	4 36	7 24	11 27	— 33	4 36	7 24	21 —
29 —	11 36	— 24	4 26	7 34	11 36	— 24	4 26	7 34	29 —
6 Décembre	11 44	— 16	4 15	7 45	11 44	— 16	4 15	7 45	6 Juin
14 —	11 52	— 8	4 5	7 55	11 52	— 8	4 5	7 55	13 —

Hémisphère Nord	∨	∧	∨	∧	∧	∨	∧	∨	Hémisphère Sud
21 Décembre	Midi	Midi	3ʰ 54 S	8ʰ 6 S	Minuit	Minuit	3ʰ 54 M	8ʰ 6 M	21 Juin
29 —	11ʰ 52 M	— 8	4 5	7 55	11ʰ 52 S	— 8	4 5	7 55	29 —
6 Janvier	11 44	— 16	4 15	7 45	11 44	— 16	4 15	7 45	7 Juillet
13 —	11 36	— 24	4 26	7 34	11 36	— 24	4 26	7 34	15 —
21 —	11 27	— 33	4 37	7 24	11 27	— 33	4 37	7 24	23 —
28 —	11 18	— 42	4 47	7 13	11 18	— 42	4 47	7 13	31 —
4 Février	11 9	— 51	4 57	7 3	11 9	— 51	4 57	7 3	7 Août
12 —	10 59	1ʰ 1 S	5 8	6 52	10 59	1ʰ 1 M	5 8	6 52	15 —
19 —	10 48	1 12	5 18	6 42	10 48	1 12	5 18	6 42	23 —
26 —	10 36	1 24	5 29	6 31	10 36	1 24	5 29	6 31	31 —
5 Mars	10 23	1 37	5 39	6 21	10 23	1 37	5 39	6 21	7 Septembre
12 —	10 9	1 51	5 50	6 10	10 9	1 51	5 50	6 10	15 —

11

55ᵐᵉ Latitude

Hémisphère Nord	∨	∧	∧	∨	∧	∨	∨	∧	Hémisphère Sud
20 Mars	9ʰ 24 M	2ʰ 36 S	6ʰ — S	6ʰ — S	9ʰ 24 S	2ʰ 36 M	6ʰ — M	6ʰ — M	23 Septembre
28 —	9 41	2 19	5 47	6 13	9 41	2 19	5 47	6 13	30 —
5 Avril	9 58	2 2	5 34	6 26	9 58	2 2	5 34	6 26	7 Octobre
13 —	10 14	1 46	5 21	6 39	10 14	1 46	5 21	6 39	14 —
22 —	10 29	1 31	5 8	6 52	10 29	1 31	5 8	6 52	21 —
29 —	10 42	1 13	4 55	7 5	10 42	1 13	4 55	7 5	29 —
6 Mai	10 55	1 5	4 42	7 18	10 55	1 5	4 42	7 18	6 Novembre
13 —	11 8	Midi 52	4 29	7 31	11 8	Min. 52	4 29	7 31	14 —
21 —	11 20	— 40	4 16	7 44	11 20	— 40	4 16	7 44	21 —
29 —	11 31	— 29	4 3	7 57	11 31	— 29	4 3	7 57	29 —
6 Juin	11 41	— 19	3 50	8 10	11 41	— 19	3 50	8 10	6 Décembre
13 —	11 51	— 9	3 57	8 23	11 51	— 9	3 57	8 23	14 —

Hémisphère Nord	∧	∨	∧	∨	∨	∧	∨	∧	Hémisphère Sud
21 Juin	Midi	Midi	3ʰ 24 S	8ʰ 36 S	Minuit	Minuit	3ʰ 21 M	8ʰ 36 M	21 Décembre
29 —	11ʰ 50 M	— 9	3 37	8 23	11ʰ 51 S	— 9	3 37	8 23	29 —
7 Juillet	11 41	— 19	3 50	8 10	11 41	— 19	3 50	8 10	6 Janvier
15 —	11 31	— 29	4 3	7 57	11 31	— 29	4 3	7 57	13 —
23 —	11 20	— 40	4 16	7 44	11 20	— 40	4 16	7 44	21 —
31 —	11 8	— 52	4 29	7 31	11 8	— 52	4 29	7 31	28 —
7 Août	10 55	1 5 S	4 42	7 18	10 55	1ʰ 5 M	4 42	7 18	4 Février
15 —	10 42	1 13	4 55	7 5	10 42	1 13	4 55	7 5	12 —
23 —	10 29	1 30	5 8	6 52	10 29	1 30	5 8	6 52	19 —
31 —	10 14	1 46	5 21	6 39	10 14	1 46	5 21	6 39	26 —
7 Septembre	9 58	2 2	5 34	6 26	9 58	2 2	5 34	6 26	5 Mars
15 —	9 41	2 19	5 47	6 13	9 41	2 19	5 47	6 13	12 —

Hémisphère Nord	∧	∨	∨	∧	∨	∧	∧	∨	Hémisphère Sud
23 Septembre	9ʰ 24 M	2ʰ 36 S	6ʰ — S	6ʰ — S	9ʰ 24 S	2ʰ 36 M	6ʰ — M	6ʰ — M	20 Mars
30 —	9 41	2 19	5 47	6 13	9 41	2 19	5 47	6 13	23 —
7 Octobre	9 58	2 2	5 34	6 26	9 58	2 2	5 34	6 26	5 Avril
13 —	10 14	1 46	5 21	6 39	10 14	1 46	5 21	6 39	15 —
21 —	10 29	1 31	5 8	6 52	10 29	1 31	5 8	6 52	22 —
29 —	10 42	1 13	4 55	7 5	10 42	1 13	4 55	7 5	29 —
6 Novembre	10 55	1 5	4 42	7 15	10 55	1 5	4 42	7 15	6 Mai
14 —	11 8	Midi 52	4 29	7 31	11 8	Min. 52	4 29	7 31	13 —
21 —	11 20	— 40	4 16	7 44	11 20	— 40	4 16	7 44	21 —
29 —	11 31	— 29	4 3	7 57	11 31	— 29	4 3	7 57	29 —
6 Décembre	11 41	— 19	3 50	8 10	11 41	— 19	3 50	8 10	6 Juin
14 —	11 51	— 9	3 37	8 23	11 51	— 9	3 37	8 23	13 —

Hémisphère Nord	∨	∧	∨	∧	∧	∨	∧	∨	Hémisphère Sud
21 Décembre	Midi	Midi	3ʰ 24 S	8ʰ 36 S	Minuit	Minuit	8ʰ 24 M	8ʰ 36 M	21 Juin
29 —	11ʰ 51 M	— 9	3 37	8 23	11ʰ 51 S	— 9	3 57	8 33	29 —
6 Janvier	11 41	— 19	3 50	8 10	11 41	— 19	3 50	8 10	7 Juille
13 —	11 31	— 29	4 3	7 57	11 31	— 29	4 3	7 57	15 —
21 —	11 20	— 40	4 16	7 44	11 20	— 40	4 16	7 44	23 —
28 —	10 8	— 52	4 29	7 31	11 8	— 52	4 29	7 31	31 —
6 Février	10 55	1ʰ 5 S	4 42	7 18	10 55	1ʰ 5 M	4 42	7 18	7 Août
12 —	10 42	1 13	4 55	7 5	10 42	1 13	4 55	7 5	15 —
19 —	10 29	1 31	5 8	6 52	10 29	1 31	5 8	6 52	23 —
26 —	10 14	1 46	5 21	6 39	10 14	1 46	5 21	6 39	31 —
5 Mars	9 58	2 2	5 34	6 26	9 58	2 2	5 34	6 26	7 Septembre
12 —	9 41	2 19	5 47	6 13	9 41	2 19	5 47	6 13	15 —

58ᵐᵉ Latitude

Hémisphère Nord									Hémisphère Sud
	V	∧	∧	V	∧	V	V	∧	
20 Mars	9h — M	3h — S	6h — S	6h — S	9h — S	3h — M	6h — M	6h — M	23 Septembre
28 —	9 20	2 40	5 45	6 15	9 20	2 40	5 45	6 15	30 —
5 Avril	9 39	2 21	5 30	6 30	9 39	2 21	5 30	6 30	7 Octobre
15 —	9 57	2 3	5 15	6 45	9 57	2 3	5 15	6 45	13 —
22 —	10 14	1 46	5 —	7 —	10 14	1 46	5 —	7 —	21 —
29 —	10 30	1 30	4 45	7 15	10 30	1 30	4 45	7 15	29 —
6 Mai	10 45	1 15	4 30	7 30	10 45	1 15	4 30	7 30	6 Novembre
13 —	11 —	1 —	4 15	7 45	11 —	1 —	4 15	7 45	14 —
21 —	11 14	Midi 46	4 —	8 —	11 14	Min. 46	4 —	8 —	21 —
29 —	11 27	— 33	3 45	8 15	11 27	— 33	3 45	8 15	29 —
6 Juin	11 39	— 21	3 30	8 30	11 39	— 21	3 30	8 30	6 Décembre
13 —	11 50	— 10	3 15	8 45	11 50	— 10	3 15	8 45	14 —

Hémisphère Nord									Hémisphère Sud
	∧	V	∧	V	V	∧	V	∧	
21 Juin	Midi	Midi	3h — S	9h — S	Minuit	Minuit	3h — M	9h — M	21 Décembre
29 —	11h 50 M	— 10	3 15	8 45	11h 50 S	— 10	3 15	8 45	29 —
7 Juillet	11 39	— 21	3 30	8 30	11 39	— 21	3 30	8 30	6 Janvier
15 —	11 27	— 33	3 45	8 15	11 27	— 33	3 45	8 15	13 —
23 —	11 14	— 46	4 —	8 —	11 14	— 46	4 —	8 —	21 —
31 —	11 —	1h — S	4 15	7 45	11 —	1h — M	4 15	7 45	28 —
7 Août	10 45	1 15	4 30	7 30	10 45	1 15	4 30	7 30	4 Février
15 —	10 30	1 30	4 45	7 15	10 30	1 30	4 45	7 15	12 —
23 —	10 14	1 46	5 —	7 —	10 14	1 46	5 —	7 —	19 —
31 —	9 57	2 3	5 15	6 45	9 57	2 3	5 15	6 45	26 —
7 Septembre	9 39	2 21	5 30	6 30	9 39	2 21	5 30	6 30	5 Mars
15 —	9 20	2 40	5 45	6 15	9 20	2 40	5 45	6 15	12 —

Hémisphère Nord									Hémisphère Sud
	∧	V	V	∧	V	∧	∧	V	
23 Septembre	9h — M	3h — S	6h — S	6h — S	9h — S	3h — M	6h — M	6h — M	20 Mars
30 —	9 20	2 40	5 45	6 15	9 20	2 40	5 45	6 15	28 —
7 Octobre	9 39	2 21	5 30	6 30	9 39	2 21	5 30	6 30	5 Avril
14 —	9 57	2 3	5 15	6 45	9 57	2 3	5 15	6 45	13 —
21 —	10 14	1 46	5 —	7 —	10 14	1 46	5 —	7 —	22 —
29 —	10 30	1 30	4 45	7 15	10 30	1 30	4 45	7 15	29 —
6 Novembre	10 45	1 15	4 30	7 30	10 45	1 15	4 30	7 30	6 Mai
14 —	11 —	1 —	4 15	7 45	11 —	1 —	4 15	7 45	13 —
21 —	11 14	Midi 46	4 —	8 —	11 14	Min. 46	4 —	8 —	21 —
29 —	11 27	— 33	3 45	8 15	11 27	— 33	3 45	8 15	29 —
6 Décembre	11 39	— 21	3 30	8 30	11 39	— 21	3 30	8 30	6 Jui
14 —	11 50	— 10	3 15	8 45	11 50	— 10	3 15	8 45	13 —

Hémisphère Nord									Hémisphère Sud
	V	∧	V	∧	∧	V	∧	V	
21 Décembre	Midi	Midi	3h — S	9h — S	Minuit	Minuit	3h — M	9h — M	21 Juin
29 —	11h 50 M	— 10	3 15	8 45	11h 50 S	— 10	3 15	8 45	29 —
6 Janvier	11 39	— 21	3 30	8 30	11 39	— 21	3 30	8 30	7 Juillet
13 —	11 27	— 33	3 45	8 15	11 27	— 33	3 45	8 15	15 —
21 —	11 14	— 46	4 —	8 —	11 14	— 46	4 —	8 —	23 —
28 —	11 —	1h — S	4 15	7 45	11 —	1h — M	4 15	7 45	30 —
4 Février	10 45	1 15	4 30	7 30	10 45	1 15	4 30	7 30	7 Août
12 —	10 30	1 30	4 45	7 15	10 30	1 30	4 45	7 15	15 —
19 —	10 14	1 46	5 —	7 —	10 14	1 46	5 —	7 —	23 —
26 —	9 57	2 3	5 15	6 45	9 57	2 3	5 15	6 45	30 —
5 Mars	9 39	2 21	5 30	6 30	9 39	2 21	5 30	6 30	7 Septembre
12 —	9 20	2 40	5 45	6 15	9 20	2 40	5 45	6 15	15 —

60ᵐᵉ Latitude

Hémisphère Nord	∨	∧	∧	∨	∧	∨	∨	∧	Hémisphère Sud
20 Mars	8ʰ 42 M	3ʰ 18 S	6ʰ — S	6ʰ — S	8ʰ 42 S	3ʰ 18 M	6ʰ — M	6ʰ — M	23 Septembre
28 —	9 3	2 57	5 44	6 16	9 3	2 57	5 44	6 16	30 —
5 Avril	9 23	2 37	5 27	6 33	9 23	2 37	5 27	6 33	7 Octobre
15 —	9 42	2 18	5 13	6 50	9 42	2 18	5 13	6 50	14 —
22 —	10 1	1 59	4 56	7 6	10 1	1 59	4 56	7 6	21 —
29 —	10 19	1 41	4 40	7 24	10 19	1 41	4 40	7 24	29 —
6 Mai	10 37	1 23	4 23	7 40	10 37	1 23	4 23	7 40	6 Novembre
13 —	10 53	1 7	4 7	7 57	10 53	1 7	4 7	7 57	14 —
21 —	11 8	Midi 52	3 50	8 13	11 8	Min. 52	3 50	8 13	21 —
29 —	11 22	— 38	3 34	8 30	11 22	— 32	3 34	8 30	29 —
6 Juin	11 38	— 25	3 17	8 46	11 38	— 25	3 17	8 46	6 Décembre
13 —	11 48	— 12	3 —	9 —	11 48	— 12	3 —	9 —	14 —

Hémisphère Nord	∧	∨	∧	∨	∨	∧	∨	∧	Hémisphère Sud
21 Juin	Midi	Midi	2ʰ 42 S	9ʰ 18 S	Minuit	Minuit	2ʰ 42 M	9ʰ 18 M	21 Décembre
29 —	11ʰ 48 M	— 12	3 —	9 —	11ʰ 48 S	— 12	3 —	9 —	29 —
7 Juillet	11 38	— 25	3 17	8 46	11 38	— 25	3 17	8 46	6 Janvier
15 —	11 22	— 38	3 34	8 30	11 22	— 38	3 34	8 30	13 —
23 —	11 8	— 52	3 50	8 13	11 8	— 52	3 50	8 13	21 —
31 —	10 53	1ʰ 7 S	4 7	7 57	10 53	1ʰ 7 M	4 7	7 57	28 —
7 Août	10 37	1 23	4 23	7 40	10 37	1 23	4 23	7 40	4 Février
15 —	10 19	1 41	4 40	7 24	10 19	1 41	4 40	7 24	12 —
23 —	10 1	1 59	4 56	7 6	10 1	1 59	4 56	7 6	19 —
31 —	9 42	2 18	5 13	6 50	9 42	2 18	5 13	6 50	26 —
7 Septembre	9 23	2 37	5 27	6 33	9 23	2 37	5 27	6 33	5 Mars
15 —	9 3	2 57	5 44	6 16	9 3	2 57	5 44	6 16	12 —

Hémisphère Nord	∧	∨	∨	∧	∨	∧	∧	∨	Hémisphère Sud
23 Septembre	8ʰ 42 M	3ʰ 18 S	6ʰ — S	6ʰ — S	8ʰ 42 S	3ʰ 18 M	6ʰ — M	6ʰ — M	20 Mars
30 —	9 3	2 57	5 44	6 16	9 3	2 57	5 44	6 16	28 —
7 Octobre	9 23	2 37	5 27	6 33	9 23	2 37	5 27	6 33	5 Avril
14 —	9 42	2 18	5 13	6 50	9 42	2 18	5 13	6 50	13 —
22 —	10 1	1 59	4 56	7 6	10 1	1 59	4 56	7 6	21 —
29 —	10 19	1 41	4 40	7 24	10 19	1 41	4 40	7 24	29 —
6 Novembre	10 37	1 23	4 23	7 40	10 37	1 23	4 23	7 40	6 Mai
14 —	10 53	1 7	4 7	7 57	10 53	1 7	4 7	7 57	13 —
21 —	11 8	Midi 52	3 50	8 13	11 8	Min. 52	3 50	8 13	21 —
29 —	11 22	— 38	3 54	8 30	11 22	— 38	3 54	8 30	29 —
6 Décembre	11 38	— 25	3 17	8 46	11 38	— 25	3 17	8 46	6 Juin
14 —	11 48	— 12	3 —	9 —	11 48	— 12	3 —	9 —	13 —

Hémisphère Nord	∨	∧	∨	∧	∧	∨	∧	∨	Hémisphère Sud
21 Décembre	Midi	Midi	2ʰ 42 S	9ʰ 18 S	Minuit	Minuit	2ʰ 42 M	9ʰ 18 M	21 Juin
29 —	11ʰ 48 M	— 12	3 —	9 —	11ʰ 48 S	— 12	3 —	9 —	29 —
6 Janvier	11 38	— 25	3 17	8 46	11 38	— 25	3 17	8 46	7 Juillet
13 —	11 22	— 38	3 34	8 30	11 22	— 38	3 34	8 30	15 —
21 —	11 8	— 52	3 50	8 13	11 8	— 52	3 50	8 13	23 —
28 —	10 53	1ʰ 7 S	4 7	7 57	10 53	1ʰ 7 M	4 7	7 57	31 —
4 Février	10 37	1 23	4 23	7 40	10 37	1 23	4 23	7 40	7 Août
12 —	10 19	1 41	4 40	7 24	10 19	1 41	4 40	7 24	13 —
19 —	10 1	1 59	4 56	7 6	10 1	1 59	4 56	7 6	22 —
26 —	9 42	2 18	5 13	6 50	9 42	2 18	5 13	6 50	31 —
5 Mars	9 23	2 37	5 27	6 33	9 23	2 37	5 27	6 33	7 Septembre
12 —	9 3	2 57	5 44	6 16	9 3	2 57	5 , 44	6 16	15 —

62ᵐᵉ Latitude

Hémisphère Nord	V	Λ	Λ	V	Λ	V	V	Λ	Hémisphère Sud
20 Mars	8ʰ 42 M	3ʰ 48 S	6ʰ — S	6ʰ — S	8ʰ 12 S	3ʰ 48 M	6ʰ — M	6ʰ — M	23 Septembre
28 —	8 36	3 24	5 41	6 19	8 36	3 24	5 41	6 19	30 —
5 Avril	8 59	3 1	5 22	6 38	8 59	3 1	5 22	6 38	7 Octobre
15 —	9 21	2 39	5 3	6 57	9 21	2 39	5 3	6 57	14 —
22 —	9 43	2 17	4 44	7 16	9 43	2 17	4 44	7 16	21 —
29 —	10 4	1 56	4 25	7 35	10 4	1 56	4 25	7 35	29 —
6 Mai	10 24	1 36	4 6	7 54	10 24	1 36	4 6	7 54	6 Novembre
13 —	10 43	1 17	3 47	8 13	10 43	1 17	3 47	8 13	14 —
21 —	11 1	Midi 59	3 28	8 32	11 1	Min. 59	3 28	8 32	21 —
29 —	11 18	— 42	3 9	8 51	11 18	— 42	3 9	8 51	29 —
6 Juin	11 34	— 26	2 50	9 10	11 34	— 26	2 50	9 10	6 Décembre
13 —	11 48	— 12	2 30	9 29	11 48	— 12	2 30	9 29	14 —

Hémisphère Nord	Λ	V	Λ	V	V	Λ	V	Λ	Hémisphère Sud
21 Juin	Midi	Midi	2ʰ 12 S	9ʰ 48 S	Minuit	Minuit	2ʰ 12 M	9ʰ 48 M	21 Décembre
29 —	11ʰ 48 M	— 12	2 30	9 29	11ʰ 48 S	— 12	2 30	9 29	29 —
7 Juillet	11 34	— 26	2 50	9 10	11 34	— 26	2 50	9 10	6 Janvier
15 —	11 18	— 42	3 9	8 51	11 18	— 42	3 9	8 51	13 —
23 —	11 1	— 59	3 28	8 32	11 1	— 59	3 28	8 52	21 —
31 —	10 43	1ʰ 17 S	3 47	8 13	10 43	1ʰ 17 M	3 47	8 13	28 —
7 Août	10 24	1 36	4 6	7 54	10 24	1 36	4 6	7 54	4 Février
15 —	10 4	1 56	4 25	7 35	10 4	1 56	4 25	7 35	18 —
23 —	9 43	2 17	4 44	7 16	9 43	2 17	4 44	7 16	19 —
31 —	9 21	2 39	5 3	6 57	9 21	2 39	5 3	6 57	26 —
7 Septembre	8 59	3 0	5 22	6 38	8 59	3	5 22	6 38	5 Mars
15 —	8 36	3 24	5 41	6 19	8 36	3 24	5 41	6 19	12 —

Hémisphère Nord	Λ	V	V	Λ	V	Λ	Λ	V	Hémisphère Sud
23 Septembre	8ʰ 12 M	3ʰ 48 S	6ʰ — S	6ʰ — S	8ʰ 12 S	3ʰ 48 M	6ʰ — M	6ʰ — M	20 Mars
30 —	8 36	3 24	5 41	6 19	8 36	3 24	5 41	6 19	28 —
7 Octobre	8 59	3 1	5 22	6 38	8 59	3 1	5 22	6 38	5 Avril
14 —	9 21	2 39	5 3	6 57	9 21	2 39	5 3	6 57	13 —
22 —	9 43	2 17	4 46	7 16	9 43	2 17	4 46	7 16	21 —
29 —	10 4	1 56	4 23	7 35	10 4	1 56	4 23	7 35	29 —
6 Novembre	10 24	1 36	4 6	7 54	10 24	1 36	4 6	7 54	6 Mai
14 —	10 43	1 17	3 47	8 13	10 43	1 17	3 47	8 13	13 —
21 —	11 1	Midi 59	3 28	8 32	11 1	Min. 59	3 28	8 32	21 —
29 —	11 18	— 42	3 9	8 51	11 18	— 42	3 9	8 51	29 —
6 Décembre	11 34	— 26	2 50	9 10	11 34	— 26	2 50	9 10	6 Juin
14 —	11 48	— 12	2 31	9 20	11 48	— 12	2 31	9 20	13 —

Hémisphère Nord	V	Λ	V	Λ	Λ	V	Λ	V	Hémisphère Sud
21 Décembre	Midi	Midi	2ʰ 12 S	9ʰ 48 S	Minuit	Minuit	2ʰ 42 M	9ʰ 48 M	21 Juin
29 —	11ʰ 48 M	— 12	2 31	9 29	11ʰ 48 S	— 12	2 31	9 29	29 —
6 Janvier	11 34	— 26	2 50	9 10	11 34	— 26	2 50	9 10	7 Juillet
13 —	11 18	— 42	3 9	8 51	11 18	— 42	3 9	8 51	18 —
21 —	11 1	— 59	3 28	8 32	11 1	— 59	3 38	8 32	23 —
28 —	10 43	1ʰ 17 S	3 47	8 13	10 43	1ʰ 17 M	3 47	8 13	31 —
4 Février	10 24	1 36	4 6	7 54	10 24	1 36	4 6	7 54	7 Août
12 —	10 4	1 56	4 23	7 35	10 4	1 56	4 23	7 35	15 —
17 —	9 43	2 17	4 46	7 16	9 43	2 17	4 46	7 16	22 —
26 —	9 21	2 39	5 3	6 57	9 21	2 39	5 3	6 57	31 —
5 Mars	8 59	3 1	5 22	6 38	8 59	3 1	5 22	6 38	7 Septembre
12 —	8 36	3 24	5 41	6 19	8 36	3 24	5 41	6 19	15 —

64ᵐᵉ Latitude

Hémisphère Nord	∧	∨	∨	∧	∨	∧	∧	∨	Hémisphère Sud
20 Mars	7h 30 S	4h 30 M	6h — M	6h — M	7h 30 M	4h 30 S	6h — S	6h — S	23 Septembre
28 —	7 59	4 1	5 37	6 22	7 59	4 1	5 37	6 22	30 —
5 Avril	8 27	3 33	5 15	6 45	8 27	3 33	5 15	6 45	7 Octobre
15 —	8 54	3 6	4 50	7 7	8 54	3 6	4 52	7 7	14 —
22 —	9 20	2 40	4 30	7 30	9 20	2 40	4 30	7 30	21 —
29 —	9 45	2 15	4 7	7 52	9 45	2 15	4 7	7 52	29 —
6 Mai	10 8	1 52	3 45	8 15	10 8	1 52	3 45	8 15	6 Novembre
13 —	10 30	1 30	3 22	8 37	10 30	1 30	3 22	8 37	14 —
21 —	10 51	1 11	3 —	9 —	10 51	1 11	3 —	9 —	21 —
29 —	11 10	Min. 50	2 37	9 22	11 10	Midi 50	2 37	9 22	29 —
6 Juin	11 28	— 32	2 15	9 45	11 28	— 32	2 15	9 45	6 Décembre
13 —	11 45	— 15	1 52	10 7	11 45	— 15	1 52	10 7	14 —

Hémisphère Nord	∨	∧	∨	∧	∧	∨	∧	∨	Hémisphère Sud
21 Juin	Minuit	Minuit	1h 30 M	10h 30 M	Midi	Midi	1h 30 S	10h 30 M	21 Décembre
29 —	11h 45 S	— 15	1 52	10 7	11h 45 M	— 15	1 52	10 7	29 —
7 Juillet	11 28	— 32	2 15	9 45	11 28	— 32	2 15	9 45	6 Janvier
15 —	11 10	— 50	2 37	9 22	11 10	— 50	2 37	9 22	13 —
23 —	10 51	1 11 M	3 —	9 —	10 51	1h 11 S	3 —	9 —	21 —
31 —	10 30	1 30	3 22	8 37	10 30	1 30	3 22	8 37	28 —
7 Août	10 8	1 52	3 45	8 15	10 8	1 52	3 45	8 15	4 Février
15 —	9 45	2 15	4 7	7 52	9 45	2 15	4 7	7 52	12 —
23 —	9 20	2 40	4 30	7 30	9 20	2 40	4 30	7 30	19 —
31 —	8 54	3 6	4 50	7 7	8 54	3 6	4 50	7 7	26 —
7 Septembre	8 27	3 33	5 15	6 45	8 27	3 33	5 15	6 45	5 Mars
15 —	7 59	4 1	5 37	6 22	7 59	4 1	5 37	6 22	12 —

Hémisphère Nord	∨	∧	∧	∨	∧	∨	∨	∧	Hémisphère Sud
23 Septembre	7h 30 S	4h 30 M	6h — M	6h — M	7h 30 M	4h 30 S	6h — S	6h — S	20 Mars
30 —	7 59	4 1	5 37	6 22	7 59	4 1	5 37	6 22	28 —
7 Octobre	8 27	3 33	5 15	6 45	8 27	3 33	5 15	6 45	5 Avril
14 —	8 54	3 6	4 50	7 7	8 54	3 6	4 50	7 7	13 —
22 —	9 20	2 40	4 30	7 30	9 20	2 40	4 30	7 30	21 —
29 —	9 45	2 15	4 7	7 52	9 45	2 15	4 7	7 52	29 —
6 Novembre	10 8	1 52	3 45	8 15	10 8	1 52	3 45	8 15	6 Mai
14 —	10 30	1 30	3 22	8 37	10 30	1 30	3 22	8 37	13 —
21 —	10 51	1 11	3 —	9 —	10 51	1 11	3 —	9 —	21 —
29 —	11 10	Min. 50	2 37	9 22	11 10	Midi 50	2 37	9 22	29 —
6 Décembre	11 28	— 32	2 15	9 45	11 28	— 32	2 15	9 45	6 Juin
14 —	11 45	— 15	1 52	10 7	11 45	— 15	1 52	10 7	13 —

Hémisphère Nord	∨	∧	∨	∧	∧	∨	∧	∨	Hémisphère Sud
21 Décembre	Minuit	Minuit	1h 30 M	10h 30 M	Midi	Midi	1h 30 S	10h 30 S	21 Juin
29 —	11h 45 S	— 15	1 52	10 7	11h 45 M	— 15	1 52	10 7	29 —
6 Janvier	11 28	— 32	2 15	9 45	11 28	— 32	2 15	9 45	7 Juillet
13 —	11 10	— 50	2 37	9 22	11 10	— 50	2 37	9 22	13 —
21 —	10 51	1h 11 M	3 —	9 —	10 51	1h 11 S	3 —	9 —	23 —
28 —	10 30	1 30	3 22	8 37	10 30	1 30	3 22	8 37	31 —
4 Février	10 8	1 52	3 45	8 15	10 8	1 52	3 45	8 15	7 Août
12 —	9 45	2 15	4 7	7 52	9 45	2 15	4 7	7 52	13 —
19 —	9 20	2 40	4 30	7 30	9 20	2 40	4 30	7 30	22 —
26 —	8 54	3 6	4 50	7 7	8 54	3 6	4 50	7 7	31 —
5 Mars	8 27	3 33	5 15	6 45	8 27	3 33	5 15	6 45	7 Septembre
12 —	7 59	4 1	5 37	6 22	7 59	4 1	5 37	6 22	15 —

65ᵐᵉ Latitude

Hémisphère Nord	∧	∨	∨	∧	∨	∧	∧	∨	Hémisphère Sud
20 Mars	7^h — S	3^h — M	6^h — M	6^h — M	7^h — M	5^h — S	6^h — S	6^h — S	23 Septembre
28 —	7 32	4 28	5 35	6 25	7 32	4 28	5 35	6 25	30 —
5 Avril	8 3	3 57	5 10	6 50	8 3	3 57	5 10	6 50	7 Octobre
15 —	8 33	3 27	4 45	7 15	8 33	3 27	4 45	7 15	14 —
22 —	9 2	2 58	4 20	7 40	9 2	2 58	4 20	7 40	21 —
29 —	9 29	2 31	3 55	8 5	9 29	2 31	3 55	8 5	29 —
6 Mai	9 55	2 5	3 30	8 30	9 55	2 5	3 30	8 30	6 Novembre
13 —	10 18	1 42	3 5	8 55	10. 18	1 42	3 5	8 55	14 —
21 —	10 40	1 20	2 40	9 20	10 40	1 20	2 40	9 20	21 —
29 —	11 1	Min. 59	2 15	9 45	11 1	Midi 59	2 15	9 45	29 —
6 Juin	11 21	— 39	1 50	10 10	11 21	— 39	1 30	10 10	6 Décembre
13 —	11 41	— 19	1 25	10 35	11 41	— 19	1 25	10 35	14 —

Hémisphère Nord	∨	∧	∨	∧	∧	∨	∧	∨	Hémisphère Sud
21 Juin	Minuit	Minuit	1^h — M	11^h — M	Midi	Midi	1^h — S	11^h — S	21 Décembre
29 —	11^h 41 S	— 19	1 25	10 35	11^h 41 M	— 19	1 25	10 35	29 —
7 Juillet	11 21	— 39	1 50	10 10	11 21	— 39	1 50	10 10	6 Janvier
15 —	11 1	— 59	2 15	9 45	11 1	— 59	2 15	9 45	13 —
23 —	10 40	1^h 20 M	2 40	9 20	10 40	1^h 20 S	2 40	9 20	21 —
31 —	10 18	1 42	3 5	8 55	10 18	1 42	3 5	8 55	28 —
7 Août	9 55	2 5	3 30	8 30	9 55	2 5	3 30	8 30	4 Février
15 —	9 29	2 31	3 55	8 05	9 29	2 31	3 55	8 5	12 —
23 —	9 2	2 58	4 20	7 40	9 2	2 58	4 20	7 40	19 —
31 —	8 33	3 27	4 45	7 15	8 33	3 27	4 45	7 15	26 —
7 Septembre	8 3	3 57	5 10	6 50	8 3	3 57	5 10	6 50	5 Mars
15 —	7 32	4 28	5 35	6 25	7 32	4 28	5 35	6 25	12 —

Hémisphère Nord	∨	∧	∧	∨	∧	∨	∨	∧	Hémisphère Sud
23 Septembre	7^h — S	5^h — M	6^h — M	6^h — M	7^h — M	5^h — S	6^h — S	6^h — S	20 Mars
30 —	7 32	4 28	5 35	6 25	7 32	4 28	5 35	6 25	28 —
7 Octobre	8 3	3 57	5 10	6 50	8 3	3 57	5 10	6 50	5 Avril
14 —	8 33	3 27	4 45	7 15	8 33	3 27	4 45	7 15	13 —
22 —	9 2	2 58	4 20	7 40	9 2	2 58	4 20	7 40	21 —
29 —	9 29	2 31	3 55	8 5	9 29	2 31	3 55	8 5	29 —
6 Novembre	9 55	2 5	3 30	8 30	9 55	2 5	3 30	8 30	6 Mai
14 —	10 18	1 42	3 5	8 55	10 18	1 42	3 5	8 55	13 —
21 —	10 40	1 20	2 40	9 20	10 40	1 20	2 40	9 20	21 —
29 —	11 1	Min. 59	2 15	9 45	11 1	Midi 59	2 15	9 45	29 —
6 Décembre	11 21	— 39	1 50	10 10	11 21	— 39	1 50	10 10	6 Juin
14 —	11 41	— 19	1 25	10 35	11 41	— 19	1 25	10 35	13 —

Hémisphère Nord	∧	∨	∧	∨	∨	∧	∨	∧	Hémisphère Sud
21 Décembre	Minuit	Minuit	1^h — M	11^h — M	Midi	Midi	1^h — S	11^h — S	21 Juin
29 —	11^h 41 S	— 19	1 25	10 35	11^h 41 M	— 19	1 25	10 35	29 —
6 Janvier	11 21	— 39	1 50	10 10	11 21	— 39	1 50	10 10	7 Juillet
13 —	11 1	— 59	2 15	9 45	11 1	— 59	2 15	9 45	13 —
21 —	10 40	1^h 20 M	2 40	9 20	10 40	1^h — S	2 40	9 20	23 —
28 —	10 18	1 42	3 5	8 55	10 18	1 42	3 5	8 55	31 —
4 Février	9 55	2 5	3 30	8 30	9 55	2 5	3 30	8 30	7 Août
12 —	9 29	2 31	3 55	8 5	9 29	2 31	3 55	8 5	15 —
19 —	9 2	2 58	4 20	7 40	9 2	2 58	4 20	7 40	22 —
26 —	8 33	3 27	4 45	7 15	8 33	3 27	4 45	7 15	31 —
5 Mars	8 3	3 57	5 10	6 50	8 3	3 57	5 10	6 50	7 Septembre
12 —	7 32	4 28	5 35	6 25	7 32	4 28	5 35	6 25	15 —

De la 66 1/2 à la 90ᵐᵉ Latitude

Hémisphère Nord	∨	∧	∧	∨	∧	∨	∨	∧	Hémisphère Sud
20 Mars	6h — M	6h — S	6h — S	6h — S	6h — S	6h — M	6h — M	6h — M	23 Septembre
28 —	6 38	5 22	5 30	6 30	6 38	5 22	5 30	6 30	30 —
5 Avril	7 15	4 45	5 —	7 —	7 15	4 45	5 —	7 —	7 Octobre
13 —	7 51	4 9	4 30	7 30	7 51	4 9	4 30	7 30	14 —
22 —	8 26	3 34	4 —	8 —	8 26	3 34	4 —	8 —	21 —
29 —	8 59	3 1	3 30	8 30	8 59	3 1	3 30	8 30	29 —
6 Mai	9 30	2 30	3 —	9 —	9 30	2 30	3 —	9 —	6 Novembre
13 —	9 58	2 2	2 30	9 30	9 58	2 2	2 30	9 30	14 —
21 —	10 25	1 35	2 —	10 —	10 25	1 35	2 —	10 —	21 —
29 —	10 51	1 9	1 30	10 30	10 51	1 9	1 30	10 30	29 —
6 Juin	11 16	Midi 49	1 —	11 —	11 16	Min. 49	1 —	11 —	6 Décembre
13 —	11 39	— 21	Midi 30	11 30	11 39	— 21	Min. 30	11 30	14 —

Hémisphère Nord	∧	∨	∧	∨	∨	∧	∨	∧	Hémisphère Sud
21 Juin	Midi	Midi	Midi	Minuit	Minuit	Minuit	Minuit	Midi	21 Décembre
29 —	11h 39 M	— 21	— 30	11h 30 S	11h 39 S	— 21	— 30	11h 30 M	29 —
7 Juillet	11 16	— 49	1h — S	11 —	11 16	— 49	1h — M	11 —	6 Janvier
15 —	10 51	1h 9 S	1 30	10 30	10 51	1h 9 M	1 30	10 30	13 —
23 —	10 25	1 35	2 —	10 —	10 25	1 35	2 —	10 —	21 —
31 —	9 58	2 2	2 30	9 30	9 58	2 2	2 30	9 30	28 —
7 Août	9 30	2 30	3 —	9 —	9 30	2 30	3 —	9 —	4 Février
13 —	8 59	3 1	3 30	8 30	8 59	3 1	3 30	8 30	12 —
23 —	8 26	3 34	4 —	8 —	8 26	3 34	4 —	8 —	19 —
31 —	7 51	4 9	4 30	7 30	7 51	4 9	4 30	7 30	26 —
7 Septembre	7 15	4 45	5 —	7 —	7 15	4 45	5 —	7 —	5 Mars
15 —	6 38	5 25	5 30	6 30	6 38	5 25	5 30	6 30	12 —

Hémisphère Nord	∧	∨	∨	∧	∨	∧	∧	∨	Hémisphère Sud
23 Septembre	6h — M	6h — S	6h — S	6h — S	6h — S	6h — M	6h — M	6h — M	20 Mars
30 —	6 38	5 22	5 30	6 30	6 38	5 22	5 30	6 30	28 —
7 Octobre	7 15	4 45	5 —	7 —	7 15	4 45	5 —	7 —	5 Avril
14 —	7 51	4 9	4 30	7 30	7 51	4 9	4 30	7 30	13 —
22 —	8 26	3 34	4 —	8 —	8 26	3 34	4 —	8 —	21 —
29 —	8 59	3 1	3 30	8 30	8 59	3 1	3 30	8 30	29 —
6 Novembre	9 30	2 30	3 —	9 —	9 30	2 30	3 —	9 —	6 Mai
14 —	9 58	2 2	2 30	9 30	9 58	2 2	2 30	9 30	13 —
21 —	10 25	1 35	2 —	10 —	10 25	1 35	2 —	10 —	21 —
29 —	10 51	1 9	1 30	10 30	10 51	1 9	1 30	10 30	29 —
6 Décembre	11 16	Midi 49	1 —	11 —	11 16	Min. 49	1 —	11 —	6 Juin
14 —	11 39	— 21	Midi 30	11 30	11 39	— 21	Min. 30	11 30	13 —

Hémisphère Nord	∧	∨	∧	∨	∨	∧	∨	∧	Hémisphère Sud
21 Décembre	Midi	Midi	Midi	Minuit	Minuit	Minuit	Minuit	Midi	21 Juin
29 —	11h 39 M	— 21	— 30	11h 30 S	11h 39 S	— 21	— 30	11h 30 M	29 —
6 Janvier	11 16	— 49	1h — S	11 —	11 16	— 49	1h — M	11 —	7 Juillet
13 —	10 51	1h 9 S	1 30	10 30	10 51	1h 9 M	1 30	10 30	13 —
21 —	10 25	1 35	2 —	10 —	10 25	1 35	2 —	10 —	23 —
28 —	9 58	2 2	2 30	9 30	9 58	2 2	2 30	9 30	31 —
4 Février	9 30	2 30	3 —	9 —	9 30	2 30	3 —	9 —	7 Août
12 —	8 59	3 1	3 30	8 30	8 59	3 1	3 30	8 30	15 —
19 —	8 26	3 34	4 —	8 —	8 26	3 34	4 —	8 —	22 —
26 —	7 51	4 9	4 30	7 30	7 51	4 9	4 30	7 30	31 —
5 Mars	7 15	4 45	5 —	7 —	7 15	4 45	5 —	7 —	7 Septembre
12 —	6 38	5 22	5 30	6 30	6 38	5 52	5 30	6 30	15 —

De la 5me Latitude Nord à la 5me Latitude Sud

Hémisphère Nord	COURANT SOL. diurne	COUCHER du soleil	COURANT SOL. nocturne	LEVER du soleil	Hémisphère Sud	Hémisphère Nord	COURANT SOL. diurne	COUCHER du soleil	COURANT SOL. nocturne	LEVER du soleil	Hémisphère Sud
20 Mars	Midi	6h — S	Minuit	6h — M	23 Septembe	23 Septembre	Midi	6h — S	Minuit	6h — M	20 Mars
28 —	— 1	6 —	— 1	6 —	30 —	30 —	— 1	6 —	— 1	6 —	28 —
5 Avril	— 2	6 —	— 2	6 —	8 Octobre	8 Octobre	— 2	6 —	— 2	6 —	5 Avril
13 —	— 3	6 —	— 3	6 —	16 —	16 —	— 3	6 —	— 3	6 —	13 —
21 —	— 4	6 —	— 4	6 —	24 —	21 —	— 4	6 —	— 4	6 —	21 —
29 —	— 5	6 —	— 5	6 —	31 —	31 —	— 5	6 —	— 5	6 —	29 —
6 Mai	— 6	6 —	— 6	6 —	8 Novembre	8 Novembre	— 6	6 —	— 6	6 —	6 Mai
13 —	— 5	6 —	— 5	6 —	15 —	15 —	— 5	6 —	— 5	6 —	13 —
21 —	— 4	6 —	— 4	6 —	22 —	22 —	— 4	6 —	— 4	6 —	21 —
29 —	— 3	6 —	— 3	6 —	29 —	29 —	— 3	6 —	— 3	6 —	28 —
6 Juin	— 2	6 —	— 2	6 —	7 Décembre	7 Décembre	— 2	6 —	— 2	6 —	6 Juin
14 —	— 1	6 —	— 1	6 —	14 —	14 —	— 1	6 —	— 1	6 —	14 —
21 —	—	6 —	—	6 —	21 —	21 —	—	6 —	—	6 —	21 —
29 —	11h 59 M	6 —	11h 59 S	6 —	29 —	29 —	11h 59 M	6 —	11h 59 S	6 —	29 —
7 Juillet	11 58	6 —	11 58	6 —	5 Janvier	5 Janvier	11 58	6 —	11 58	6 —	7 Juillet
15 —	11 57	6 —	11 57	6 —	13 —	13 —	11 57	6 —	11 57	6 —	15 —
23 —	11 56	6 —	11 56	6 —	20 —	20 —	11 56	6 —	11 56	6 —	23 —
31 —	11 55	6 —	11 55	6 —	28 —	28 —	11 55	6 —	11 55	6 —	31 —
7 Août	11 54	6 —	11 54	6 —	4 Février	4 Février	11 54	6 —	11 54	6 —	7 Août
14 —	11 55	6 —	11 55	6 —	11 —	11 —	11 55	6 —	11 55	6 —	14 —
22 —	11 56	6 —	11 56	6 —	18 —	18 —	11 56	6 —	11 56	6 —	22 —
30 —	11 57	6 —	11 57	6 —	25 —	25 —	11 57	6 —	11 57	6 —	30 —
7 Septembre	11 58	6 —	11 58	6 —	5 Mars	5 Mars	11 58	6 —	11 58	6 —	7 Septembre
15 —	11 59	6 —	11 59	6 —	12 —	12 —	11 59	6 —	11 59	6 —	15 —

10me Latitude

Hémisphère Nord	COURANT SOL. diurne	COUCHER du soleil	COURANT SOL. nocturne	LEVER du soleil	Hémisphère Sud	Hémisphère Nord	COURANT SOL. diurne	COUCHER du soleil	COURANT SOL. nocturne	LEVER du soleil	Hémisphère Sud
20 Mars	11h 40 M	6h — S	Minuit 20	6h — M	23 Septembre	23 Septembre	Midi 20	6h — S	11h 40 S	6h — M	20 Mars
28 —	11 45	6 2	— 15	5 59	30 —	30 —	— 15	5 59	11 45	6 2	28 —
5 Avril	11 49	6 4	— 11	5 58	7 Octobre	7 Octobre	— 11	5 58	11 49	6 4	5 Avril
13 —	11 53	6 6	— 7	5 56	14 —	14 —	— 7	5 56	11 53	6 6	13 —
21 —	11 56	6 8	— 4	5 54	21 —	21 —	— 4	5 54	11 56	6 8	21 —
29 —	11 58	6 9	— 2	5 52	29 —	29 —	— 2	5 52	11 58	6 9	29 —
6 Mai	Midi	6 10	—	5 50	6 Novembre	6 Novembre	—	5 50	Minuit	6 10	6 Mai
13 —	—	6 12	—	5 49	14 —	14 —	—	5 49	—	6 12	13 —
21 —	—	6 14	—	5 48	21 —	21 —	—	5 48	—	6 14	21 —
29 —	—	6 15	—	5 46	29 —	29 —	—	5 46	—	6 15	29 —
6 Juin	—	6 16	—	5 44	6 Décembre	6 Décembre	—	5 44	—	6 16	6 Juin
14 —	—	6 18	—	5 42	14 —	14 —	—	5 42	—	6 18	14 —
21 —	—	6 20	—	5 40	21 —	21 —	—	5 40	—	6 20	21 —
29 —	—	6 18	—	5 42	29 —	29 —	—	5 42	—	6 18	29 —
7 Juillet	—	6 16	—	5 44	6 Janvier	6 Janvier	—	5 44	—	6 16	7 Juillet
15 —	—	6 15	—	5 46	13 —	13 —	—	5 46	—	6 15	15 —
23 —	—	6 14	—	5 48	21 —	21 —	—	5 48	—	6 14	23 —
31 —	—	6 12	—	5 49	28 —	28 —	—	5 49	—	6 12	31 —
7 Août	—	6 10	—	5 50	4 Février	4 Février	—	5 50	—	6 10	7 Août
15 —	— 2	6 9	11h 58 S	5 52	12 —	12 —	11h 58 M	5 52	— 2	6 9	15 —
23 —	— 4	6 8	11 56	5 54	19 —	19 —	11 56	5 54	— 4	6 8	23 —
31 —	— 7	6 6	11 53	5 56	26 —	26 —	11 53	5 56	— 7	6 6	31 —
7 Septembre	— 11	6 4	11 49	5 58	5 Mars	5 Mars	11 49	5 58	— 11	6 4	7 Septembre
15 —	— 15	6 2	11 45	5 59	12 —	12 —	11 45	5 59	— 15	9 2	15 —

15ᵐᵉ Latitude

Hémisphère Nord	COURANT SOL. diurne	COUCHER du soleil	COURANT SOL. nocturne	LEVER du soleil	Hémisphère Sud	Hémisphère Nord	COURANT SOL. diurne	COUCHER du soleil	COURANT SOL. nocturne	LEVER du soleil	Hémisphère Sud
20 Mars	11ʰ 30 M	6ʰ — S	Minuit 30	6ʰ — M	23 Septembre	23 Septembre	Midi 30	6ʰ — S	11ʰ 30 S	6ʰ — M	20 Mars
28 —	11 37	6 2	— 21	5 58	30 —	30 —	— 23	5 58	11 37	6 2	28 —
5 Avril	11 42	6 5	— 17	5 55	7 Octobre	7 Octobre	— 17	5 55	11 42	6 5	5 Avril
13 —	11 48	6 8	— 12	5 53	14 —	14 —	— 12	5 52	11 48	6 8	13 —
21 —	11 52	6 10	— 6	5 50	21 —	21 —	— 8	5 50	11 52	6 10	21 —
29 —	11 55	6 13	— 5	5 48	29 —	29 —	— 5	5 48	11 55	6 13	29 —
6 Mai	11 57	6 15	— 3	5 45	6 Novembre	6 Novembre	— 3	5 45	11 57	6 15	6 Mai
13 —	11 59	6 17	— 1	5 43	14 —	14 —	— 1	5 43	11 59	6 17	13 —
21 —	Midi	6 20	—	5 40	21 —	21 —	—	5 40	Minuit	6 20	21 —
29 —	—	6 22	—	5 38	29 —	29 —	—	5 38	—	6 22	29 —
6 Juin	—	6 25	—	5 35	6 Décembre	6 Décembre	—	5 35	—	6 25	6 Juin
14 —		6 27	—	5 33	14 —	14 —	—	5 33	—	6 27	14 —
21 —	—	6 30	—	5 30	21 —	21 —	—	5 30	—	6 30	21 —
29 —	—	6 27	—	5 33	29 —	29 —	—	5 33	—	6 27	29 —
7 Juillet	—	6 25	—	5 35	6 Janvier	6 Janvier	—	5 35	—	6 25	7 Juillet
15 —	—	6 22	—	5 38	13 —	13 —	—	5 38	—	6 22	15 —
23 —	—	6 20	—	5 40	21 —	21 —	—	5 40	—	6 20	23 —
31 —	— 1	6 17	11ʰ 59 S	5 43	28 —	28 —	11ʰ 59 M	5 43	— 1	6 17	31 —
7 Août	— 3	6 15	11 57	5 45	4 Février	4 Février	11 57	5 45	— 3	6 15	7 Août
15 —	— 5	6 13	11 55	5 48	12 —	12 —	11 55	5 48	— 5	6 13	15 —
23 —	— 8	6 10	11 52	5 50	19 —	19 —	11 52	5 50	— 8	6 10	23 —
31 —	— 12	6 8	11 48	5 53	26 —	26 —	11 48	5 52	— 12	6 8	31 —
7 Septembre	— 17	6 5	11 42	5 55	5 Mars	5 Mars	11 43	5 55	— 17	6 5	7 Septembre
15 —	— 23	6 2	11 37	5 58	12 —	12 —	11 37	5 58	— 23	6 2	15 —

20ᵐᵉ Latitude

Hémisphère Nord	COURANT SOL. diurne	COUCHER du soleil	COURANT SOL. nocturne	LEVER du soleil	Hémisphère Sud	Hémisphère Nord	COURANT SOL. diurne	COUCHER du soleil	COURANT SOL. nocturne	LEVER du soleil	Hémisphère Sud
20 Mars	11ʰ 20 M	6ʰ — S	Minuit 40	6ʰ — M	23 Septembre	23 Septembre	Midi 40	6ʰ — S	11ʰ 20	6ʰ — M	20 Mars
28 —	11 24	6 3	— 36	5 57	30 —	30 —	— 36	5 57	11 24	6 3	28 —
5 Avril	11 28	6 6	— 32	5 51	7 Octobre	7 Octobre	— 32	5 51	11 28	6 6	5 Avril
13 —	11 32	6 10	— 28	5 50	14 —	14 —	— 28	5 50	11 32	6 10	13 —
21 —	11 36	6 13	— 29	5 47	21 —	21 —	— 21	5 47	11 36	6 13	21 —
29 —	11 40	6 17	— 20	5 43	29 —	29 —	— 20	5 43	11 40	6 17	29 —
6 Mai	11 43	6 20	— 17	5 40	6 Novembre	6 Novembre	— 17	5 40	11 43	6 20	6 Mai
13 —	11 46	6 23	— 14	5 37	14 —	14 —	— 14	5 37	11 46	6 23	13 —
21 —	11 49	6 27	— 11	5 33	21 —	21 —	— 11	5 33	11 49	6 27	21 —
29 —	11 52	6 30	— 8	5 30	29 —	29 —	— 8	5 30	11 52	6 30	29 —
6 Juin	11 55	6 33	— 5	5 26	6 Décembre	6 Décembre	— 5	5 26	11 55	6 33	6 Juin
14 —	11 58	6 37	— 2	5 23	14 —	14 —	— 2	5 23	11 58	6 37	14 —
21 —	Midi	6 40	—	5 20	21 —	21 —	—	5 20	Minuit	6 40	21 —
29 —	— 2	6 37	11ʰ 58 S	5 23	29 —	29 —	11ʰ 58 M	5 23	— 2	6 37	29 —
7 Juillet	— 5	6 33	11 55	5 26	6 Janvier	6 Janvier	11 55	5 26	— 5	6 33	7 Juillet
15 —	— 8	6 30	11 52	5 30	13 —	13 —	11 52	5 30	— 8	6 30	15 —
23 —	— 11	6 27	11 49	5 33	21 —	21 —	11 49	5 33	— 11	6 27	23 —
31 —	— 14	6 23	11 46	5 37	28 —	28 —	11 46	5 37	— 14	6 23	31 —
7 Août	— 17	6 20	11 43	5 40	4 Février	4 Février	11 43	5 40	— 17	6 20	7 Août
15 —	— 20	6 17	11 40	5 43	12 —	12 —	11 40	5 43	— 20	6 17	15 —
23 —	— 24	6 13	11 36	5 47	19 —	19 —	11 36	5 47	— 24	6 13	23 —
31 —	— 28	6 10	11 32	5 50	26 —	26 —	11 32	5 50	— 28	6 10	31 —
7 Septembre	— 32	6 6	11 28	5 54	5 Mars	5 Mars	11 28	5 54	— 32	6 6	7 Septembre
15 —	— 36	6 3	11 21	5 57	12 —	12 —	11 21	5 57	— 36	6 3	15 —

25me Latitude

Hémisphère Nord	COURANT SOL. diurne	COUCHER du soleil	COURANT SOL. nocturne	LEVER du soleil	Hémisphère Sud	Hémisphère Nord	COURANT SOL. diurne	COUCHER du soleil	COURANT SOL. nocturne	LEVER du soleil	Hémisphère Sud
20 Mars	11h 10 M	6h — S	Minuit 50	6h — M	23 Septembre	23 Septembre	Midi 50	6h — S	11h 10 S	6h — N	20 Mars
28 —	11 17	6 5	— 43	5 55	30 —	30 —	— 43	5 55	11 17	6 5	28 —
5 Avril	11 23	6 10	— 37	5 50	7 Octobre	7 Octobre	— 37	5 50	11 23	6 10	5 Avril
13 —	11 28	6 14	— 32	5 46	14 —	14 —	— 32	5 46	11 28	6 14	13 —
21 —	11 32	6 18	— 28	5 42	21 —	21 —	— 28	5 42	11 32	6 18	21 —
29 —	11 36	6 22	— 24	5 38	29 —	29 —	— 24	5 38	11 36	6 22	29 —
6 Mai	11 40	6 26	— 20	5 34	6 Novembre	6 Novembre	— 20	5 34	11 40	6 26	6 Mai
13 —	11 44	6 30	— 16	5 30	14 —	14 —	— 16	5 30	11 44	6 30	13 —
21 —	11 48	6 34	— 12	5 26	21 —	21 —	— 12	5 26	11 48	6 34	21 —
29 —	11 51	6 38	— 9	5 22	29 —	29 —	— 9	5 22	11 51	6 38	29 —
6 Juin	11 54	6 42	— 6	5 18	6 Décembre	6 Décembre	— 6	5 18	11 54	6 42	6 Juin
14 —	11 57	6 46	— 3	5 14	14 —	14 —	— 3	5 14	11 57	6 46	14 —
21 —	Midi	6 50	—	5 10	21 —	21 —	—	5 10	Minuit	6 50	21 —
29 —	— 3	6 46	11h 57 S	5 14	29 —	29 —	11h 57 M	5 14	— 3	6 46	29 —
7 Juillet	— 6	6 42	11 51	5 18	6 Janvier	6 Janvier	11 51	5 18	— 6	6 42	7 Juillet
15 —	— 9	6 38	11 51	5 22	13 —	13 —	11 51	5 22	— 9	6 38	15 —
23 —	— 12	6 34	11 48	5 26	21 —	21 —	11 48	5 26	— 12	6 34	23 —
31 —	— 16	6 30	11 44	5 30	28 —	28 —	11 44	5 30	— 16	6 30	31 —
7 Août	— 20	6 26	11 40	5 34	4 Février	4 Février	11 40	5 34	— 20	6 26	7 Août
15 —	— 24	6 22	11 36	5 38	12 —	12 —	11 36	5 38	— 24	6 22	15 —
23 —	— 28	6 18	11 32	5 42	19 —	19 —	11 32	5 42	— 28	6 18	23 —
31 —	— 32	6 14	11 28	5 46	26 —	26 —	11 28	5 46	— 32	6 14	31 —
7 Septembre	— 37	6 10	11 23	5 50	5 Mars	5 Mars	11 23	5 50	— 27	6 10	7 Septembre
15 —	— 43	6 5	11 17	5 55	12 —	12 —	11 17	5 55	— 43	6 5	15 —

30me Latitude

Hémisphère Nord	COURANT SOL. diurne	COUCHER du soleil	COURANT SOL. nocturne	LEVER du soleil	Hémisphère Sud	Hémisphère Nord	COURANT SOL. diurne	COUCHER du soleil	COURANT SOL. nocturne	LEVER du soleil	Hémisphère Sud
20 Mars	11h — M	6h — S	1h — M	6h — M	23 Septembre	23 Septembre	1h — S	6h — S	11h — S	6h — M	20 Mars
28 —	11 7	6 5	Minuit 53	5 55	30 —	30 —	Midi 53	5 55	11 7	6 5	28 —
5 Avril	11 14	6 10	— 46	5 50	7 Octobre	7 Octobre	— 46	5 50	11 14	6 10	5 Avril
13 —	11 21	6 15	— 40	5 45	14 —	14 —	— 40	5 45	11 20	6 15	13 —
21 —	11 25	6 20	— 35	5 40	21 —	21 —	— 35	5 40	11 23	6 20	21 —
29 —	11 30	6 25	— 30	5 35	29 —	29 —	— 30	5 35	11 30	6 25	29 —
6 Mai	11 35	6 30	— 25	5 30	6 Novembre	6 Novembre	— 25	5 30	11 35	6 30	6 Mars
13 —	11 40	6 35	— 20	5 25	14 —	14 —	— 20	5 25	11 40	6 35	13 —
21 —	11 45	6 40	— 15	5 20	21 —	21 —	— 15	5 20	11 45	6 40	21 —
29 —	11 50	6 45	— 10	5 15	29 —	29 —	— 10	5 15	11 50	6 45	29 —
6 Juin	11 54	6 50	— 6	5 10	6 Décembre	6 Décembre	— 6	5 10	11 54	6 50	6 Juin
14 —	11 57	6 55	— 3	5 5	14 —	14 —	— 3	5 5	11 57	6 53	14 —
21 —	Midi	7	—	5	21 —	21 —	—	5	Minuit	7	21 —
29 —	— 3	6 55	11h 57 S	5 5	29 —	29 —	11h 57 M	5 5	— 3	6 55	29 —
7 Juillet	— 6	6 50	11 51	5 10	6 Janvier	6 Janvier	11 51	5 10	— 6	6 50	7 Juillet
15 —	— 10	6 45	11 50	5 15	13 —	13 —	11 50	5 15	— 10	6 45	15 —
23 —	— 15	6 40	11 45	5 20	21 —	21 —	11 45	5 20	— 15	6 40	23 —
31 —	— 20	6 35	11 40	5 23	28 —	28 —	11 40	5 23	— 20	6 35	31 —
7 Août	— 25	6 30	11 35	5 30	4 Février	4 Février	11 35	5 30	— 25	6 30	7 Août
15 —	— 30	6 25	11 30	5 35	12 —	12 —	11 30	5 35	— 30	6 25	15 —
23 —	— 35	6 20	11 25	5 40	19 —	19 —	11 25	5 40	— 35	6 20	23 —
31 —	— 40	6 15	11 20	5 45	26 —	26 —	11 20	5 45	— 40	6 15	31 —
7 Septembre	— 46	6 10	11 14	5 50	5 Mars	5 Mars	11 14	5 50	— 46	6 10	7 Septembre
15 —	— 53	6 5	11 7	5 55	12 —	12 —	11 7	5 55	— 53	6 5	15 —

35me Latitude

Hémisphère Nord	COURANT SOL. diurne	COUCHER du soleil	COURANT SOL. nocturne	LEVER du soleil	Hémisphère Sud
20 Mars	10h 48 M	6h — S	1h 12 M	6h — M	23 Septembre
28 —	10 57	6 6	1 9	5 54	30 —
5 Avril	11 5	6 12	Minuit 55	5 48	7 Octobre
13 —	11 12	6 18	— 48	5 42	14 —
21 —	11 19	6 24	— 41	5 36	21 —
29 —	11 25	6 30	— 35	5 30	29 —
6 Mai	11 30	6 36	— 30	5 24	6 Novembre
13 —	11 35	6 42	— 25	5 18	14 —
21 —	11 40	6 48	— 20	5 12	21 —
29 —	11 45	6 54	— 18	5 6	29 —
6 Juin	11 50	7 —	— 10	5 —	6 Décembre
14 —	11 55	7 6	— 5	4 51	14 —
21 —	Midi	7 12	—	4 48	21 —
29 —	— 5	7 6	11h 55 S	4 51	29 —
7 Juillet	— 10	7 —	11 50	5 —	6 Janvier
15 —	— 15	6 54	11 45	5 6	13 —
23 —	— 20	6 48	11 40	5 12	21 —
31 —	— 25	6 42	11 35	5 18	28 —
7 Août	— 30	6 36	11 30	5 24	4 Février
15 —	— 35	6 30	11 25	5 30	12 —
23 —	— 41	6 24	11 19	5 36	19 —
31 —	— 48	6 18	11 12	5 42	26 —
7 Septembre	— 55	6 12	11 5	5 48	5 Mars
15 —	1h 9 S	6 6	10 57	5 54	12 —

Hémisphère Nord	COURANT SOL. diurne	COUCHER du soleil	COURANT SOL. nocturne	LEVER du soleil	Hémisphère Sud
23 Septembre	1h 12 S	6h — S	10h 48 S	6h — M	20 Mars
30 —	1 9	5 54	10 57	6 6	28 —
7 Octobre	Midi 55	5 48	11 5	6 12	5 Avril
14 —	— 48	5 42	11 12	6 18	13 —
21 —	— 41	5 36	11 19	6 24	21 —
29 —	— 35	5 30	11 25	6 30	29 —
6 Novembre	— 30	5 24	11 30	6 36	6 Mai
14 —	— 25	5 18	11 35	6 42	13 —
21 —	— 20	5 12	11 40	6 48	21 —
29 —	— 18	5 6	11 45	6 54	29 —
6 Décembre	— 10	5 —	11 50	7 —	6 Juin
14 —	— 5	4 54	11 55	7 6	14 —
21 —	—	4 48	Minuit	7 12	21 —
29 —	11h 55 M	4 54	— 5	7 6	29 —
6 Janvier	11 50	5 —	— 10	7 —	7 Juillet
13 —	11 45	5 6	— 15	6 54	15 —
21 —	11 40	5 12	— 20	6 48	23 —
28 —	11 35	5 18	— 25	6 42	31 —
4 Février	11 30	5 24	— 30	6 36	7 Août
12 —	11 25	5 30	— 35	6 30	15 —
19 —	11 19	5 36	— 41	6 24	23 —
26 —	11 12	5 42	— 48	6 18	31 —
5 Mars	11 5	5 48	— 55	6 12	7 Septembre
12 —	10 57	5 54	1h 9 M	6 6	15 —

40me Latitude

Hémisphère Nord	COURANT SOL. diurne	COUCHER du soleil	COURANT SOL. nocturne	LEVER du soleil	Hémisphère Sud
20 Mars	10h 30 M	6h — S	1h 30 M	6h — M	23 Septembre
28 —	10 42	6 7	1 18	5 53	30 —
5 Avril	10 53	6 15	1 7	5 45	7 Octobre
13 —	11 3	6 23	Minuit 57	5 38	14 —
21 —	11 12	6 30	— 48	5 30	21 —
29 —	11 19	6 37	— 41	5 23	29 —
6 Mai	11 25	6 45	— 35	5 15	6 Novembre
13 —	11 31	6 52	— 29	5 8	14 —
21 —	11 37	7 —	— 25	5 —	21 —
29 —	11 43	7 7	— 17	4 53	29 —
6 Juin	11 49	7 15	— 11	4 45	6 Décembre
14 —	11 55	7 22	— 5	4 38	14 —
21 —	Midi	7 30	Minuit	4 30	21 —
29 —	— 5	7 22	11h 55 S	4 38	29 —
7 Juillet	— 11	7 15	11 49	4 45	6 Janvier
15 —	— 17	7 7	11 43	4 53	13 —
23 —	— 23	7 —	11 37	5 —	21 —
31 —	— 29	6 52	11 31	5 8	28 —
7 Août	— 35	6 45	11 25	5 15	4 Février
15 —	— 41	6 37	11 19	5 23	12 —
23 —	— 48	6 30	11 12	5 30	19 —
31 —	— 57	6 23	11 3	5 38	26 —
7 Septembre	1h 7 S	6 15	10 53	5 45	5 Mars
15 —	1 18	6 7	10 42	5 53	12 —

Hémisphère Nord	COURANT SOL. diurne	COUCHER du soleil	COURANT SOL. nocturne	LEVER du soleil	Hémisphère Sud
23 Septembre	1h 30 S	6h — S	10h 30 S	6h — M	20 Mars
30 —	1 18	5 53	10 42	6 7	28 —
7 Octobre	1 7	5 45	10 53	6 15	5 Avril
14 —	Midi 57	5 38	11 3	6 23	13 —
21 —	— 48	5 30	11 12	6 30	21 —
29 —	— 41	5 23	11 19	6 37	29 —
6 Novembre	— 35	5 15	11 25	6 45	6 Mai
14 —	— 29	5 8	11 31	6 52	13 —
21 —	— 25	5 —	11 37	7 —	21 —
29 —	— 17	4 53	11 43	7 7	29 —
6 Décembre	— 11	4 45	11 49	7 15	6 Juin
14 —	— 5	4 38	11 55	7 22	14 —
21 —	—	4 30	Minuit	7 30	21 —
29 —	11h 55 M	4 38	— 5	7 22	29 —
6 Janvier	11 49	4 45	— 11	7 15	7 Juillet
13 —	11 43	4 53	— 17	7 7	15 —
21 —	11 37	5 —	— 23	7 —	23 —
28 —	11 31	5 8	— 27	6 52	31 —
4 Février	11 25	5 15	— 35	6 45	7 Août
12 —	11 19	5 23	— 41	6 37	15 —
19 —	11 12	5 30	— 48	6 30	23 —
26 —	11 3	5 38	— 57	6 23	31 —
5 Mars	10 53	5 45	1h 7 S	6 15	7 Septembre
12 —	10 42	5 53	1 18	6 7	15 —

45me Latitude

Hémisphère Nord	COURANT SOL. diurne	COUCHER du soleil	COURANT SOL. nocturne	LEVER du soleil	Hémisphère Sud	Hémisphère Nord	COURANT SOL. diurne	COUCHER du soleil	COURANT SOL. nocturne	LEVER du soleil	Hémisphère Sud
20 Mars	10h 12 M	6h — S	1h 48 M	6h — M	23 Septembre	23 Septembre	1h 48 S	6h — S	10h 12 S	6h — M	20 Mars
28 —	10 25	6 9	1 35	6 53	30 —	30 —	1 35	5 53	10 25	6 9	28 —
5 Avril	10 37	6 18	1 23	5 42	7 Octobre	7 Octobre	1 23	5 42	10 37	6 18	5 Avril
13 —	10 48	6 27	1 12	5 33	14 —	14 —	1 12	5 33	10 48	6 27	13 —
21 —	10 58	6 36	1 2	5 24	21 —	21 —	1 2	5 24	10 58	6 36	21 —
29 —	11 7	6 45	Minuit 53	5 15	29 —	29 —	Midi 53	5 15	11 7	6 45	29 —
6 Mai	11 15	6 54	— 45	5 6	6 Novembre	6 Novembre	— 45	5 6	11 15	6 54	6 Mai
13 —	11 23	7 3	— 37	4 57	14 —	14 —	— 37	4 57	11 23	7 3	13 —
21 —	11 31	7 12	— 29	4 48	21 —	21 —	— 29	4 48	11 31	7 12	21 —
29 —	11 39	7 21	— 21	4 39	29 —	29 —	— 21	4 39	11 30	7 21	29 —
6 Juin	11 47	7 30	— 18	4 30	6 Décembre	6 Décembre	— 13	4 30	11 47	7 30	6 Juin
14 —	11 54	7 39	— 6	4 21	14 —	14 —	— 6	4 21	11 54	7 29	14 —
21 —	Midi	7 48	Minuit	4 12	21 —	21 —	Midi	4 12	Minuit	7 48	21 —
29 —	— 6	7 39	11h 54 S	4 21	29 —	29 —	11h 54 M	4 21	— 6	7 39	29 —
7 Juillet	— 13	7 30	11 47	4 30	6 Janvier	6 Janvier	11 47	4 30	— 13	7 30	7 Juillet
15 —	— 21	7 21	11 39	4 39	13 —	13 —	11 39	4 39	— 21	7 21	15 —
23 —	— 29	7 12	11 31	4 48	21 —	21 —	11 31	4 48	— 29	7 12	23 —
31 —	— 37	7 3	11 23	4 57	28 —	28 —	11 23	4 57	— 37	7 3	31 —
7 Août	— 45	6 54	11 25	5 6	4 Février	4 Février	11 15	5 6	— 45	6 54	7 Août
15 —	— 53	6 45	11 9	5 15	12 —	12 —	11 9	5 15	— 53	6 45	15 —
23 —	1h 2 S	6 36	10 51	5 24	19 —	19 —	10 51	5 21	1h 2 M	6 36	23 —
31 —	1 12	6 27	10 48	5 33	26 —	26 —	10 48	5 33	1 12	6 27	31 —
7 Septembre	1 25	6 18	10 27	5 42	5 Mars	5 Mars	10 37	5 42	1 25	6 18	7 Septembre
15 —	1 35	6 9	10 25	5 53	12 —	12 —	10 25	5 53	1 35	6 9	15 —

48me Latitude

Hémisphère Nord	COURANT SOL. diurne	COUCHER du soleil	COURANT SOL. nocturne	LEVER du soleil	Hémisphère Sud	Hémisphère Nord	COURANT SOL. diurne	COUCHER du soleil	COURANT SOL. nocturne	LEVER du soleil	Hémisphère Sud
20 Mars	10h — M	6h — S	2h — M	6 — M	23 Septembre	23 Septembre	2h — S	6h — S	10h — S	6h — M	20 Mars
28 —	10 14	6 10	1 46	5 50	30 —	30 —	1 46	5 50	10 11	6 10	28 —
5 Avril	10 27	6 20	1 33	5 40	7 Octobre	7 Octobre	1 33	5 40	10 27	6 20	5 Avril
13 —	10 39	6 30	1 21	5 30	14 —	14 —	1 21	5 30	10 39	6 30	13 —
21 —	10 50	6 40	1 10	5 20	21 —	21 —	1 10	5 20	10 50	6 40	21 —
29 —	11	6 50	1	5 10	29 —	29 —	1	5 10	11	6 50	29 —
6 Mai	11 10	7	Minuit 50	5	6 Novembre	6 Novembre	Midi 50	5	11 10	7	6 Mai
13 —	11 20	7 10	— 40	4 50	14 —	14 —	— 40	4 50	11 20	7 10	13 —
21 —	11 30	7 20	— 30	4 40	21 —	21 —	— 30	4 40	11 30	7 20	21 —
29 —	11 39	7 30	— 21	4 30	29 —	29 —	— 21	4 30	11 39	7 30	29 —
6 Juin	11 47	7 40	— 13	4 20	6 Décembre	6 Décembre	— 13	4 20	11 47	7 40	6 Juin
14 —	11 54	7 50	— 6	4 10	14 —	14 —	— 6	4 10	11 51	7 50	14 —
21 —	Midi	8 S	Minuit	4	21 —	21 —	Midi	4	Minuit	8 M	21 —
29 —	— 6	7 50	11h 54 S	4 10	29 —	29 —	11h 54 M	4 10	— 6	7 50	29 —
7 Juillet	— 13	7 40	11 47	4 20	6 Janvier	6 Janvier	11 47	4 20	— 13	7 40	7 Juillet
15 —	— 21	7 30	11 39	4 30	13 —	13 —	11 39	4 30	— 21	7 30	15 —
23 —	— 30	7 20	11 30	4 40	21 —	21 —	11 30	4 40	— 30	7 20	23 —
31 —	— 40	7 10	11 20	4 50	28 —	28 —	11 20	4 50	— 40	7 10	31 —
7 Août	— 50	7	11 10	5	4 Février	4 Février	11 10	5	— 50	7	7 Août
15 —	1h — S	6 50	11	5 10	12 —	12 —	11	5 10	1h — M	6 50	15 —
23 —	1 10	6 40	10 50	5 20	19 —	19 —	10 50	5 20	1 10	6 40	23 —
31 —	1 21	6 30	10 39	5 30	26 —	26 —	10 30	5 30	1 21	6 30	31 —
7 Septembre	1 33	6 20	10 29	5 40	5 Mars	5 Mars	10 29	5 40	1 33	6 20	7 Septembre
15 —	1 46	6 10	10 14	5 50	12 —	12 —	10 11	5 50	1 46	6 10	15 —

50me Latitude

Hémisphère Nord	COURANT SOL. diurne	COUCHER du soleil	COURANT SOL. nocturne	LEVER du soleil	Hémisphère Sud	Hémisphère Nord	COURANT SOL. diurne	COUCHER du soleil	COURANT SOL. nocturne	LEVER du soleil	Hémisphère Sud
20 Mars	9h 54 M	6h — S	2h 6 M	6h — M	23 Septembre	23 Septembre	2h 6 S	6h — S	9h 51 S	6h — M	20 Mars
28 —	10 9	6 10	1 51	5 50	30 —	30 —	1 51	5 50	10 9	6 10	28 —
5 Avril	10 23	6 21	1 37	5 39	7 Octobre	7 Octobre	1 37	5 39	10 23	6 21	6 Avril
13 —	10 36	6 31	1 24	5 29	14 —	14 —	1 24	5 29	10 36	6 31	13 —
21 —	10 48	6 42	1 12	5 18	21 —	21 —	1 12	5 18	10 48	6 42	21 —
29 —	10 59	6 52	1 1	5 8	29 —	29 —	1 1	5 8	10 59	6 52	29 —
6 Mai	11 9	7 3	Min. 51	4 57	6 Novembre	6 Novembre	Midi 51	4 57	11 9	7 3	6 Mai
13 —	11 18	7 13	— 42	4 47	14 —	14 —	— 42	4 47	11 18	7 13	13 —
21 —	11 27	7 24	— 33	4 36	21 —	21 —	— 33	4 36	11 27	7 24	21 —
29 —	11 36	7 34	— 24	4 26	29 —	29 —	— 24	4 26	11 36	7 34	29 —
6 Juin	11 44	7 45	— 16	4 15	6 Décembre	6 Décembre	— 16	4 15	11 44	7 45	6 Juin
14 —	11 52	7 55	— 8	4 5	14 —	14 —	— 3	4 5	11 52	7 55	14 —
21 —	Midi	8 6 S	Minuit	3 54 M	21 —	21 —	Midi	3 54 S	Minuit	8 6	21 —
29 —	— 8	7 55	11h 52	4 5	29 —	29 —	11h 52 M	4 5	— 8	7 55	29 —
7 Juillet	— 16	7 45	11 44	4 15	6 Janvier	6 Janvier	11 44	4 15	— 16	7 45	7 Juillet
15 —	— 24	7 34	11 36	4 26	13 —	13 —	11 36	4 26	— 24	7 34	15 —
23 —	— 33	7 24	11 27	4 36	21 —	21 —	11 27	4 36	— 33	7 24	23 —
31 —	— 42	7 13	11 18	4 47	28 —	28 —	11 18	4 47	— 42	7 13	31 —
7 Août	— 51	7 3	11 9	4 57	4 Février	4 Février	11 9	4 57	— 51	7 3	7 Août
15 —	1h 1 S	6 52	10 59	5 8	12 —	12 —	10 59	5 8	1h 1 S	6 52	15 —
23 —	1 12	6 42	10 48	5 18	19 —	19 —	10 48	5 18	1 12	6 42	23 —
31 —	1 24	6 31	10 36	5 29	26 —	26 —	10 36	5 29	1 24	6 31	31 —
7 Septembre	1 37	6 21	10 23	5 39	5 Mars	5 Mars	10 23	5 39	1 37	6 21	7 Septembre
15 —	1 51	6 10	10 9	5 50	12 —	12 —	10 9	5 50	1 51	6 10	15 —

55me Latitude

Hémisphère Nord	COURANT SOL. diurne	COUCHER du soleil	COURANT SOL. nocturne	LEVER du soleil	Hémisphère Sud	Hémisphère Nord	COURANT SOL. diurne	COUCHER du soleil	COURANT SOL. nocturne	LEVER du soleil	Hémisphère Sud
20 Mars	9h 24 M	6h — S	2h 36 M	6h — M	23 Septembre	23 Septembre	2h 36 S	6h — S	9h 24 S	6h — M	20 Mars
28 —	9 41	6 13	2 19	5 47	30 —	30 —	2 19	5 47	9 41	6 13	28 —
5 Avril	9 58	6 26	2 2	5 34	7 Octobre	7 Octobre	2 2	5 34	9 58	6 26	5 Avril
13 —	10 14	6 39	1 46	5 21	14 —	14 —	1 46	5 21	10 14	6 39	13 —
21 —	10 29	6 52	1 31	5 8	21 —	21 —	1 31	5 8	10 20	6 52	21 —
29 —	10 42	7 5	1 13	4 55	29 —	29 —	1 13	4 55	10 42	7 5	29 —
6 Mai	10 55	7 18	1 5	4 42	6 Novembre	6 Novembre	1 5	4 42	10 55	7 18	6 Mai
13 —	11 8	7 31	Minuit 52	4 29	14 —	14 —	Midi 52	4 29	11 8	7 31	13 —
21 —	11 20	7 44	— 40	4 16	21 —	21 —	— 40	4 16	11 20	7 44	21 —
29 —	11 31	7 57	— 29	4 3	29 —	29 —	— 29	4 3	11 31	7 57	29 —
6 Juin	11 41	8 10	— 19	3 50	6 Décembre	6 Décembre	— 19	3 50	11 41	8 10	6 Juin
14 —	11 51	8 23	— 9	3 37	14 —	14 —	— 9	3 37	11 51	8 23	14 —
21 —	Midi	8 26 S	Minuit	3 24	21 —	21 —	Midi	3 24 S	Minuit	8 26	21 —
29 —	— 9	8 23	11h 51	3 37	29 —	29 —	11h 51 M	3 37	— 0	8 23	29 —
7 Juillet	— 19	8 10	11 41	3 50	6 Janvier	6 Janvier	11 41	3 50	— 19	8 10	7 Juillet
15 —	— 29	7 57	11 31	4 3	13 —	13 —	11 31	4 3	— 29	7 57	15 —
23 —	— 40	7 44	11 20	4 16	21 —	21 —	11 20	4 16	— 40	7 44	23 —
31 —	— 52	7 31	11 8	4 29	28 —	28 —	11 8	4 29	— 52	7 31	31 —
7 Août	1h 5 S	7 18	10 55	4 42	4 Février	4 Février	10 55	4 42	1h 5 M	7 18	7 Août
15 —	1 13	7 5	10 42	4 55	12 —	12 —	10 42	4 55	1 19	7 5	15 —
23 —	1 31	6 52	10 30	5 8	19 —	19 —	10 30	5 8	1 31	6 52	23 —
31 —	1 46	6 39	10 14	5 21	26 —	26 —	10 14	5 21	1 46	6 39	31 —
7 Septembre	2 2	6 26	9 58	5 34	5 Mars	5 Mars	9 58	5 34	2 2	6 26	7 Septembre
15 —	2 19	6 13	9 41	5 47	12 —	12 —	9 41	5 47	2 19	6 13	15 —

58^{mé} Latitude

Hémisphère Nord	COURANT SOL. diurne	COUCHER du soleil	COURANT SOL. nocturne	LEVER du soleil	Hémisphère Sud	Hémisphère Nord	COURANT SOL. diurne	COUCHER du soleil	COURANT SOL. nocturne	LEVER du soleil	Hémisphère Sud
20 Mars	9ʰ — M	6ʰ — S	3ʰ — M	6ʰ — M	23 Septembre	23 Septembre	3ʰ — S	6ʰ — S	9ʰ — S	6ʰ — M	20 Mars
28 —	9 20	6 15	2 40	5 45	30 —	30 —	2 40	5 45	9 20	6 15	28 —
5 Avril	9 39	6 30	2 21	5 30	7 Octobre	7 Octobre	2 21	5 30	9 39	6 30	5 Avril
13 —	9 57	6 45	2 3	5 15	14 —	14 —	2 3	5 15	9 57	6 45	13 —
21 —	10 14	7 —	1 46	5 —	21 —	21 —	1 46	5 —	10 14	7 —	21 —
29 —	10 30	7 15	1 30	4 45	29 —	29 —	1 30	4 45	10 30	7 15	29 —
6 Mai	10 45	7 30	1 15	4 30	6 Novembre	6 Novembre	1 15	4 30	10 45	7 30	6 Mai
13 —	11 —	7 45	1 —	4 15	14 —	14 —	1 —	4 15	11 —	7 45	13 —
21 —	11 14	8 —	Minuit 46	4 —	21 —	21 —	Midi 46	4 —	11 14	8 —	21 —
29 —	11 27	8 15	— 33	3 45	29 —	29 —	— 33	3 45	11 27	8 15	29 —
6 Juin	11 39	8 30	— 21	3 30	6 Décembre	6 Décembre	— 21	3 30	11 39	8 30	6 Juin
14 —	11 50	8 45	— 10	3 15	14 —	14 —	— 10	3 15	11 50	8 45	14 —
21 —	Midi	9 — S	Minuit	3 — M	21 —	21 —	Mid	3 25 S	Minuit	9 — M	21 —
29 —	— 10	8 45	11ʰ 50 S	3 15	29 —	29 —	11ʰ 50 M	3 15	— 10	8 45	29 —
7 Juillet	— 21	8 30	11 39	3 30	6 Janvier	6 Janvier	11 39	3 30	— 21	8 30	7 Juillet
15 —	— 33	8 15	11 27	3 45	13 —	13 —	11 27	3 45	— 33	8 15	15 —
23 —	— 46	8 —	11 14	4 —	21 —	21 —	11 14	4 —	— 46	8 —	23 —
31 —	1ʰ — S	7 45	11 —	4 15	28 —	28 —	11 —	4 15	1ʰ — M	7 45	31 —
7 Août	1 15	7 30	10 45	4 30	4 Février	4 Février	10 45	4 30	1 15	7 30	7 Août
15 —	1 30	7 15	10 30	4 45	12 —	12 —	10 30	4 45	1 30	7 15	15 —
23 —	1 46	7 —	10 14	5 —	19 —	19 —	10 14	5 —	1 46	7 —	23 —
31 —	2 3	6 45	9 57	5 15	26 —	26 —	9 57	5 15	2 3	6 45	31 —
7 Septembre	2 21	6 30	9 39	5 30	5 Mars	5 Mars	9 39	5 30	2 21	6 30	7 Septembre
15 —	2 40	6 15	9 20	5 45	12 —	12 —	9 20	5 45	2 40	6 15	15 —

60me Latitude

Hémisphère Nord	COURANT SOL. diurne	COUCHER du soleil	COURANT SOL. nocturne	LEVER du soleil	Hémisphère Sud	Hémisphère Nord	COURANT SOL. diurne	COUCHER du soleil	COURANT SOL. nocturne	LEVER du soleil	Hémisphère Sud
20 Mars	8ʰ 42 M	6ʰ — S	3ʰ 18 M	6ʰ — M	23 Septembre	23 Septembre	3ʰ 18 S	6ʰ — S	8ʰ 42 S	6ʰ — M	20 Mars
28 —	9 3	6 16	2 57	5 44	30 —	30 —	2 57	5 44	9 3	6 16	28 —
5 Avril	9 23	6 33	2 37	5 27	7 Octobre	7 Octobre	2 37	5 27	9 23	6 33	5 Avril
13 —	9 42	6 50	2 18	5 18	14 —	14 —	2 18	5 13	9 42	6 50	13 —
21 —	10 1	7 6	1 59	4 56	21 —	21 —	1 59	4 56	10 1	7 6	21 —
29 —	10 19	7 24	1 41	4 40	29 —	29 —	1 41	4 40	10 19	7 24	29 —
6 Mai	10 37	7 40	1 23	4 23	6 Novembre	6 Novembre	1 23	4 23	10 37	7 40	6 Mai
13 —	10 53	7 57	1 7	4 7	14 —	14 —	1 7	4 7	10 53	7 57	13 —
21 —	11 8	8 15	Minuit 52	3 50	21 —	21 —	Midi 52	3 50	11 8	8 15	21 —
29 —	11 22	8 30	— 38	3 34	29 —	29 —	— 38	3 34	11 22	8 30	29 —
6 Juin	11 35	8 46	— 25	3 17	6 Décembre	6 Décembre	— 25	3 17	11 35	8 46	6 Juin
14 —	11 48	9 —	— 12	3 —	14 —	14 —	— 12	3 —	11 48	9 —	14 —
21 —	Midi	9 18 S	Minuit	2 42 M	21 —	21 —	Midi	2 42 S	Minuit	9 18 M	21 —
29 —	— 12	9 —	11ʰ 48 S	3 —	29 —	29 —	11ʰ 48 M	3 17	— 12	9 —	29 —
7 Juillet	— 25	8 46	11 35	3 17	6 Janvier	6 Janvier	11 35	3 34	— 25	8 46	7 Juillet
15 —	— 38	8 30	11 22	3 34	13 —	13 —	11 22	3 50	— 38	8 30	15 —
23 —	— 52	8 15	11 8	3 50	21 —	21 —	11 8	4 7	— 52	8 15	23 —
31 —	1ʰ 7 S	7 57	10 53	4 7	28 —	28 —	10 53	4 23	1ʰ 7 M	7 57	31 —
7 Août	1 23	7 40	10 37	4 23	4 Février	4 Février	10 37	4 40	1 23	7 40	7 Août
15 —	1 41	7 24	10 19	4 40	12 —	12 —	10 19	4 56	1 41	7 24	15 —
23 —	1 59	7 6	10 1	4 56	19 —	19 —	10 1	5 13	1 59	7 6	23 —
31 —	2 18	6 50	9 42	5 13	26 —	26 —	9 42	5 27	2 18	6 50	31 —
7 Septembre	2 37	6 33	9 23	5 27	5 Mars	5 Mars	9 23	5 44	2 37	6 38	7 Septembre
15 —	2 57	6 16	9 3	5 44	12 —	12 —	9 3	5 44	2 57	6 16	15 —

<h2 style="text-align:center">62me Latitude</h2>

Hémisphère Nord	COURANT SOL. diurne	COUCHER du soleil	COURANT SOL. nocturne	LEVER du soleil	Hémisphère Sud	Hémisphère Nord	COURANT SOL. diurne	COUCHER du soleil	COURANT SOL. nocturne	LEVER du soleil	Hémisphère Sud
20 Mars	8h 12 M	6h — S	3h 48 M	6h — M	23 Septembre	23 Septembre	3h 48 S	6h — S	8h 12 S	6h — M	20 Mars
28 —	8 36	6 19	3 24	5 41	30 —	30 —	3 24	5 41	8 36	6 19	28 —
5 Avril	8 59	6 38	3 1	5 22	7 Octobre	7 Octobre	3 1	5 22	8 59	6 38	5 Avril
13 —	9 21	6 57	2 39	5 3	14 —	14 —	2 39	5 3	9 21	6 57	13 —
21 —	9 43	7 16	2 17	4 44	21 —	21 —	2 17	4 44	9 43	7 16	21 —
29 —	10 4	7 35	1 56	4 25	29 —	29 —	1 56	4 25	10 4	7 35	29 —
6 Mai	10 24	7 54	1 36	4 6	6 Novembre	6 Novembre	1 36	4 6	10 24	7 54	6 Mai
13 —	10 43	8 13	1 17	3 47	14 —	14 —	1 17	3 47	10 43	8 13	13 —
21 —	11 1	8 32	Min. 59	3 28	21 —	21 —	Midi 59	3 28	11 1	8 32	21 —
29 —	11 18	8 51	— 42	3 9	29 —	29 —	— 42	3 9	11 18	8 51	29 —
6 Juin	11 34	9 10	— 26	2 50	6 Décembre	6 Décembre	— 26	2 50	11 34	9 10	6 Juin
14 —	11 48	9 29	— 12	2 30	14 —	14 —	— 12	2 30	11 48	9 29	14 —
21 —	Midi	9 48 S	Minuit	2 12 M	21 —	21 —	Midi	2 12 S	Minuit	9 48 M	21 —
29 —	— 12	9 29	11h 48 S	2 31	29 —	29 —	11h 48 M	2 30	— 12	9 29	29 —
7 Juillet	— 26	9 10	11 34	2 50	6 Janvier	6 Janvier	11 34	2 50	— 26	9 10	7 Juillet
15 —	— 42	8 51	11 18	3 9	13 —	13 —	11 18	3 9	— 42	8 51	15 —
23 —	— 59	8 32	11 1	3 28	21 —	21 —	11 1	3 28	— 59	8 32	23 —
31 —	1h 17 S	8 13	10 43	3 47	28 —	28 —	10 43	3 47	1h 17 M	8 13	31 —
7 Août	1 36	7 54	10 24	4 6	4 Février	4 Février	10 24	4 6	1 36	7 54	7 Août
15 —	1 56	7 35	10 4	4 25	12 —	12 —	10 4	4 25	1 56	7 35	15 —
23 —	2 17	7 16	9 43	4 44	19 —	19 —	9 43	4 44	2 17	7 16	23 —
31 —	2 39	6 57	9 21	5 3	26 —	26 —	9 21	5 3	2 39	6 57	31 —
7 Septembre	3 1	6 38	8 59	5 22	5 Mars	5 Mars	8 59	5 22	3 1	6 38	7 Septembre
15 —	3 24	6 19	8 36	5 41	12 —	12 —	8 36	5 41	3 24	6 19	15 —

<h2 style="text-align:center">64me Latitude</h2>

Hémisphère Nord	COURANT SOL. diurne	COUCHER du soleil	COURANT SOL. nocturne	LEVER du soleil	Hémisphère Sud	Hémisphère Nord	COURANT SOL. diurne	COUCHER du soleil	COURANT SOL. nocturne	LEVER du soleil	Hémisphère Sud
20 Mars	7h 30 M	6h — S	4h 30 M	6h — M	23 Septembre	23 Septembre	4h 30 S	6h — S	7h 30 S	6h — M	20 Mars
28 —	7 59	6 22	4 1	5 37	30 —	30 —	4 1	5 37	7 59	6 22	28 —
5 Avril	8 27	6 45	3 33	5 15	7 Octobre	7 Octobre	3 33	5 15	8 27	6 45	5 Avril
13 —	8 54	7 7	3 6	4 50	14 —	14 —	3 6	4 50	8 54	7 7	13 —
21 —	9 20	7 30	2 40	4 30	21 —	21 —	2 40	4 30	9 20	7 30	21 —
29 —	9 45	7 50	2 15	4 7	29 —	29 —	2 15	4 7	9 45	7 50	29 —
6 Mai	10 8	8 15	1 52	3 45	6 Novembre	6 Novembre	1 52	3 45	10 8	8 15	6 Mai
13 —	10 30	8 37	1 30	3 22	14 —	14 —	1 30	3 22	10 30	8 37	13 —
21 —	10 51	9 —	1 11	2 57	21 —	21 —	1 11	2 57	10 51	9 —	21 —
29 —	11 10	9 22	Minuit 50	2 37	29 —	29 —	Midi 50	2 37	11 10	9 22	29 —
6 Juin	11 28	9 45	— 32	2 15	6 Décembre	6 Décembre	— 32	2 15	11 28	9 45	6 Juin
14 —	11 45	10 7	— 15	1 52	14 —	14 —	— 15	1 52	11 45	10 7	14 —
21 —	Midi	10 30 S	Minuit	1 30 M	21 —	21 —	Midi	1 30 S	Minuit	10 30 M	21 —
29 —	— 15	10 7	11h 45 S	1 52	29 —	29 —	11h 45 M	1 52	— 15	10 7	29 —
7 Juillet	— 32	9 45	11 28	2 15	6 Janvier	6 Janvier	11 28	2 15	— 32	9 45	7 Juillet
15 —	— 50	9 22	11 10	2 37	13 —	13 —	11 10	2 37	— 50	9 22	15 —
23 —	1h 11 S	9 —	10 51	2 57	21 —	21 —	10 51	2 57	1h 11 M	9 —	23 —
31 —	1 30	8 37	10 30	3 22	28 —	28 —	10 30	3 22	1 30	8 37	31 —
7 Août	1 52	8 15	10 8	3 45	4 Février	4 Février	10 8	3 45	1 52	8 15	7 Août
15 —	2 15	7 50	9 45	4 7	12 —	12 —	9 45	4 7	2 15	7 50	15 —
23 —	2 40	7 30	9 20	4 30	19 —	19 —	9 20	4 30	2 40	7 30	23 —
31 —	3 6	7 7	8 51	4 50	26 —	26 —	8 51	4 50	3 6	7 7	31 —
7 Septembre	3 33	6 45	8 27	5 15	5 Mars	5 Mars	8 27	5 15	3 33	6 45	7 Septembre
15 —	4 1	6 22	7 59	5 37	12 —	12 —	7 59	5 37	4 1	6 22	15 —

65me Latitude

Hémisphère Nord	COURANT SOL. diurne		COUCHER du soleil		COURANT SOL. nocturne		LEVER du soleil		Hémisphère Sud	Hémisphère Nord	COURANT SOL. diurne		COUCHER du soleil		COURANT SOL. nocturne		LEVER du soleil		Hémisphère Sud
20 Mars	7h	— M	6h	— S	5h	— M	6h	— M	23 Septembre	23 Septembre	5h	— S	6h	— S	7h	— S	6h	— M	20 Mars
28 —	7	32	6	25	4	28	5	35	30 —	30 —	4	28	5	35	7	32	6	25	28 —
5 Avril	8	3	6	50	3	57	5	10	7 Octobre	7 Octobre	3	57	5	10	8	3	6	50	5 Avril
13 —	8	33	7	15	3	27	4	45	14 —	14 —	3	27	4	45	8	33	7	15	13 —
21 —	9	2	7	40	2	58	4	20	21 —	21 —	2	58	4	20	9	2	7	40	21 —
29 —	9	29	8	5	2	31	3	55	29 —	29 —	2	31	3	55	9	29	8	5	29 —
6 Mai	9	55	8	30	2	5	3	30	6 Novembre	6 Novembre	2	5	3	30	9	55	8	30	6 Mai
13 —	10	18	8	55	1	42	3	5	14 —	14 —	1	42	3	5	10	18	8	55	13 —
21 —	10	40	9	30	1	20	2	40	21 —	21 —	1	20	2	40	10	40	9	30	21 —
29 —	11	1	9	45	Minuit	59	2	15	29 —	29 —	Midi	59	2	15	11	1	9	45	29 —
6 Juin	11	21	10	10	—	39	1	50	6 Décembre	6 Décembre	—	39	1	50	11	21	10	10	6 Juin
14 —	11	41	10	35	—	19	1	25	14 —	14 —	—	19	1	25	11	41	10	35	14 —
21 —	Midi		11	— S	Minuit		1	— M	21 —	21 —	Midi		1	— S	Minuit		11	—	21 —
29 —	—	19	10	35	11h	41 S	1	25	29 —	29 —	11h	41 M	1	25	—	19	10	35	29 —
7 Juillet	—	39	10	10	11	21	1	50	6 Janvier	6 Janvier	11	21	1	50	—	39	10	10	7 Juillet
15 —	—	59	9	45	11	1	2	15	13 —	13 —	11	1	2	15	—	59	9	45	15 —
23 —	1h	20 S	9	30	10	40	2	40	21 —	21 —	10	40	2	40	1h	20 M	9	30	23 —
31 —	1	42	8	55	10	18	3	5	28 —	28 —	10	18	3	5	1	42	8	55	31 —
7 Août	2	5	8	30	9	55	3	30	4 Février	4 Février	9	55	3	30	2	5	8	30	7 Août
15 —	2	31	8	5	9	29	3	55	12 —	12 —	9	29	3	55	2	31	8	5	15 —
23 —	2	58	7	40	9	2	4	20	19 —	19 —	9	2	4	20	2	58	7	40	23 —
31 —	3	27	7	15	8	33	4	45	26 —	26 —	8	33	4	45	3	27	7	15	31 —
7 Septembre	3	57	6	50	8	3	5	10	5 Mars	5 Mars	8	3	5	10	3	57	6	50	7 Septembre
15 —	4	28	6	25	7	32	5	35	12 —	12 —	7	32	5	35	4	28	6	25	15 —

De la 66me 1/2 à la 90me Latitude. Cercles polaires.

Hémisphère Nord	COURANT SOL. diurne		COUCHER du soleil		COURANT SOL. nocturne		LEVER du soleil		Hémisphère Sud	Hémisphère Nord	COURANT SOL. diurne		COUCHER du soleil		COURANT SOL. nocturne		LEVER du soleil		Hémisphère Sud
20 Mars	6h	— M	6h	— S	6h	— M	6h	— M	23 Septembre	23 Septembre	6h	— S	6h	— S	6h	— S	6h	— M	20 Mars
28 —	6	38	6	30	5	22	5	30	30 —	30 —	5	22	5	30	6	38	6	30	28 —
5 Avril	7	15	7		4	45	5		7 Octobre	7 Octobre	4	45	5		7	15	7		5 Avril
13 —	7	51	7	30	4	9	4	30	14 —	14 —	4	9	4	30	7	51	7	30	13 —
21 —	8	26	8		3	34	4		21 —	21 —	3	34	4		8	26	8		21 —
29 —	8	39	8	30	3	1	3	30	29 —	29 —	3	1	3	30	8	39	8	30	29 —
6 Mai	9	30	9		2	30	3		6 Novembre	6 Novembre	2	30	3		9	30	9		6 Mai
13 —	9	58	9	30	2	2	2	30	14 —	14 —	2	2	2	30	9	58	9	30	13 —
21 —	10	25	10		1	35	2		21 —	21 —	1	35	2		10	25	10		21 —
29 —	10	51	10	30	1	9	1	30	29 —	29 —	1	9	1	30	10	51	10	30	29 —
6 Juin	11	16	11		Minuit	44	1		6 Décembre	6 Décembre	Midi	44	1		11	16	11		6 Juin
14 —	11	39	11	30	—	21	Minuit	30	14 —	14 —	—	21	Midi	30	11	39	11	30	14 —
21 —	Midi		Minuit		Minuit		Minuit		21 —	21 —	Midi		Midi		Minuit		Midi		21 —
29 —	—	21	11h	30 S	11h	39 S	Minuit	30	29 —	29 —	11h	39 M	Midi	30	—	21	11h	30 M	29 —
7 Juillet	—	44	11		11	16	1h	— M	6 Janvier	6 Janvier	11	16	1h	— S	—	44	11		7 Juillet
15 —	1h	9 S	10	30	10	51	1	30	13 —	13 —	10	51	1	30	1h	9 M	10	30	15 —
23 —	1	35	10		10	25	2		21 —	21 —	10	25	2		1	35	10		23 —
31 —	2	2	9	30	9	58	2	30	28 —	28 —	9	58	2	30	2	2	9	30	31 —
7 Août	2	30	9		9	30	3		4 Février	4 Février	9	30	3		2	30	9		7 Août
15 —	3	1	8	30	8	59	3	30	12 —	12 —	8	59	3	30	3	1	8	30	15 —
23 —	3	54	8		8	26	4		19 —	19 —	8	26	4		3	54	8		23 —
31 —	4	9	7	30	7	51	4	30	26 —	26 —	7	51	4	30	4	9	7	30	31 —
7 Septembre	4	45	7		7	15	5		5 Mars	5 Mars	7	15	5		4	45	7		7 Septembre
15 —	5	22	6	30	6	38	5	30	12 —	12 —	6	38	5	30	5	22	6	30	15 —

Quoique jusqu'ici je ne me sois pas encore servi de l'électromètre, pas plus que de l'aiguille aimantée dans mes observations, je suis persuadé que l'alternance si fréquente de ces deux régimes pourra être constatée aussi par ces deux instruments; par cette dernière en oscillant de gauche à droite au lieu de droite à gauche ou vice-versa, c'est-à-dire en oscillant anormalement pour l'heure et la date.

Comme quoi la Lune contribue à la hausse et à la baisse du baromètre.

§ 37

De même que les fluides solaires, ceux de la lune se réfléchissent, flexibles comme ils sont, au contact de la terre, en formant deux courants circulaires dont l'un contourne la terre dans le sens de l'orbite lunaire et l'autre dans le sens d'une perpendiculaire à cette orbite; ils se bifurquent là où la lune se trouve au zénith et à l'endroit opposé en y formant un second nœud; il en est de ces deux courants et de ces deux nœuds comme de ceux qui sont le produit des fluides solaires, avec cette différence que les nœuds qui sont d'origine lunaire font le tour de la terre en un mois, tandis que ceux du courant solaire y emploient une année.

Lorsque le courant vertical-lunaire se tient dans le même sens que le courant solaire vertical, ce dernier se trouve notablement renforcé par cet auxiliaire; de là tout à la fois une recrudescence de pression ou de dépression atmosphérique et une de la marée. Et de ce que ces deux courants solaires et lunaires se confondent ou se superposent vers la nouvelle et la pleine lune, c'est aux syzygies ou environ que cette recrudescence barométrique a lieu.

Voir pour cela la figure suivante : elle représente la terre. L'anneau qui la contourne verticalement, se compose tout à la fois du courant circulaire qui a son origine dans le soleil et de celui qui a son origine dans la lune; superposés ou confondus comme ils sont, ils ne font plus qu'un anneau ; et comme l'union fait la force, il y a tout à la fois une recrudescence barométrique, soit en hausse soit en baisse, et une de la marée.

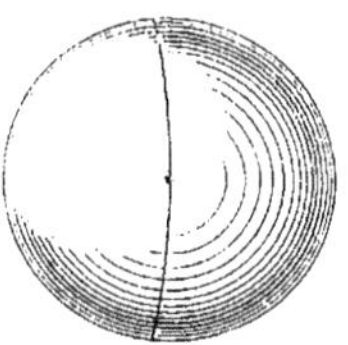

C'est au point du milieu que les raies solaires et lunaires se fléchissent et se répandent circulairement tout à la fois vers le sud et le nord en faisant le tour entier du globe, en double sens.

Si aux syzygies ces deux anneaux se couvrent, ils s'entrecroisent au premier et au second quartier; de là, généralement aux environs de ces dates une baisse du baromètre et une de la marée ; si celle de la marée se fait régulièrement le lendemain ou le surlendemain de ces dates, il n'en est pas de même de la baisse barométrique, la règle ayant des exceptions à son égard.

Voir la figure suivante :

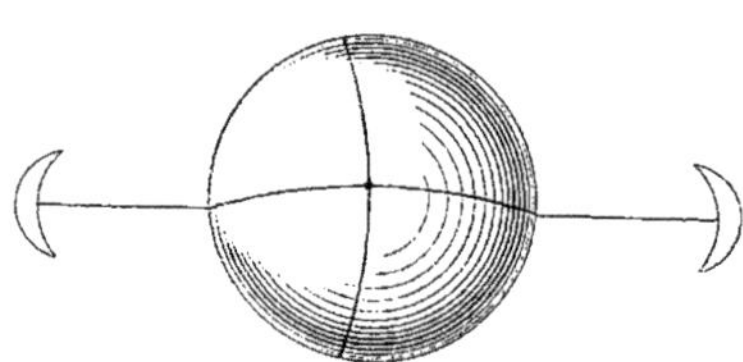

Le courant vertical est celui du soleil, le courant horizontal est celui de la lune ; des deux côtés de la terre se trouve la lune en son premier et second quartier.

Au fur et à mesure que ces deux anneaux se rapprochent l'un de l'autre, la marée gagne en hauteur et au fur et à mesure qu'ils s'écartent elle en perd ; si le cas n'est pas tout à fait le même pour le baromètre, qu'il y a des exceptions à la règle, c'est qu'il y a encore un autre facteur en jeu, jouant un grand rôle dans les fluctuations barométriques, même le principal, ce sont les vents, notamment lorsqu'ils n'ont pas d'oscillation, qu'ils sont affranchis de l'influence solaire, lorsqu'ils se conforment à la rotation de la terre autour de son axe ; aussi est-ce généralement dans ces moments que le baromètre accuse les maxima et les minima les plus prononcés.

Aspirants et refoulants comme sont les courants annulaires, y compris les vents, sans eux il n'y aurait pas plus de marée que de fluctuations barométriques ; et étant aspirants et refoulants, ils sont magnétiques ou électriques, ce qui revient au même.

Voir le tableau suivant qui est un extrait de mes registres d'observation pour le maximum et le minimum du baromètre ayant eu lieu aux syzygies ou un jour plus tôt ou plus tard.

1886. — 28 Novembre.	Maximum 770.	Nouvelle lune à la même date.
11 —	Minimum 45.	Pleine lune —
25 Décembre.	— 55.	Nouvelle lune —
1887. — 24 Janvier.	— 70.	— —
8 Février	Maximum 76.	Pleine lune —
23 —	— 73.	Nouvelle lune la veille.
22 Mars.	Minimum 53.	Nouvelle lune le lendemain,
23 Avril.	— 54.	Nouvelle lune à la même date.
7 Mai.	Maximum 73.	Pleine lune —
5 Juin.	— 64.	— —
21 —	— 66.	Nouvelle lune —
5 Juillet.	Minimum 57.	Pleine lune —
20 —	Maximum 64.	Nouvelle lune —
3 Août.	— 69.	Pleine lune —
2 Septembre.	— 62.	— —
3 Octobre.	— 68.	— la veille.
15 —	— 71.	Nouvelle lune le lendemain.
15 Novembre.	— 71.	— à la même date.
15 Décembre.	Minimum 56.	— la veille.
31 —	Maximum 66.	Pleine lune —
1888. — 12 Février.	Minimum 49.	Nouvelle lune à la même date.
11 Mars.	— 43.	— le lendemain.
28 —	— 34.	Pleine lune la veille.

11 Avril.	Maximum	64.	Nouvelle lune à la même date.
27 —	—	66.	Pleine lune la veille.
9 Juin.	Minimum	56.	Nouvelle lune à la même date.
9 Juillet.	Maximum	66.	— —
23 —	Minimum	54.	Pleine lune —
8 Août.	Maximum	67.	Nouvelle lune la veille.

Si les maxima de hausse et de baisse prolongée sont plus considérables à d'autres jours qu'aux syzigies, c'est qu'alors les vents sont d'une force excessive, ce qu'ils sont chaque fois qu'ils soufflent en tempête, soit en bas soit en haut de l'atmosphère; ces tempêtes sont en règle générale la suite d'un formidable orage comme il s'en fait dans les grandes chaleurs, principalement aux tropiques.

Si par contre les maxima les plus importants se font vers les syzygies, y compris la veille et le lendemain, c'est qu'alors les courants *lun-airs* y sont pour leur bonne part.

Les courants *lun-airs* étant aussi évidents que les courants *sol-airs* et *terr-airs*, notre satellite joue assurément un rôle considérable dans l'établissement du temps, soit comme auxiliaire, soit comme antagoniste à ces deux autres facteurs, ce qu'il est alternativement; ce qui nous prouve son influence, c'est sa participation aux hausses et aux baisses du baromètre et à la marée dans laquelle il a même voix prépondérante; cela étant, on sera fixé une fois sur toutes ses actions; et si le populaire se rapporte beaucoup à la lune à ce sujet, il n'a pas tort, quoiqu'en dise maint docteur ès-sciences, en ignorance de cause.

Disons encore à cette occasion que si des courants lunaires englobent la terre, des courants terraires englobent la lune.

§ 38

Lorsque les courants solaires sont sans influence sur les courants terraires, du moins sur ceux des basses régions de notre atmosphère, ce qui a lieu chaque fois que ces derniers n'ont pas d'oscillation diurne, il y a *dé-solation*[1]; les raies solaires ayant moins de vigueur, le temps est plus ou moins dérangé ou trouble, plus ou moins intempestif, en contradiction avec la saison; un tel régime nous l'avons eu par exemple à beaucoup de reprises aux mois de juin, juillet et août 1888.

Absent ou sans vigueur comme le soleil était le plus souvent pendant cet été, on fut, comme de juste, bien désolé de cette *désolation*, surtout à cause d'une mauvaise récolte qui fut à craindre.

Si désolation il y a, lorsque le soleil est sans influence sur les vents, il y a par contre *solation* quand il a repris le dessus; sans influence sont ces courants chaque fois que l'atmosphère est par trop chargé de fumée terrestre, étant isolante de sa nature.

C'est cette fumée qui donne aux nuages leur teinte foncée.

§ 39

Pour observer l'oscillation diurne, qui bien des fois n'est guère sensible, le baromètre enregistreur ne vaut pas un simple anéroïde bien conditionné; les grosses courbes qu'il inscrit sur le papier indiquent bien les hausses et les baisses prolongées, mais les petits zigzags de ces

[1] C'est la négation solaire.

courbes ne sont généralement pas assez prononcés, pour y reconnaître l'oscillation diurne, due à l'action solaire.

Il vaut donc mieux se servir d'un baromètre non-enregistreur à moins qu'on ne se serve des deux.

Résumé des fluides qui contournent la terre [1].

§ 40

Il y a les 16 vents, dont chacun a son contre-air ou contre-courant; ainsi le vent du nord est le contr-air de celui du sud et ainsi de suite.

Ces vents soufflent plus ou moins obliquement de haut en bas et de bas en haut ou horizontalement; ils ont tantôt une oscillation, tantôt ils n'en ont pas; elle est alternativement normale ou anormale.

Ensuite viennent les courants solaires dont l'un contourne les tropiques en double sens et l'autre conformément à une perpendiculaire à ceux-ci; c'est le courant vertical. Ces deux doubles courants s'entre-croisent à deux endroits opposés l'un à l'autre, dont l'un est le point ou le nœud de midi, l'autre de minuit, la terre se trouvant entre ces deux points.

Lorsque les courants terraires ou vents sont influencés par les courants solaires, ils se confondent avec eux; c'est à celui qui s'appelle le courant vertical qu'est due l'oscillation diurne du baromètre, celle qui se fait à midi et à minuit, heure moyenne.

Ensuite nous avons le double courant de l'orbite terrestre, qui en se brisant [2] au contact avec la terre, forme le courant équinoxial et qui étant toujours vis-à-vis du soleil se confond avec l'arc-en-ciel; c'est à ce courant que le baromètre doit son oscillation de 6 heures du soir et du matin, — heure moyenne — qu'on peut nommer oscillation équinoxiale.

Ce courant équinoxial coupe le courant tropical-solaire à angle droit à deux endroits opposés l'un à l'autre; il coupe en même temps le courant vertical à angle droit aux deux points culminants de la terre, Nord et Sud.

De ce point il sera question à propos de la lueur boréale.

Enfin, nous avons les courants lunaires, dus à la brisure ou réflexion que le hâle ou le flex [3] lunaire fait au contact avec la terre qui pour sa part contribue à la fluctuation de l'air et à celle du baromètre et à qui nous devons principalement la marée.

Flexible comme ce flex est de sa nature, il contourne la terre de la même manière que le flex solaire.

Tous ces fluides ou courants de largeur indéterminée, en contournant la terre de tous côtés, lui font une sphère pneumatique-magnétique qu'on appelle *l'atmo-sphère*, c'est-à-dire celle de l'haleine, atmo étant synonyme d'*Athem* ou *athmen* en comprenant le mot atmo *teutoniquement* [5].

Englobés que nous sommes par cette sphère aux mille entre-croisements de fluides ou de

---

[1] J'y laisse en dehors les fluides magnétiques, tels qu'ils se manifestent dans l'aimant et dans l'aiguille aimantée; il en est question au paragraphe 50.

[2] De là la brise du matin et du soir qu'on remarque principalement au bord de l'Océan.

[3] Pas de re-flex sans flex au préalable.

[4] Ce mot est dérivé de flex.

[5] Ce mot est synonyme de *deutlich* signifiant intelligiblement.

spires, elle forme un *en-clos* ou une *e-clésia* dans laquelle nous respirons tous indistinctement : s'étendant de tous côtés, cette *é-glise* est celle de tout le monde ; c'est celle de la nature.

Et enchevêtrés comme sont ces fluides à l'infini, ils sont, mythologiquement parlant, le nœud gordien dont la solution, quoique tentée depuis longtemps par de nombreux savants, restait encore à faire.

Compliquée à l'excès comme a été cette besogne je l'ai faite selon mes faibles moyens ; si elle n'est pas complète et qu'elle laisse à désirer comme exécution, il y a néanmoins un grand pas de fait à cela, du moins je me flatte de fournir une nouvelle base d'opérations et d'investigations météorologiques, ce qui permettra de traiter cette science rationnellement et non seulement d'une façon empirique ; pouvant l'envisager d'en haut, dans son ensemble, on sera moins exposé de se perdre dans les détails.

§ 41

Une expérience intéressante d'électricité faite par Coulomb doit confirmer ma théorie des nœuds ou points de midi et de minuit[1].

C'est celle des deux boules dont l'une communique son électricité à l'autre par leur contact. Voir figure suivante.

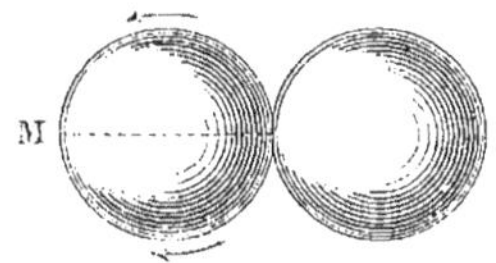

D'après cette expérience un courant électrique vertical, qui a son point de départ au point où les deux boules se touchent, gagne en force jusqu'au point opposé à celui de son départ.

A quoi tient cette accumulation de force ou d'électricité à ce point opposé, qui par parenthèse est celui de minuit ?

Cela doit tenir à ce qu'un courant horizontal part simultanément du même point en s'étendant circulairement des deux côtés de la boule et à ce que le courant vertical s'étend aussi bien au-dessous qu'au-dessus de la boule, d'où il résulte un entre-croisement de fluides au point opposé à celui de leur départ et du moment qu'il y a là une bifurcation de fluides, il y a une concentration de forces ; sans ce nœud en question il n'y aurait assurément pas de renforcement ou de recrudescence.

S'étendant simultanément vers le haut ou le nord, vers le bas ou le sud et aussi vers la gauche ou l'Ouest ou vers la droite ou l'est de la boule, l'électricité doit former quatre doubles courants qui se bifurquent au point opposé à celui de leur départ qui est désigné par M dans le « Cours de Physique » cité plus haut et que j'ai nommé le point ou le nœud de minuit.

Comme il est possible qu'il se forme en même temps des courants intermédiaires sur cette boule, nous y avons ceux des vents intermédiaires ; s'il en est ainsi, le point de minuit ou M n'en est que plus renforcé.

---

[1] Voir pour cela le « Cours de Physique » de l'école polytechnique, par J. Jamain et Bouty, page 401 à 404, troisième édition, chez Gauthier-Villars.

Rien de plus flexible que le flex[1] ou le hâle du soleil — et il y en a un — qui au contact avec la terre se brise en un certain nombre de branches, soit au nombre de 4, 8 ou 16, cela reste encore à être déterminé.

Si dans mes démonstrations au sujet de l'oscillation des vents et de celle du baromètre, il n'est question que de deux de ces branches ou courants annulaires, si j'y ai laissé les branches intermédiaires au dehors, c'est qu'ils ne sont pour rien dans cette oscillation, du moins ils y sont tout à fait négligeables.

Les deux figures suivantes donnent un aperçu d'une *raie-flexion* à deux ou huit branches ou flexions.

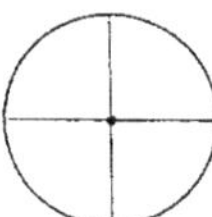 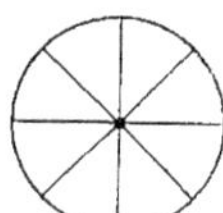

Si l'influence du nœud de midi se manifeste lorsque les vents, le baromètre et l'aiguille aimantée ont une oscillation normale, l'influence du nœud de minuit est évidente lorsqu'ils ont une oscillation anormale.

Et opposés comme sont ces deux nœuds l'un à l'autre ils concourent chacun de son côté à l'établissement du temps.

§ 42

Le tableau suivant sert de modèle pour les annotations de l'oscillation du baromètre.

Pour établir ce tableau on y trace une ligne pour chaque jour; pour avoir les heures tropiques d'un jour à l'autre, on divise la différence qui existe d'une semaine à l'autre et cela en autant de parts qu'il y a de jours dans la semaine qui y sont tantôt de 7 tantôt de 8 jours; cette division se répète à toute colonne.

D'après ce formulaire, tout observateur pourrait s'établir des tableaux pareils, lui-même.

Les dates de ce modèle vont du 20 mars au 10 avril; j'aurais pu en choisir aussi bien tout autre pour cela: il en est de même pour la latitude qui y porte la quarante-huitième.

Si la différence d'une semaine à l'autre est peu de chose, on pourra se passer de ces divisions journalières, n'étant pas assez sensibles.

On agit de même pour la différence des latitudes.

Les colonnes blanches servent à marquer le revirement du baromètre, soit en hausse, soit en baisse; pour cela on y inscrit soit un *h* soit un *b* selon le cas, tel que ces deux lettres y figurent.

La marge qui se trouve à l'extrémité droite du tableau sert à inscrire les phases de la lune, vu qu'elles coïncident souvent avec les maxima et les minima du baromètre.

On fera bien de tenir compte de la direction des vents, observés à l'aide du point de descente des nuages.

---

[1] Pas de re-flex sans un flex au préalable.

1887	∨	h	∧	b	∧	∨	∧	∨	∨	∧	
	10ʰ M	h	2ʰ S	b	6ʰ S	6ʰ S	10ʰ S	2ʰ M	6ʰ M	6ʰ M	
20 Mars..........	10 M					6 2	10 2	1 58	5 58	6 2	
21 —	10 2		1 58		5 58	6 4	10 4	1 56	5 56	6 4	
22 —	10 4		1 56		5 56	6 6	10 6	1 54	5 54	6 6	
23 —	10 6		1 54		5 54	6 8	10 8	1 52	5 52	6 8	Nouvelle lune.
24 —	10 8		1 52		5 52	6 10	10 10	1 50	5 50	6 10	
25 —	10 10		1 50		5 50	6 12	10 12	1 48	5 48	6 12	
26 —	10 12		1 48		5 48	6 14	10 14	1 46	5 46	6 14	
27 —	10 14		1 46		5 46	6 15	10 15	1 45	5 45	6 15	
28 —	10 15		1 45		5 45	6 16	10 16	1 44	5 44	6 16	
29 —	10 16		1 44		5 44	6 18	10 18	1 42	5 42	6 18	
30 —	10 18		1 42		5 42	6 20	10 20	1 40	5 40	6 20	Premier quartier
31 —	10 20		1 40		5 40	6 22	10 22	1 38	5 38	6 22	
1ᵉʳ Avril........	10 22		1 38		5 38	6 24	10 24	1 36	5 36	6 24	
2 —	10 24		1 36		5 36	6 26	10 26	1 34	5 34	6 26	
3 —	10 26		1 34		5 34	6 28	10 28	1 32	5 32	6 28	
4 —	10 28		1 32		5 32	6 30	10 30	1 30	5 30	6 30	
5 —	10 30		1 30		5 30	6 32	10 32	1 28	5 28	6 32	
6 —	10 32		1 28		5 28	6 34	10 34	1 26	5 26	6 34	
7 —	10 34		1 26		5 26	6 34	10 34	1 26	5 24	6 36	Pleine lune
8 —	10 36		1 24		5 24	6 36	10 36	1 24	5 22	6 38	
9 —	10 38		1 22		5 22	6 38	10 38	1 22	5 20	6 40	
10 —	10 40		1 20		5 20	5 40	10 40	1 20			

Avis aux Sociétés météorologiques et astronomiques.

§ 43

Comme j'ai calculé les heures tropiques de l'oscillation diurne des vents et du baromètre pour toutes les latitudes et longitudes, il est à désirer que toutes les stations se chargent de les vérifier par des observations suivies et cela conformément à ma méthode d'observation, qui pour le baromètre ne consiste que dans la constatation de la hausse ou de la baisse d'une heure tropique à une autre; que cette hausse ou baisse soit importante ou non, cela n'a pas d'importance ici.

Jusqu'ici ces vérifications n'ont encore été faites qu'à Enghien par moi et cela depuis une dizaine d'années déjà.

Concluantes comme elles sont, elles le seront assurément autant ailleurs, à n'importe quel coin de la terre.

Vu que la mécanique céleste est entièrement liée à la météorologie et cela à raison des courants circulaires, ces vérifications offriront autant d'intérêt, je suppose du moins, aux astronomes qu'aux météorologues; dans l'intérêt de la science en général, il ne faudra pas trop tarder à s'y mettre; ces courants, dont il s'agit ici de vérifier l'existence et leur mécanisme, sont autant d'ordre physique que mécanique, astronomique que météorologique.

Si on croit avoir besoin de mes conseils ou instructions pour cela, qu'on veuille bien s'adresser directement à l'auteur.

LA MARÉE

EXPLIQUÉE D'APRÈS LES COURANTS LUNAIRES ET SOLAIRES

§ 44

Le rayon vecteur ou les raies de la lune ne pouvant, au contact de la terre, passer outre, se bifurquent en deux courants circulaires, dont l'un la contourne horizontalement dans le sens de l'orbite lunaire et dont l'autre l'entoure verticalement; ces deux courants, en s'entre-croisant une seconde fois au côté opposé à la lune, y font un second nœud: c'est à celui-ci qu'est due la seconde marée; pneumatique-magnétique comme il est, il est aussi attractif que la lune même; sous ce rapport on peut le considérer comme contre-lune.

Il est de ce second nœud[1] comme de celui qui se forme au côté opposé du soleil et auquel j'ai donné le nom de nœud de minuit.

Comme la terre tourne en dedans de ces courants circulaires et que son axe est incliné de $23^\circ 27'$, le courant vertical coupe les longitudes plus ou moins obliquement et l'horizontal coupe les latitudes de la même manière: de là résulte alternativement une avance et un retard de la marée sur le moment où la lune et la contre-lune[2] se trouvent au méridien; il en est de cette coupure comme de celle que fait le courant méridional produit par le rayon vecteur du soleil.

Selon la position de la lune à l'égard de la terre, cette coupure fait un angle avec le méridien qui varie de 0 à 28 degrés.

Cependant, le cas n'est pas tout à fait le même, car tandis que le courant méridional solaire reste stable, le courant vertical lunaire est dévié plus ou moins de sa projection ou dévolution[3] première par le courant équatorial, dû à la rotation de la terre autour de son axe; une déviation analogue se fait lorsque les vents sont influencés ou attirés par les courants méridionaux et tropicaux, d'où leur oscillation diurne.

En raison de ce détournement, il résulte pour le courant lunaire une oscillation d'une marée à une autre d'une amplitude plus ou moins grande, selon la position de la terre envers la lune, ou vice-versa; s'il n'en était pas ainsi, l'intervalle entre les deux marées ne serait pas si régulier qu'il l'est; au lieu de 12 heures 25 minutes, il serait de quelques heures de plus ou de moins; il en serait à peu près de cet intervalle comme de celui des heures tropiques de l'oscillation normale

---

[1] Ne pas le confondre avec le nœud ascendant ou descendant du plan de l'orbite lunaire.

[2] On pourrait l'appeler aussi L'autre.

[3] De là la locution « jeter son dévolu ».

du baromètre, de celle dont la moyenne est midi et minuit et qui selon les latitudes s'écarte même jusqu'à 6 heures du matin et 6 heures du soir au cercle polaire.

Comme quoi la hauteur de la marée varie en vertu de ces courants solaires et lunaires annulaires, cela a été expliqué au § 37; si cette hausse est généralement la plus forte le lendemain ou le surlendemain des syzygies, cela tient à une particularité qui n'est pas encore suffisamment définie.

Disons à cette occasion que mon lunarium m'a rendu grand service dans l'étude de ce mécanisme.

De ce que le temps me manquait de poursuivre toutes les particularités de la marée, elles ont encore besoin d'être étudiées de plus près pour les décrire par le menu et pour en parler en parfaite connaissance de cause.

Quoi qu'il en soit, la marée se rapporte parfaitement au Principe du mouvement et s'il y en a deux par jour, c'est en vertu du second nœud se trouvant à l'opposé du premier, celui-ci se faisant là où la lune est au zénith.

Si la marée n'est pas sensible aux zones polaires, c'est que selon toute probabilité, les courants circulaires verticaux ont perdu de leur intensité, étant nécessairement plus intenses aux endroits de leur formation qui se trouvent aux tropiques ou à peu près; cette intensité, ils la regagnent assurément dans leur bifurcation avec les courants horizontaux, se faisant au côté opposé au soleil et à la lune; sans cette recrudescence de force, il n'y aurait pas de seconde marée, ni oscillation normale des vents et du baromètre; de cette recrudescence, il est question aux § 29 et 40.

Disons à ce propos que la terre a beau être aplatie de quelque peu aux zones polaires, l'attraction du soleil et de la lune qui se fait en vertu de leurs raies n'y est pas moins beaucoup moindre qu'aux tropiques: et de ce que leur influence y est bien moindre, on peut en conclure qu'elle doit être nulle pour l'axe de la terre, nonobstant l'aplatissement en question; par conséquent il n'est pas admissible que cet axe subisse un lent détournement de sa direction normale, tel qu'on le suppose et qu'on l'enseigne.

Qu'il n'en est pas ainsi, cela a été du reste suffisamment démontré dans le courant de cet ouvrage; en tout cas, on peut parfaitement se passer de cette déviation pour expliquer la mécanique céleste, du moins à mon humble avis; il est vrai que cela change la face des choses de cette mécanique, y compris la précession des équinoxes.

Maintenant que nous connaissons la véritable cause de la seconde marée aussi bien que celle de la première, on trouvera assurément l'explication qu'on donne de la seconde d'autant plus *cocasse*[1]. A perte de vue comme y sont les suppositions, on suppose par exemple que l'attraction de la lune s'étend au centre de la terre et que celle-ci est forcée de lui céder de quelque peu; on suppose encore que si la mer s'élève de l'autre côté du méridien, c'est parce qu'elle reste en arrière, n'étant pas, à cause de sa paresse, en état de suivre la terre dans sa rotation et que par suite celle-ci glisse en dessous d'elle! Voilà du moins ce que j'ai pu comprendre dans cette explication entortillée.

Ce qui m'intrigue le plus dans cette affaire, c'est cette glissade. Qui peut avoir divulgué ce secret?

---

[1] Ce mot a été forgé en dérision de la *cause des cas* à l'explication desquels se débite tant de *cau-casseries*.

Supposons à notre tour que c'est le grand serpent de mer ou tout autre monstre marin ; cette supposition est d'autant plus fondée, qu'il ne manque pas de monstruosités dans cette histoire.

Par une telle fut assiégée la célèbre Hesione (lisez hésitation), fille de Laomédon ; heureusement pour elle qu'elle en fut délivrée à temps par Hercule qui en vint à bout en lui ouvrant subrepticement le ventre[1].

Puisque nous sommes encore une fois dans la mythologie — chassez le naturel il revient au galop — disons que si Hercule fut le plus grand héros de la Grèce, c'est parce qu'il personnifie le bon sens au plus haut degré, ce qui lui permit de *dé-monstrer* les plus formidables monstruosités de son temps, y compris les scientifiques ; ces douze travaux et bien d'autres n'étaient que cela ; ils seront expliqués étymologiquement dans mon prochain ouvrage ; avis aux Mythologues et Hellénistes.

---

[1] Ce mythe aura plus de développement dans mon prochain livre.

HORS-D'ŒUVRES

Les Cyclopes[1] et les Cyclones.

§ 45

Les cyclopes étant les compagnons de Vulcain[2], ils le sont des nuages et étant des courants circulaires électriques, ils ont pu fournir la foudre au Jupiter tonnant.

Cachés, invisibles qu'ils sont, ils sont occultes; de là leur prétendue résidence dans de profondes cavernes.

Courant en rond comme ils font, contournant la terre en tous sens, ils font *une cyclopédie*, de là encyclopédie; c'est à cette cyclopédie que nous devons le minimum de clarté qui existe encore aux nuits les plus obscures; aussi cette obscurité est toujours moindre que celle d'une cave. Quant à leur œil rond ou circulaire, il consiste dans leur circulation autour de la Terre, dont celle-ci est la prunelle.

Si les autres étoiles et planètes sont autant d'yeux du firmament, notre terre n'y fait pas exception.

Tout ceci soit dit pour prouver qu'il y a eu une époque où les courants circulaires étaient connus et appréciés à leur juste valeur; cela devait être du temps de l'âge d'or, où l'on était bien autrement savant que maintenant, du moins d'après ce que j'en découvre *éty-mot-logiquement*.

De ce que les poètes ont personnifié toutes les *divines idées* et les forces vives de la nature, qu'ils en ont fait des *divinités* en chair et en os, les artistes aidant, leur signification a tourné en mythe, d'où la mythologie.

Ces sacrés poètes et artistes, ils n'en font jamais d'autres !

Une répétition en petit de ces cyclopes existe dans les cyclones qui, tout en circulant, se déplacent avec une certaine rapidité.

Excessivement aspirants comme ils sont, ils font le vide partout où ils passent, ce qui leur permet de vider en un clin d'œil une mare d'eau avec les grenouilles et poissons qui s'y trouvent; cela leur permet aussi de soulever les plus gros navires comme une coquille de noix et de les rejeter sur le rivage dans leur déplacement.

---

[1] *Étymol-logiquement* ce mot signifie un courant en cercle ou cycle; ce mot se rapporte à cyclone qui aussi court en rond.

[2] Ce mot est identique avec *Wolken* (teut.) signifiant nuages; rien tel qu'eux pour être éruptifs ou *wolcanique*, surtout au moment des orages.

Formidable comme est leur puissance aspirante, ils se font un jeu de déraciner les plus gros arbres.

A raison de leur déplacement et de leur rotation, ils mettent l'air en mouvement sur une grande étendue et cela tout à la ronde; pour cela on les appelle aussi tornados.

De ce qu'ils forment un entonnoir, ils portent aussi bien le nom de trombe, ayant une certaine analogie avec la trompe de l'éléphant qui par la sienne aspire aussi l'air et l'eau, même tout ce qu'il avale, soit dit sans vouloir tromper personne.

A propos de cyclope et cyclone, qui pourrait dire qu'en l'absence d'un soleil central, le centre d'*axion* du monde, c'est-à-dire la panaxe, ne soit pas aussi un immense entonnoir, un cyclone qui, en tournant sur place, met tout l'éther, c'est-à-dire toute la force de l'Univers en circulation?

Considérant que la nature se répète, il se peut que les cyclones terrestres ne soient que de minimes reproductions de ce maître cyclope, soit dit spéculativement.

Ce qu'il y a de certain, ce n'est que par l'*ana-logie* qu'on pourra arriver à savoir ce qu'il en est au juste, si jamais on y arrive.

Considérations philosophiques et étymologiques sur le Soleil, ses raies, son hâle, le gel[1], la lumière et la chaleur[2].

§ 46

Sol-ide est le soleil: qu'il l'est, cela nous dit le mot; et solide comme il est, il a un sol qu'il n'aurait pas s'il était en fusion, *en dis-sol-ution*, s'il était un brasier.

Et que les étoiles, en général, y compris notre soleil, sont des corps froids ou refroidis, cela nous dit encore le mot anglais *star* (étoile) vu que ce mot est le substantif du mot allemand *er-star-en* signifiant refroidir: en un mot *être star*, c'est être *er-starrt*, c'est être *star-k* en même temps, c'est-à-dire fort.

Non seulement ce sont les mots qui nous le disent, compris dans leur sens primitif et dans leurs rapports entre eux, mais aussi les faits, mais à condition qu'ils soient logiquement réfléchis.

Si le soleil, au lieu d'être solide, était en fusion, il exhalerait de la chaleur[3] et en exhalant celle-ci, il exhalerait de la fumée[4], vu que l'une ne va pas sans l'autre; mais alors le ciel en serait tellement rempli, qu'on n'y verrait plus goutte et suffoqués comme nous en serions plus ou moins, nous ne pourrions pas respirer à notre aise; et s'il en était autant des autres étoiles ou *stars*, leur fumée nous empêcherait de les voir.

C'est que d'après la sagesse des nations ou leur bon sens, il n'y a pas de feu sans fumée; à

---

[1] Les Teutons en ont fait *kael-te* et *kal-t* et les Anglais *col-d*.

[2] Voir pour cela aussi mon « Éclosion » du mois de février 1883.

[3] *Wœrme* en allemand, qui se relie à *war*, disons à une chose qui était ou qui a été, qui *fut* et qui est en état de *fuite*, tel que la *fumée* qui *fut* un combustible quelconque.

[4] Plus en été la terre est fumante, plus il y a de la matière en fuite et en dis-solution, par conséquent de la chaleur ou *Wœrme*.

Et si la saison de la chaleur se nomme *été* en français, c'est à cause de toutes les choses qui sont en dissolution ou en décomposition.

force de se consumer il y a longtemps même qu'il n'y en aurait plus, du moins le soleil aurait diminué notablement de force et de volume, mais dont jusqu'ici on n'a pas constaté le moindre indice.

Si les corps sont solides, c'est en vertu du gel qui leur est inhèrent, sans lequel rien n'a de valeur, *gel-tung* en allemand, pas plus que de durée et de dureté; et il en est ainsi des corps célestes.

Congelés, *er-start*, à l'instar de tout corps solide, le corps solaire exhàle du froid, du gel ou de l'éther, ce qui est tout un, qui en rayonnant en tous sens, vivifie le monde, du moins son monde à lui; et brûlant comme est ce hàle solaire à force d'être froid, au contact avec la terre et son atmosphère, il y suscite la chaleur; celle que ce gel solaire provoque est à proportion de la perpendicularité de ses raies ou rayons; cela étant, la *réaction*, c'est-à-dire la chaleur est à raison de son action.

Les coups de soleil auxquels on est exposé en été, ne sont donc en fin de compte que des coups de gel solaire[1].

Du reste rien tel qu'un *schlag* ou coup pour développer de la chaleur; si on en doute, on n'a qu'à s'en faire appliquer sur le corps.

Pas de *schlag* sans gel, vu qu'en lui réside toute force en fin de compte.

Si le gel ou le *frost*[2] solaire provoque de la chaleur par ses coups, il en provoque aussi par son *frostement*, en frottant le sol; il en produit aussi en frottant notre peau et si nous la frottons avec notre main, l'effet est le même.

Tandis que le gel rayonne des astres notamment du soleil, la chaleur qu'il a provoquée sur le sol par son excitation, résurrectionnelle qu'elle est, remonte de bas en haut, de la terre au ciel, en sens inverse du gel.

Que le gel est piquant et brûlant par conséquent, cela s'aperçoit aussi à celui qui, par un hiver rigoureux, s'accumule sur les métaux, car en les touchant on ressent la même douleur qu'au contact du feu.

Si le soleil ex-hàle du gel ou de l'éther, il a un hàle ou une haleine, soit une respiration dans laquelle réside sa force répulsive et de ce qu'il ne peut pas continuellement dépenser ses forces sans compensation, à moins d'exténuation, pour rentrer dans ses *frais*, il a aussi une aspiration dans laquelle réside sa force attractive; et il en est ainsi de tous les astres.

Et en rentrant dans ses frais, il rentre dans son gel, sans lequel rien n'a de valeur, *gel-tung* en allemand; de là aussi le mot *gel-d*, signifiant monnaie.

En rentrant dans son gel ou éther, il rentre dans ses forces; et si son aspiration est d'électricité positive, sa respiration l'est de négative.

Si on le compare à un immense aimant et en même temps à un colossal réflecteur ou miroir, glacé qu'il doit être à sa surface, du moins d'une grande dureté, on ne doit pas se tromper de beaucoup.

D'après les clichés photographiques il en a tout l'air du moins; granulé comme est son sol, les petits grains blanchâtres de cette granulation sont autant de blocs de glace de dimensions énormes.

Quant à ses taches, elles sont des trous béants plus ou moins variables qui n'étant pas glacés

---

[1] Et pour que coup (Schlag) il y ait, il faut un gel-ag, c'est-à-dire un ag-issement du gel.
[2] Ce mot allemand est synonime de gel; de lui est dérivé le mot frotter qui en principe s'écrit *froster*.

ou brillants, paraissent noirs ou obscurs: que les conditions d'existence y sont tout autres que sur notre planète, cela va de soi.

S'il n'était pas un corps solide ou froid, serait-il aussi magnétique ou attractif qu'il l'est? Impossible, vu que la chaleur en est tout le contraire.

Réflecteur ou miroir qu'il est, le *sol-œil* renvoie la lumière éthérée-magnétique-électrique de sa photosphère ou chromosphère; que de là résulte une très vive réverbération à sa surface, c'est tout naturel.

Rien de plus *ad-mir-able* ou de *miri-boulant* ou *bolant* que cette grande *boule* solaire, éblouissante de lumière réfléchie, que ce miroir du ciel dans lequel le monde se mire et se reflète!

Et réfléchi comme il est, ces réflexions sont la lumière même!

Considéré à ce point de vue, il est l'Apollon de la mythologie, mais qui n'étant plus comprise, et cela depuis longtemps, ne nous dit pas grand-chose qui vaille.

Voilà ce qu'il en est de l'œil du monde, de l'astre du jour, considéré *astro-logiquement*[1] et cela à force de *rai-flexions* à son compte.

A raison des fluides qui s'y donnent rendez-vous, qui y affluent de tout côté et à raison de ceux qu'il renvoie, de même à raison de son mouvement, il doit s'y produire de formidables agitations à sa surface et dans son atmosphère, des tempêtes sans égal; de celles-ci nous avons des exemples dans l'entre-croisement violent des vents qui a lieu de temps à autre.

Que sur le disque solaire il y ait des chocs continuels, cela ressort de la lumière qui s'y fait, vu que du choc sort la lumière: plus rapidement ces chocs se succèdent, plus celle-ci est soutenue.

De ces chocs ou commotions électriques nous avons des exemples dans les éclairs qui sortent avec tant d'éclat des nuages, sans que pour cela, le corps terrestre soit en fusion; si ces éclairs, au lieu d'être intermittents étaient permanents, il se produirait la même lumière dans notre atmosphère que sur le disque solaire et elle aurait le même éclat, si la surface terrestre était aussi bon réflecteur que celle du soleil.

Le soleil n'a donc pas besoin d'être un brasier pour être un foyer de lumière.

Que le *sol-œil*[2] est un réflecteur, cela nous dit aussi le mot œil, notre œil à nous étant un réflecteur aussi et pour qu'il le soit il est glacé à sa surface et cela à l'instar du grand œil céleste en question.

Et de ce que toute chose de la nature se reflète dans notre œil, par tout ce que nous voyons, il nous fournit à chaque instant de nouvelles matières à réflexions,

Autant d'étoiles, autant d'yeux ou *sol-œils*, du firmament.

L'œil de Junon, mythologiquement parlant, n'en était pas un autre que notre atmosphère, considéré comme tel.

Un autre exemple d'une lumière sans chaleur, d'une lumière froide, nous fournit l'aurore boréale qui se produit en haut du pôle magnétique qui est en même temps celui du froid terrestre.

---

[1] Dans le principe l'astro-logie n'était pas autre chose que la considération logique des astres, celle qui se fait par la raison ou la réflexion et non seulement par le télescope ou les yeux du corps, c'est-à-dire empiriquement.

Étant une science perdue et cela depuis longtemps on a une fausse opinion d'elle, et cela d'autant plus qu'elle a été pratiquée par d'ignorants charlatans depuis.

Elle florissait du temps de l'astronomie hiéroglyphique.

[2] Logiquement ce mot devrait être écrit ainsi.

La lumière est même d'autant plus vive ou limpide qu'elle est moins chaude, qu'elle charrie moins de matières, exemple la lumière électrique, qui, par conséquent, est froide.

Et qu'il y a un rapport entre le gel et la clarté, cela nous dit le mot *hel* (allemand) étant deux mots parents.

Pour que celle d'*Helios* (soleil) soit si éclatante, il faut qu'elle rayonne d'un milieu excessivement pur, gelé par conséquent; autrement elle serait plus ou moins enfumée.

Magnétique comme est le gel, à raison de celui qui afflue de tout côté sur le soleil et qui en rayonne, cet astre peut être considéré comme le pôle magnétique de notre système planétaire; celui de notre planète n'en est qu'une petite reproduction, la nature se répétant en toute chose soit en plus grand soit en plus petit.

Et s'il s'appelle Helios à raison de sa clarté, il s'appelle *A-polon*[1] à raison de cette polarité; glacé comme est ce pôle magnétique, il est aussi *poli* que brillant.

Et poli comme est le disque solaire, le brillant Apollon ne porte pas de barbe, parce que rien ne pousse sur un sol glacé.

Qu'il y a du gel en toute réflexion ou miroitement, cela nous dit le mot allemand *Spi-gel*.

Dans la mythologie du nord il est personnifié par *Eile-Spi-gel*[2].

Prompt comme l'éclair, fugitif et insaisissable, ayant son jeu en mille et mille choses qui se passent devant notre nez, cet espiègle[3], ce *Schelm*[4] joue des tours abominables aux philosophes et aux savants, ce qui se voit à leur perplexité en présence d'un grand nombre de phénomènes dont la cause leur échappe et cela faute de tenir compte du gel; et perplexes comme ils sont à son égard, ils sont portés, par exemple, à attribuer à la chaleur ce qui revient dûment à lui; de là à considérer l'atmosphère solaire comme une immense fournaise, il n'y avait qu'un pas à faire et qu'ils n'ont pas manqué de franchir, nonobstant qu'un grand nombre de faits parlent catégoriquement contre, entre autres le refroidissement successif de l'atmosphère terrestre qui se fait au fur et à mesure qu'on s'approche du soleil.

Disons à cette occasion que si l'analyse spectrale fournit des preuves de cette prétendue fournaise, cela ne peut être que par une fausse conclusion; encore un de ces tours d'*Eile-spiegel;* il n'en fait jamais d'autres.

Voilà ce que c'est de ne considérer le gel que comme une négation de la chaleur, pour un rien, au lieu de le considérer comme une force positive ou réelle, inhérente à l'air que nous respirons, en étant le fond ou le principe.

Porté comme on est dans cette méconnaissance du gel à confondre les effets avec leurs causes ou à attribuer à la chaleur, ce qui revient à lui, perplexe comme on est à son égard, on va jusqu'à dire que les gaz de l'atmosphère solaire sont à un tel degré de température qu'il leur est impossible de brûler et que les extrêmes se touchent. Voilà ce qu'on dit à ce sujet dans les livres astronomiques.

Cela peut être scientifique, mais n'est aucunement logique, car on oublie de dire que celui qui peut le plus peut le moins; c'est comme si on trouvait la mariée trop belle; on est aussi illogique en disant que les extrêmes se touchent, vu qu'ils sont opposés l'un à l'autre, à moins que

---

[1] En principe *A-polon* ne signifie pas autre chose qu'*un pôle;* ce mot se rapporte aussi à polir.

[2] Par corruption du mot on en a fait un *Eulenspiegel.* Eile signifie célérité, promptitude.

[3] Ce mot est une autre défiguration du mot *Eile-spiegel.*

[4] Ce mot allemand est dérivé de gel.

les mots n'aient plus de sens ou de signification ; et opposés qu'ils sont, ils ne peuvent se toucher, il me semble.

S'il y a une extrémité en jeu, cela ne peut être que l'extrême du froid, de sorte que les gaz n'y brûlent pas.

Si les extrèmes pouvaient se toucher, la plus grande force serait la plus grande faiblesse, la plus grande laideur serait la plus grande beauté et ainsi de suite.

Voilà comment, faute de principes et de logique, on se paie de mots ; de là tant de fausses théories ou explications.

Étant la force par excellence, étant identique avec les fluides magnétiques-électriques, ce qu'on voit s'agiter sur le disque solaire, ce sont les forces vives de la nature.

Brûlant comme il est à force d'être froid, à son choc avec le sol, en s'y réfléchissant, le gel solaire y évoque tout à la fois la chaleur et la lumière et cela proportionnellement à la perpendicularité de ses rayons; mais pour que chaleur et lumière il y ait, il faut des gaz, notamment de l'oxygène; de ce que ces gaz sont moins abondants dans les hautes régions, la chaleur y est moindre et le jour moins vigoureux.

Et n'étant pas suffisamment imprégnés d'oxygène, les raies solaires y sont aussi bien moins dissolvantes que dans le bas.

Voilà pourquoi les glaciers ne fondent guère malgré un soleil éblouissant et pourquoi un grand nombre d'ascensionnistes de hautes montagnes ont la peau brûlée par le gel solaire en l'absence de chaleur atmosphérique.

La présence de l'oxygène dans le gel solaire s'accuse par les raies rouges: si rouges elles sont, c'est que ce gaz a été allumé au contact avec lui, car n'étant pas allumé, il est incolore, à moins qu'il ne soit bleu, vu en grande masse tel qu'il existe dans l'atmosphère; m'est avis que l'azur du ciel n'est que cela, sans l'assurer positivement.

Et allumés ou incandescents comme sont ces gaz dont les raies solaires se sont imprégnées, elle répandent la *lumi-air*, qui signifie en principe de l'air allumé y compris les gaz qui en font partie, de là le jour; qu'il y a aussi du sodium en jeu, cela nous dit la raie jaune.

Comme tout courant froid est brûlant, les plantes de nos jardins sont bien des fois brûlées au printemps par des vents ou des hâles glacés, qu'on appelle aussi Saints de glace, du moins ceux du mois de mai.

Brûlant, ardent, dévorant comme il l'est, si le gel solaire n'était pas mitigé par les vapeurs de l'atmosphère, il mettrait tout en feu, surtout à l'équateur; sans cette humidité, des matières aériennes il n'en ferait qu'un déjeuner [1] : il en est d'autant plus *a-vide* qu'il est *vide* ou immatériel.

Où il y aussi du gel en jeu indubitablement, du moins d'après la logique des syllabes, c'est dans les anges, ce que nous dit le mot *En-gel* (allemand); sans ces messagers *en-géliques* qui rayonnent sur son disque et qu'il nous envoie gratuitement, nous serions plus malheureux que les pierres. Si ces raies se distinguent de celles des planètes par leur éclat et leur pouvoir, c'est qu'elles sont *arch-anges*, *Erz-en-gel*, ce qu'elles ne peuvent être qu'en rayonnant d'un sol essentiellement minéral, enfin d'un corps où le minerai est en abondance, *Erz* en allemand soit dit spéculativement.

---

[1] Le déjeuner du soleil est proverbial.

Rien de plus pur que ces *en-gels* célestes; gais et réjouissants qu'ils sont, ils font autant de bien à notre esprit qu'à notre corps, car ils nous relèvent le moral.

Aussi sommes-nous généralement dans une meilleure disposition d'esprit lorsqu'ils nous gratifient de leur aimable présence que quand ils en sont empêchés par un temps couvert, par un ciel gris; dans cette *dé-solation* nous partageons plus ou moins la tristesse de la nature.

Spi-gel ou miroir est aussi une nappe d'eau et cela à raison de la présence du gel en elle et sur elle: et *col-ant*[1] comme il est, c'est à son entremise ou *col-laboration* que l'oxygène et l'hydrogène doivent leur combinaison; donc, s'il y a de l'eau, c'est à lui qu'on le doit.

Et s'il est de cette combinaison, il est de toutes les autres combinaisons chimiques, telles mystérieuses qu'elles soient.

Voilà ce que cet espiègle de gel, cet *Eile-spiegel*, imperceptible qu'il est, fait au nez et à la barbe des doctes chimistes dans l'ignorance de ses vertus; en divulguant ce *se-cré* (secret), j'espère leur avoir rendu quelques services.

Et il faut bien que le gel soit des *cré-ations* chimiques, vu que sans lui rien n'a de valeur, (*Geltung*), ce qu'il ne faut pas oublier.

Voilà du moins ce que j'ai trouvé d'après mes propres analyses, qui est celle des mots, faite d'après la logique des syllabes ou syllo-logiquement, analyse qui pour la découverte des vérités, vaut bien la leur, il me semble.

Rien tel que d'avoir des principes pour être rationnel et inventif.

Ayant toutes les vertus imaginables, le gel solaire donne aux fruits leur fraîcheur, leur saveur et leur goût, et si les *é-pices*[2] sont si piquants, c'est encore à son entremise qu'ils le doivent; étant de tout climat, il est même de ceux où il n'y a jamais d'hiver.

Il y a gel et gel, car il y en a de piquant et de tranchant[3].

Le piquant, c'est celui des raies solaires et étant piquant il est excitant; de là sa faculté de provoquer la chaleur; il en est de même des raies stellaires, mais venant de trop loin, elles ne font plus assez d'effet sur la matière pour en provoquer.

Tranchant est le gel circulaire consistant dans les courants d'éther qui enveloppent la terre en tous sens et dont il est question à plusieurs reprises au courant de cet ouvrage.

Annulaire comme il est, il agit par le tranchant de ses anneaux; s'entre-croisant symétriquement, ces anneaux de gel en découpant les liquides, les cristallisent, de là tout à la fois la congélation et la cristallisation[4] de ceux-ci.

En s'entre-croisant dans les gouttelettes d'eau suspendues dans l'air, fins et tranchants comme sont ces fluides annulaires, ils font des flocons de neige si variés de coupe[5] ou de cision[6].

Circulant et s'entre-coupant aussi bien dans un local fermé qu'au grand air, ils font de la cristallisation partout où ils n'en sont pas empêchés par la chaleur et à condition qu'il y ait des liquides.

En résumé, le gel est excitant ou brûlant lorsqu'il est piquant, telles que le sont les raies

[1] Col se rapporte à *kul*, signifiant frais ou froid.

[2] Ce mot se rapporte à *spitz* (allemand) signifiant pointu.

[3] Ajoutons-y qu'il y en a aussi de condensé et de dilaté à l'instar de l'air dont il est le fond; condensé et renforcé il est dans les pores des corps et dans les rayons solaires de même que dans les courants circulaires ou annulaires; dilaté il est dans tout espace et local.

[4] Ce mot se rapporte à croix et entrecroisement.

[5] *Schnitt* en allemand, dont le verbe est *schneiden*, mot qui se rapporte à *schneien* et à *Schnee* (neige).

[6] Toute cision est une coupe; si elle se fait à la ronde, c'est alors une *circon-cision*.

solaires et il est congelant lorsqu'il est annulaire, tels que le sont les anneaux qui enveloppent la terre.

Du gel en somme il y en a en tout rayon solaire, stellaire, planétaire et lunaire de même qu'en tout trait d'air.

S'il y a du gel en mouvement ou en action, il y en a aussi à l'état de repos ; à l'état de repos il est dans les corps ou *cor-pores*, en faisant partie intégrale avec eux ; collant ou liant comme il est, c'est à lui qu'ils doivent leur cohésion ; sans lui ils seraient tous en dissolution ou en poussière ; s'il est si liant, c'est parce qu'il est attractif et s'il est si attractif c'est parce qu'il est vide et vide comme il est, il est *a-vide* de substance ; en s'assimilant les *cors* ou les atomes, il *s'in-cor-pore;* de là la formation des corps ; de ceux-ci il en est la partie essentielle, tandis que les *cors* en sont la partie matérielle ou *sub-stantielle*[1].

Et tandis que la partie matérielle réside dans les cors, la partie essentielle réside dans les pores ; et essentiel comme il est, c'est en lui que réside la force de résistance des corps.

Cette force ne peut pas résider dans la partie substantielle, parce qu'elle est *mate*[2], telle qu'est toute *mati-ère* proprement dite ; et mate comme elle est, elle est *in-erte*[3].

Rien tel que le gel pour *mater* les substances, pour en faire des corps et empêcher leur dissolution.

Plus il est resserré dans les corps, plus ils sont lourds et résistants.

Qu'il est aussi collant que piquant ou tranchant, cela ressort des métaux sur lesquels il s'est accumulé aux grands hivers et qui au toucher se collent à la main, tout en la brûlant douloureusement par ses piqûres,

Vif, *a-gile*[4] comme il est, il vibre[5] dans les corps au moindre réveil, tel profond qu'y soit son sommeil ; de là leur sonorité qu'ils n'auraient pas sans lui ; aussi les corps en dissolution, tels que la farine n'en produisent pas, étant veuf de gel ; qu'il en faut pour que son il y ait, cela nous disent encore les mots allemands *Schall, schellen, schelten* et *Or-gel* étant dérivés de lui ; du gel étant en tout son, il y en a bien entendu en toute parole, même dans celui de l'*Evan-gelium*.

Et du moment qu'il y en a en toute parole, nous en avons aussi en nous ; il s'y renouvelle à chaque coup d'haleine.

A titre de flex il est de toutes flexions ou fluxions, de même que de toute re ou *rai-flexion* et pliant comme il est, à titre de plexe, il se plie ou il se ploie à tout *em-ploi*[6].

Sa manière d'agir variant à l'infini et mystérieuse comme elle est, il y a réellement de quoi nous rendre *per-plexe* à son égard.

Étant de toute *raie-flexion*, il est bien entendu aussi de toute reproduction photographique de même que de toute image qui se fait sur un miroir ou toute autre surface polie ; émanant des pores, rien tel que les traits du gel pour faire des *por-traits*[7] fidèles ; et quant aux traits de nos yeux ou notre *re* ou *rai-gard*, il n'est pas autre chose non plus qu'un rayonnement de gel.

---

[1] Traduit en allemand *sub-stance* signifie *was unten steht*, ce qui est en-dessous, ce qui est inférieur.

[2] Ce mot allemand est le radical de matière ; être mate, c'est être sans force.

[3] Ce mot est synonime d'être en terre ou de terre.

[4] Ce mot est dérivé de gel.

[5] Ce mot se rapporte à vif et vivre.

[6] Ce mot se rapporte à plexe.

[7] Ce mot est forgé de traits et de pores.

Si notre œil lance des traits ou raies de gel, que doit-il en être de ceux du sol-œil?

Réglées comme sont les raies du gel, elles sont le prototype de toute *Rai-* ou *Re-gel* [1], règle en français, aussi ce mot est-il une dérivation d'elles.

A propos de cette dérivation, en quel temps a-t-on formé les mots?

Ils ont été formés à l'âge d'or où l'intelligence de l'homme n'était pas encore envahie par la sottise et le matérialisme, où elle était encore pure comme une raie de gel, ou un rayon du *Sol-œil.*

Mais quelle décadence depuis! elle date assurément de plus loin que la tour de Babel.

Le rayon vecteur du Soleil considéré philosophiquement et étymologiquement.

§ 47

Par l'importance qu'a ce rayon ou rayonnement, il mérite notre plus parfaite considération.

Tel que le mot *vecteur* [2] le dit, il réveille la terre de sa torpeur hivernale.

Vecteur se rapporte intimement au mot teutonique *wecken* (*re* ou *rai-veiller*) à *wacker* (vaillant), à *wacht* (garde), *wachsam* (bien veiller), *wachsen* (croître), *wicht-ig* (important) et à d'autres mots encore des divers idiomes.

Étant tout cela et bien autre chose encore, ce vecteur est le *Victor-ieux* devant qui toute chose s'incline.

M'est avis qu'il n'est pas étranger à celui de l'Écriture.

Invulnérable qu'il est, il n'a qu'à se montrer pour remporter la victoire sur toute la ligne; veni, vidi, vici. Par son feu froid ou gel il provoque la chaleur au contact avec le sol et l'atmosphère et par sa transformation en courant circulaire, il attire les vents vers lui, d'où leur oscillation diurne et annuelle; c'est encore à lui que le baromètre doit la sienne, du moins celle dont les heures tropiques sont en moyenne à midi et à minuit; et influencés que les vents sont par lui, ils sont forcés à se modérer; enfin partout ce cyclope fournit des preuves de sa formidable puissance.

Ayant tous les mérites ou vertus, il donne naissance au jour [3] par sa *rai-flexion* sur le sol et dans l'atmosphère; en cela, il est le Phénix de la fable qui renaît de ses cendres [4]. Né sur le soleil, où il est toute lumière, il renaît comme tel sur la terre après sa descente et après avoir perdu de son incandescence dans l'espace interplanétaire, faute d'oxygène ou d'autres gaz.

Si la lumière n'était pas interrompue entre le soleil et les planètes, nous en verrions des traînées entre lui et elles, mais dont il n'y a pas la moindre trace au ciel; de ces traînées, la lumière électrique en produit de très étendues, parce qu'elles se font dans l'atmosphère, rempli de gaz; et si le rayon vecteur n'est plus incandescent dans l'espace interplanétaire, il n'existe pas moins comme courant de force [5], se faisant valoir au fur et à mesure de son arrivée sur terre.

[1] Ce mot est allemand.

[2] En le comprenant teutoniquement.

[3] *Tag* en allemand; ce mot figure en *con-tag-ion*, Ansteckung.
Elle consiste dans celle des gaz de l'air par le rayon vecteur dans sa réflexion en y mettant son feu qui, étant de l'éther, est du gel. Ce gaz est avant tout l'oxygène.

[4] Ce mot est dérivé de *des-cendre*, de ce que les cendres descendent, pendant que la flamme monte.

[5] Nous avons un exemple de ceux-ci dans les courants électriques non incandescents.

Comme le jour perd de sa vigueur[1] dans les hautes régions de l'air, c'est donc à travers les ténèbres du ciel que la lumière nous apparaît sur le disque solaire : ainsi on voit briller une lumière au loin à travers les ténèbres nocturnes, sans que pour cela elle nous éclaire : éblouis que nous sommes de celle du soleil, nous rapportant aux apparences, nous croyons la voir sans interruption ; elle nous fait d'autant plus cet effet que les raies solaires sont redevenues incandescentes dans leur passage à travers les gaz de l'atmosphère, en leur communiquant leur feu : ce qu'il en est de ce feu, cela a été expliqué au paragraphe 45.

Imprégnées alors de différents gaz comme y sont les raies solaires, *collées* comme elles sont à ceux-ci, elles doivent leur *col-oration* à cette *col-laboration*, soit dit sans vouloir effaroucher les analyseurs spectraux.

De ce qu'il en est de la lumière solaire sous ce rapport, il en est de même de celles des étoiles, y compris les planètes et la lune, vu que leurs raies passent toutes à travers les gaz de l'atmosphère, desquels elles s'imprègnent plus ou moins, selon leur capacité, d'où la différence de leur coloration ; c'est qu'il y a raie et raie ; cela dépend des corps dont elles sortent ; ainsi celles du soleil sont bien autrement collantes et colorantes, étant plus froides que celles des planètes.

Quant aux raies noires ou obscures qu'on remarque dans leur analyse, ce sont celles qui ne s'imprègnent pas de gaz et qui pour cela restent incolores, à moins qu'elles ne soient que des intervalles entre les raies colorées en différentes teintes.

Ceci ne veut pas dire que les raies du soleil n'aient été colorées aussi bien sur son disque ou dans son atmosphère : mais en l'absence de tout gaz dans l'espace interplanétaire, elles doivent perdre en route leur coloration de même que leur incandescence pour la retrouver dans notre atmosphère.

Il se peut néanmoins que les raies vertes à qui l'eau et les plantes doivent leur verdure fassent exception à la règle. Pourquoi ? C'est ce que je dirai dans mon prochain ouvrage « La *Sphère du Mot* ».

Tout ceci soit dit spéculativement, sans garantir une parfaite exactitude ; en tout cas, je crois ne pas avoir mal fait d'avoir soulevé ici, sinon résolu, cette intéressante question de la coloration et de l'incandescence des raies astrales, très obscure qu'elle est encore, malgré la lumière qui y est en jeu et malgré les analyses.

D'après les intéressantes observations de l'éminent astronome et physicien M. Janssen qu'il fit dernièrement dans sa périlleuse expédition au Mont-Blanc, il paraît qu'il a trouvé que l'oxygène dans ces hautes régions brille par son absence dans les raies solaires.

Il faut croire que M. Janssen s'est douté de la chose, scrutateur qu'il doit être de son tempérament, soit dit sans avoir l'honneur de le connaître personnellement, autrement il n'aurait pas risqué sa vie pour s'en assurer.

Voilà une expérience qui vient bien à propos à ma théorie qui d'après toutes les apparences a quelque rapport à la manière de voir de ce célèbre Savant.

Que conclure de cette intéressante expérience ?

On peut en conclure que si les raies solaires sont imbibées d'oxygène dans le bas de l'atmosphère, elles l'ont été dans leur passage à travers celle-ci, et que si elles ont été colorées à leur départ du soleil, elles ont perdu leur coloration en route, le ciel étant pur de tout gaz ou de

---

[1] Encore un mot qui se rapporte à vector.

matière en décomposition, autrement il ne serait pas si limpide; toutefois, *à priori*, j'y fais une exception pour les rayons verts.

En poussant la conclusion plus loin, on peut dire que si les raies solaires se colorent en rouge en s'imprégnant d'oxygène dans notre atmosphère, elles se colorent aussi bien en bleu, en jaune ou en autres teintes, en se collant avec d'autres gaz à plus ou moins de hauteur ou de distance de notre sol.

Comme l'hydrogène est le plus léger de tous les gaz, il doit s'élever le plus haut, par conséquent c'est par lui qu'elles commencent à se colorer; collantes comme elles sont en vertu de leur gel[1], leur coloration ne se fait assurément pas autrement, du moins d'après la logique des syllabes ou des mots qui est aussi celle des choses; et de ce qu'elles sont très avides de matière, elles en font leur *col-ation*, surtout le matin; de là le déjeuner proverbial du soleil.

A ces considérations ajoutons-y encore celles de *La Liberté* que ce journal fit dans son intéressant rapport au sujet des expériences de M. Janssen, à la date du 20 novembre 1888 : « On pourrait aussi conclure que la théorie des raies et des bandes et toute la prosopopée de l'analyse spectrale ne sont que de la fantasmagorie pseudo-scientifique dont on rira bien quelque jour. »

Au moment où j'écris ces lignes, j'apprends la nouvelle expérience du célèbre Physicien-Astronome avec la lumière électrique se projetant d'en haut de la tour Eiffel sur son observatoire de Meudon; d'après cette importante expérience, la raie rouge de l'oxygène se produit aussi bien dans les raies de cette lumière que dans celle du soleil.

Eh bien, du moment que la lumière électrique produit le même effet, elle est de la même espèce que la lumière solaire; cela étant, celle-ci est logiquement une lumière électrique, mais d'une capacité infiniment plus grande.

Ne pas confondre *être* avec *par-être*[2] *Sein* avec *Schein*, autrement on confond la force des raies du soleil avec leur incandescence, *mit ihrem Schein*, soit avec sa *lumi-aire*[3] ou air allumé; il est vrai que c'est d'autant plus facile que dans ce cas-ci l'une ne va pas sans l'autre.

L'intensité de la réflexion du rayon vecteur, de cet évocateur de lumière et de chaleur, de cet engendreur de toute chose, étant tout à la fois proportionnelle à la perpendicularité de sa descente et à la résistance qu'il rencontre par terre, la lumière (Schein) qui en résulte est beaucoup plus vigoureuse aux tropiques et sur les corps durs tels que les minerais et le verre que sur un corps friable, tel que le sol arable; pour la même raison elle est aussi plus vigoureuse en été qu'en hiver, plus à midi que le soir et le matin.

En supposant que la terre soit entièrement recouverte d'une épaisse couche de suie, il n'y aurait guère de lumière, faute de réflexion; le jour ne serait qu'un crépuscule, les raies solaires étant absorbées par elle au lieu d'être réfléchies; par manque d'éclat le jour serait d'autant moins éclatant.

Si par contre la terre était revêtue d'une plaque en métal ou en verre, la réflexion serait tellement vive que nos yeux ne pourraient l'endurer.

---

[1] De là aussi le mot allemand *gelac* (Schilack) signifiant *gomme-laque.*
[2] Écrit intentionnellement ainsi, au lieu de paraître, en disant être on dit éther, étant au fond la même chose.
[3] Cette lumière se dit *Sonnen-schein* en allemand et il faut croire qu'on a ses raisons pour cela.
Si je me sers ici de ces mots teutoniques, c'est qu'ils sont très significatifs, *deutlich.*

Ce qui l'affaiblit beaucoup, c'est la végétation, car elle absorbe énormément de fluides solaires; aussi est-elle un mauvais réflecteur.

En absorbant ces fluides, les plantes absorbent en même temps les couleurs dont ils se sont imprégnés en route: voilà comment les plantes contiennent tant de substances colorantes.

Si une nappe d'eau est meilleur réflecteur, c'est qu'elle est un miroir, *Spi-gel*, ce qui ne l'empêche pas d'absorber une grande quantité de ce gel solaire: cela étant, l'empire du Réveilleur de la nature s'étend jusqu'au fond de la mer pour y entretenir la vie.

Et que n'y aurait-il encore à dire sur le Victorieux!

Dans la mythologie indienne, il est personnifié par le dieu *In-dra*, signifiant un trait, dont le traitement s'étend sur toute chose; son empire est l'atmosphère et il a le commandement sur les vents et la pluie, sans compter le reste.

La roue planétaire, nos réflexions et l'araignée.

§ 48

Considérant que la nature se répète infiniment, nous avons dans une toile d'araignée bien arrondie l'image du système planétaire.

Tel que les cerceaux de celle-ci sont reliés au centre par des rayons, tels les planètes et leurs orbites le sont au soleil en vertu de ses raies.

Voir pour cela figure n° 35: elle n'est pas complète, les orbites planétaires n'y étant pas toutes; au lieu d'être rondes, il faut se les figurer un tant soit peu ovales.

Et vu que la nature se répète, cette *rou-airie* se produit aussi dans la réflexion de la lumière; et puisque *rouairie* il y a, les réflexions que nous faisons sur telle ou telle chose pour la mettre en lumière, en sont aussi; si elles sont bien arrondies, à l'instar de la toile d'araignée elles ne manqueront pas de conclusion logique.

Considérations philosophiques et étymologiques sur le gel pris au rebours.

§ 49

Maintenant que nous avons considéré le gel par devant, voyons-le un peu par derrière ou à l'envers; rien tel que de voir les choses sous tous les rapports pour les connaître.

En retournant gel on a *leg;* cette syllabe va encore nous dire une foule de choses de la plus haute importance qu'on ignore ou qu'on ne connaît qu'insuffisamment.

Une variante de leg est lec.

Faisant partout la loi (lec's ou lex en latin), le gel est un *leg-islateur* incontestable; rien de plus *leg-itime* ou *leg-al* que lui. A l'état incandescent il est *lumi-air*, *Lic-ht* en allemand y comprise la lumière *é-lec-trique*, étant électrique de sa nature.

Ne pesant rien, il est la *leg-ereté* même, *leic-ht* en allemand, *lig-ht* en anglais qui signifie aussi lumière. Léger, impondérable, vide comme il est, il est d'une vitesse sans égale, car les courants électriques et la lumière en sont.

Répandu sur les corps, tel que le cuivre, par communication ou contagion, ils ont des charges électriques et si les métaux se collent à nos mains aux hivers très rigoureux, c'est qu'ils en sont particulièrement chargés, *be-legt* (allemand).

N.º 35

L' Araignée.

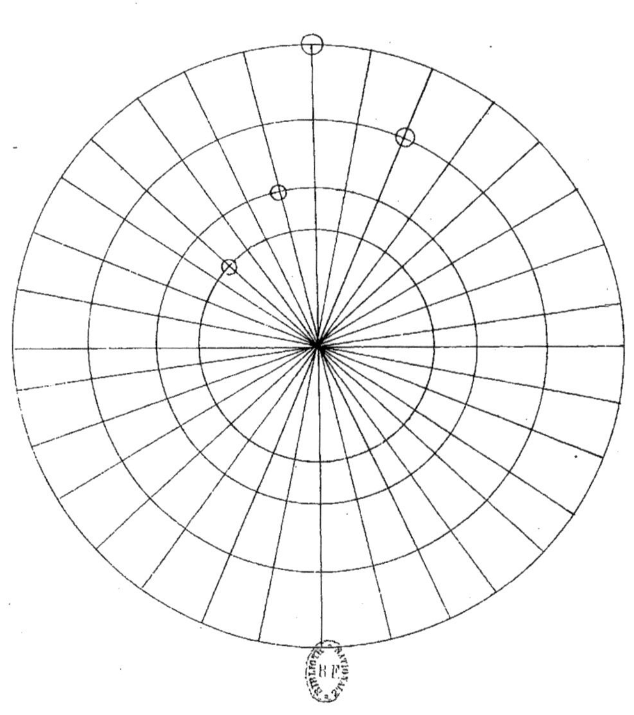

Collant comme il est, on s'en sert pour la dorure galvanique; et étant excessivement communicatif, d'un trait il électrise les fils télégraphiques les plus longs.

Toute charge électrique sur les corps est une preuve, *Be-leg* de sa présence sur eux.

Qu'il y a des traits de gel ou de *lec* dans l'électricité, cela nous dit aussi le mot grec *E-lec-tra*, tra étant synonime de trait.

Léger comme il est, sa loi à lui est celle de la leg-erté (*Licht* ou *Lecht Kraft*) qui est aussi celle du mouvement; elle est le contraire de celle de la pesanteur (*Schwer-Kraft*).

Et loi comme il est, il est loyal en tout ce qu'il fait; le tout c'est de la connaître, pour ne pas la transgresser.

De ce qu'on adjuge aux citoyens assez de lumière ou lex pour avoir un jugement sur les affaires publiques et sur les hommes, on en a fait des *e-lec-teurs*, dont il y en a qui se croient chargés de donner des leçons (Lec-tion) aux *leg-islateurs* qu'ils ont élus dans leurs *é-lec-tions*, soit dit pour rire un petit brin. A propos de rire, il paraît qu'il en est aussi, du moins d'après le verbe *lach-en* (allemand); ceci est d'autant plus probable qu'il est de toute commotion étant de toute motion ou mouvement comme de toute force.

Qu'il est la légèreté même, les raies solaires nous le disent encore, vu qu'elles ne pèsent rien.

Étant en tout vent, le gel nous *a-lège* plus ou moins de la matière atmosphérique, si pesante des fois, lorsqu'il la balaye par son puissant souffle.

Pour en savoir plus long sur le gel, lire le paragraphe suivant.

Considérations philosophiques et étymologiques sur le hâle des astres et le magnétisme terrestre et solaire.

§ 50

Le soleil ne pouvant dépenser son *gel* ou ses forces, sans rentrer dans ses *frais*, à moins d'épuisement, il en aspire autant qu'il en respire; en vertu de cette spiration, il se fait un échange très actif entre lui et la Terre et *en-gel-iques* comme sont ces fluides, ils sont identiques avec les anges ou *Engels* que le *jud-i-cieux* Jacob de la Bible a vus monter et descendre de la terre au ciel et vice versa dans son songe, c'est-à-dire en songeant à la question.

Ce trafic ou échange de gel[1] se faisant sur une grande échelle[2], à la vue de ce merveilleux spectacle, son cœur d'*Is-raélite*[3] déborda d'enthousiasme. S'il a vu Jéhovah en *per-sonne*[4] en tête de cette échelle, m'est avis que ce n'était pas un autre que notre Seigneur le *sol-œil*.

Compris ainsi, au figuré, ce récit biblique nous dit que cet échange était connu dans la haute antiquité.

---

[1] De là le mot geld, signifiant monnaie.
[2] C'est au figuré qu'il faut comprendre ce mot; il est dérivé de gel.
[3] Cela signifie en principe : est réaliste.
[4] De par le Soleil, Sonne en allemand.

Sortant des *pores* physiques du Soleil, son gel est de l'éther en *ex-por-tation* qui, en se *portant* sur notre sol, y répand la vie par son puissant souffle vivifiant.

Si une partie de ces fluides se réfléchit et se transforme en courant circulaire au contact avec la terre, une autre partie pénètre dans celle-ci, à travers ses pores; c'est qu'étant magnétique, il a accès partout, de sorte qu'il influence l'aiguille aimantée aussi bien dans l'intérieur de la terre que sur son sol.

Comme celle-ci ne peut continuellement absorber de ce hâle solaire sans en rendre, elle l'exporte ou l'exhale et cela principalement à ses pôles magnétiques dont il sera question plus loin.

Cette *ex-por-tation* se manifeste aussi dans celle des *va-por*[1] de l'air ou *é-va-porations*; disons à cette occasion que si la vapeur est si électrique, elle le doit à son gel ou hâle, dans laquelle réside aussi sa force.

Et du moment que pores il y a, ils sont tout à la fois les portes[2] d'importation et d'exportation des fluides solaires.

Répandu comme est ce gel de tous côtés, nous en absorbons une certaine dose à chaque prise d'air, voilà comment il nous vivifie aussi bien la nuit que le jour; et c'est non seulement nous autres qui en bénéficions, mais tout ce qui se meut ou grouille sur la terre et en elle; sans souffle solaire, pas de vie.

Inspirés ou pénétrés que nous en sommes, il entretient la santé de notre corps qui sans cette fraîcheur ne manquerait pas de se corrompre, décomposé qu'il serait par sa chaleur; notre bien-être dépend donc autant de lui que de celle-ci.

Si notre corps est en communication avec notre soleil par son hâle ou haleine, notre âme l'est nécessairement aussi; à cela l'âme des bêtes — et elles en ont une — ne fait pas exception; est-ce que sans âme elles pourraient aimer[3]?

En répandant le jour, il répand la joie[4] qui est une fille du ciel.

Se pliant ou se *ployant* à tout emploi, c'est par son hâle .ou gel que le soleil gouverne et inspire son monde; cette spiration étant réciproque[5] entre lui et les planètes, il y a une correspondance réglée entre eux.

Il faut bien que les astres aient des hâles autrement il ne se produirait jamais de halos[6] autour d'eux, tel qu'on en remarque de temps à autre autour du soleil et autour de la lune; l'arc-en-ciel en est un aussi, même tout courant circulaire, visible ou invisible.

Des halos pareils se produisent de même autour de toute flamme ou *lumi-air*, celle-ci n'étant pas sans hâle ou souffle; c'est même à ceux-ci que je dois la découverte de la loi du mouvement. en lui donnant l'extension voulue.

S'il y en a autour de la lumière, il y en a aussi autour de l'aimant[7] en vertu de son hâle à

---

[1] Va-por signifie pore en marche, en exportation.

[2] Ce mot est dérivé de pore.

[3] Ce mot est dérivé d'âme.

[4] Ce mot se rapporte à *jo-ur*.

[5] Ce mot est forgé de *raie-si-proche*.

[6] Ce mot se rapporte à hâle.

[7] Ce mot se rapporte à âme, aimer et amour, à cause de son attachement.

lui, ce qui doit mettre l'air en mouvement à la ronde sur une étendue proportionnelle à sa force, à l'instar de celui de la lumière, mais n'étant pas incandescents ils sont invisibles; qu'ils existent, cela nous prouve la limaille de fer qui, éparpillée sur un carton, se dresse tout debout et se place à la ronde, influencée qu'elle est par le hâle magnétique, même à travers le carton. Pour cela, on le pose sur le bout d'une barre magnétique, en tenant celle-ci debout; en la posant sur les deux bouts d'un aimant en forme de fer à cheval, il se forme un double centre d'*axion*[1], dont l'effet est visible à la tournure de la limaille[2].

Puisque halos il y a, ce sont autant de tours de force, dans le véritable sens du mot; de ces halos, visibles dans la tournure de la limaille, la barre magnétique en est l'axe et de ce que ce fer à cheval est recourbé, il y a deux axes, par conséquent, une double action.

Du moment qu'il y a halo, les fluides magnétiques qui se manifestent dans l'aiguille de déclinaison ne sont pas autre chose; et de ce que chaque halo ou courant circulaire atmosphérique a son contre-air, ceux-ci n'y font pas exception; de là les fluides qu'on désigne par boréal et austral; contraires comme ils sont l'un à l'autre dans leur circulation, l'aiguille de déclinaison en est différemment influencée, en étant repoussée ou attirée selon le cas; ils sont les mêmes que ceux qu'on appelle positifs et négatifs.

Mais de ce que ces deux courants sont de force égale, l'aiguille dans ce cas n'en est pas plus déviée par l'un que par l'autre, de sorte qu'elle les coupe à angle droit en se tenant dans le sens de l'axe magnétique qui s'étend d'un pôle à l'autre.

Si ces courants n'avaient pas leurs contre-courants, influencée comme l'aiguille le serait exclusivement par l'un d'eux, sa direction serait d'est à ouest ou *vice-versa* au lieu du nord au sud ou du sud au nord; il faut donc qu'il y ait deux courants opposés l'un à l'autre dans leur influence pour qu'elle se maintienne dans le sens voulu qui est celui du hâle magnétique qui s'exhâle à ses deux pôles.

Si la terre exhale du gel solaire ou de l'éther, c'est qu'elle ne peut pas toujours en absorber, sans en rendre, ce qui a lieu principalement à ses deux extrémités.

En ex-por-tation qu'est cet éther dans l'intérieur du corps terrestre, il axionne par sa vibration celui du dehors et qui est le fond de l'air; et axionné qu'il est, il forme des doubles courants circulaires ou halos pareils à ceux qui sont axionnés par une lumière quelconque ou par toute autre axion dont il est question au paragraphe 1.

Comme cette exportation ou exhalaison magnétique gagne en force au fur et à mesure qu'elle s'approche de ses pôles ou qu'elle s'éloigne de son milieu ou équateur et cela à l'instar de tout axe magnétique ou aimant, les halos qu'elle axionne gagnent proportionnellement en force; et au fur et à mesure qu'ils gagnent en force ou énergie, leur intensité augmente, de sorte qu'elle est extrême aux pôles, tandis qu'elle est nulle à l'équateur magnétique, du moins en principe.

Si la terre est un grand aimant, c'est qu'elle aime être visitée par l'éther si pénétrant qu'exhale le soleil et qui rayonne dans ses raies; et de ce que tout aimant fait partie du corps terrestre, il en est de même de lui et aussi de ce que la nature se répète.

Pour être aimant tant que cela, il faut admettre que la terre contient beaucoup de fer.

---

[1] Écrit ainsi intentionnellement.
[2] Voir pour cela le *Cours de Physique* de M. Jamain et M. Bouty, paru en 1878.

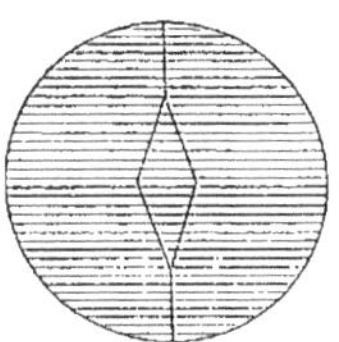

La figure ci-dessus donne un aperçu à peu près de ces halos en question; les traits qui sont tracés à travers l'axe magnétique représentent ces halos dont les uns tournent d'est à ouest et les autres d'ouest à est ou approximativement dans le sens des latitudes magnétiques; contradictoires qu'ils sont dans leur rotation, ils le sont aussi dans leur influence, qu'on appelle boréale et australe.

C'est dans la direction de cet axe que se maintient l'aiguille de déclinaison et cela en vertu de ces halos en question.

De l'existence de cet axe, il n'y a pas à douter et cela pour deux raisons ou arguments : que tout pôle implique un axe et que sans axe il n'y a pas d'axion, par conséquent pas de circulation de fluides, soit dit comme axiome et en interprétation de la loi du mouvement dont celui-ci ne fait pas exception.

D'après cet exposé, il me semble qu'on n'aura plus besoin de supposer, à l'encontre de la vérité, un axe magnétique s'étendant dans le sens de l'équateur, ces halos ou courants circulaires pouvant le remplacer avantageusement dans cette démonstration et cela d'autant plus qu'ils nous donnent un aperçu de l'intensité croissante, ce que ne nous dit pas cet axe hypothétique; mais ce qui nous le dit encore aussi bien que ces halos, c'est l'axe véritable à raison de son action croissante vers ses pôles ou extrémités, dont il n'y aurait pas sans axe, vu que tout pôle implique un axe et vice-versa.

Disons à cette occasion[1] que les expériences scientifiques ne sont pas toujours concluantes, en les rapportant dans un autre milieu, où les circonstances ne sont pas les mêmes, de sorte que l'axe magnétique dont on se sert dans les expériences à ce sujet, n'est pas de mise dans ce cas-ci et cela pour des raisons péremptoires que nous faisons valoir ici; du reste il y est parfaitement remplacé par les halos.

Comme cet axe controuvé irait d'un bout à l'autre de la terre, il y aurait alors deux pôles magnétiques dans l'équateur qui assurément feraient double emploi avec ceux du nord et du sud, mais dont jusqu'ici on n'a pas découvert la moindre trace.

Si donc je dis que toutes les expériences ne sont pas concluantes, étant rapportées à d'autres milieux, je ne crois pas avoir tort. Une expérience aussi peu concluante entre autres, est celle des deux chambres d'inégale température pour prouver la provenance des vents, car ici encore on oublie que le milieu n'est pas le même, celui de l'expérience ayant un plafond et des cloisons, tandis que le milieu auquel on la rapporte, n'en a pas, celui-ci étant l'atmosphère; une autre

[1] Voir pour cela aussi le Cours de Physique cité plus haut.

fausse conclusion est tirée aussi de celle qui nous fait connaître le poids de l'air en attribuant à ce poids une forte pression sur nous comme sur tout le reste, mais ce qui n'est pas, vu qu'on oublie de tenir compte de la circulation de l'air et qu'en passant au-dessus de notre tête il ne s'y appesantit pas, du moins pas sensiblement.

Comme quoi il y a beaucoup d'irrégularités dans le magnétisme terrestre, cela doit dépendre aussi de différentes circonstances ignorées ou mal connues encore; ces exceptions, sinon leur cause, seront plus faciles à reconnaître, lorsqu'on connaîtra mieux la règle.

Si d'après les observations de longue date, les déclinaisons changent, alors il faudra admettre, à mon avis, que les pôles magnétiques tournent lentement autour des pôles géographiques, ou, ce qui revient au même, autour de l'axe de rotation.

Fins et pénétrants comme sont les fluides magnétiques, étant en toute parcelle d'air, ils sont à même de pénétrer les murs les plus épais; cette pénétration doit se faire le long des pores physiques des corps.

S'ils ne pénétraient pas les corps, y compris les murs, l'aiguille aimantée n'en serait certainement pas influencée; et ce qui est vrai pour celle-ci, l'est autant pour le baromètre, vu que lui aussi monte et descend et cela aussi bien dans un local clos de murs et de plafonds que dans l'air libre; et puisqu'il en est ainsi, la pression que le baromètre endure n'est pas du fait de la matière atmosphérique en vertu de son poids, vu que dans un local fermé il aurait beaucoup moins de poids à supporter.

Ce qu'il en est en réalité de ce poids sous ce rapport, est expliqué au § 52.

Comme ces halos sont influencés par d'autres courants circulaires, notamment par celui du rayon vecteur du soleil, dont l'existence a été démontrée au courant de cet ouvrage, ils ont une oscillation diurne qui est aussi annuelle et cela pour la même raison que celle du baromètre et celle des vents, ceux-ci faisant partie du grand système magnétique qui enveloppe la terre; l'oscillation du baromètre et des vents, étant tantôt normale, tantôt anormale, celle de l'aiguille de déclinaison doit l'être de même, soit dit sans l'avoir vérifié par l'observation.

Ajoutons encore que quand l'oscillation de cette dernière est anormale à l'hémisphère Nord elle y est australe et quand elle est anormale à l'hémisphère Sud, elle y est boréale. Et lorsqu'elle est australe à l'hémisphère Nord elle est celle d'il y a 6 mois plus tôt ou plus tard.

Étant du gel ou de l'éther en circulation, les halos magnétiques refroidissent d'autant plus l'atmosphère qu'ils sont plus intenses; l'étant le plus aux pôles magnétiques, c'est là que le froid a son point culminant; et extrème comme y est le froid, extrème y est aussi le fluide magnétique, étant en fin de compte la même chose.

L'intensité étant nulle pour ainsi dire à l'équateur magnétique, la chaleur y est d'autant plus grande, celle-ci étant l'antagoniste du magnétisme et cela autant qu'elle est l'adversaire du gel; comme quoi celui du soleil provoque la chaleur, cela a été démontré précédemment.

Maintenant, occupons-nous un peu de l'aiguille d'inclinaison; inclinée qu'elle est plus ou moins selon les latitudes magnétiques, nous voyons la même chose dans la limaille de fer éparpillée sur un carton, car elle se dresse debout, lorsqu'on la pose sur le pôle de l'aimant et elle s'incline plus ou moins, selon qu'on change celui-ci de place; elle se couche tout à fait lorsque le pôle de l'aimant en est par trop éloigné.

Voilà comment la nature se répète.

En résumé, le magnétisme terrestre est emprunté au soleil; et à raison de son axe et des halos que cet axe axionne, il se rattache à la loi du mouvement et cela aussi bien que la lumière et la mécanique céleste; et si c'est vrai pour le magnétisme, cela l'est aussi pour l'électricité, étant en fin de compte la même chose.

Et *duels*[1] ou doubles comme sont ces courants, la dualité est dans l'ordre des choses; nous la rencontrons aussi dans le mâle et la femelle.

Si la science tire un grand profit de cette loi du mouvement, de ce principe fondamental que j'ai eu la chance de découvrir, elle ne profitera pas moins de ma méthode *éty-mot-logique*, fertile comme elle est en découvertes de toutes sortes, puisées qu'elles sont à la source même de la vérité qui n'est pas une autre que les mots compris dans leur signification originale ou première, et cela indépendamment de toute langue ancienne, soit morte ou vivante, tel que le sanscrit, le grec, le latin et l'hébreu, etc.

Compris ainsi, les mots et les locutions sont de véritables flambeaux; en les traitant de cette façon, on aura, comme je présume, la fameuse clef d'Ali Baba avec laquelle on n'a qu'à dire : « Sésame, ouvre-toi » pour avoir de suite un aperçu des nombreux trésors cachés comme dans une sombre et profonde caverne, à l'instar de ceux qui l'étaient dans celle des quarante voleurs des *Mille et Une Nuits*.

Rien tel que d'avoir la clef en question pour y voir clair et se faire une idée de ces trésors spirituels, cachés au fond des mots.

Considéré comme a été ici le magnétisme dans son principe qui est celui du mouvement, il nous paraîtra désormais, comme je l'espère, un peu moins mystérieux, n'étant plus autant dans l'*obscur-idée*. Qu'on partage, qu'on ne partage pas mes idées là-dessus, je ne crois pas moins devoir les divulguer.

Spéculations philosophiques et étymologiques sur l'aurore boréale et les tremblements de Terre.

§ 51

Cette aurore est le produit des effluves magnétiques que la terre exhale principalement aux pôles magnétiques; étant du gel ou du feu froid, ces fluides, au contact avec les nuages ou gaz de l'atmosphère, les mettent en incandescence, d'où résulte leur lueur; elle est analogue à celle qui se produit le matin par les raies du soleil avant son lever et le soir après son coucher; celle du matin s'appelle aurore aussi et celle du soir crépuscule; si ces derniers ne sont que de faibles lueurs comparativement à la lumière du jour, c'est que les raies solaires sont alors trop obliques pour toucher le sol et y produire de la réflexion; cela prouve qu'il en faut une pour que jour il y ait.

Si le gel qui s'exporte par les pôles magnétiques et alentours rencontrait un corps solide en haut de l'air, il s'y réfléchirait; dans ce cas sa réflexion ne serait guère moins éclatante que celle du gel qui rayonne directement du sol-œil en son contact avec le corps terrestre[2]; alors l'aurore boréale, au lieu de n'être qu'une faible lueur rougeâtre, serait une véritable lumière et les gaz

---

[1] Ce mot est dérivé de dualité.

[2] Il s'y développerait en même temps une forte chaleur.

de l'atmosphère seraient bien autrement enflammés; ceci est d'autant plus probable que, dans l'un comme dans l'autre cas, nous avons affaire au même gel, car avant d'être gel terrestre, il était gel solaire ; de solaire il est devenu terrestre par sa chute et sa pénétration dans l'intérieur de la terre, dans l'*en-fer*, qu'on désigne ainsi à cause de la grande quantité de fer qu'elle doit contenir pour être magnétique tant que cela.

Mais comme cet *enfer* a deux portes de sortie qu'on appelle pôles, ces *en-gels* célestes en profitent pour se *porter* au dehors le plus tôt possible après avoir accompli leur mission *in-fer-nale* [1].

De cette mission était chargé *Her-mès, mes-sager* [2] des dieux, ce qu'il était de son état, mythologiquement parlant.

Enfin, s'il y a chute au préalable, il y a aussi résurrection d'éther ou de gel se faisant à sa sortie de l'intérieur terrestre dans lequel il tombe d'en haut du ciel et où il trouve sa tombe, mais passagèrement, vu qu'il est à même de forcer la porte de ce sombre séjour, tout puissant qu'il est; et de ce que rien ne peut lui résister lorsqu'il *s'em-porte*, les *portes* de cet *en-fer* ne peuvent se prévaloir contre lui, étymologiquement parlant.

Ce qui doit concourir à cette lueur qu'on appelle l'aurore boréale, ce sont les courants qui contournent la terre verticalement, imbus de gaz qu'ils sont plus ou moins et dont il est question à plusieurs reprises dans le courant de ce traité; m'est avis aussi que nous leur devons le minimum de clarté des nuits sans lune et étoiles, cachées qu'elles sont alors par d'épais nuages; qu'il y en a en jeu dans cette lueur, cela ressort par les cirri-strati que des observateurs ont vu le matin au lieu et place de celle-ci; ces nuages légers, n'étant plus incandescents, avaient perdu alors leur teinte rougeâtre; ils l'ont aussi bien lorsqu'ils sont allumés par les rayons obliques du soleil, le soir et le matin, d'où leur belle coloration en pourpre.

Ces aurores boréales sont plus ou moins vives; cela dépend de l'activité du soleil qui, à ce qu'il paraît, n'est pas tout à fait la même d'une année à une autre, à en juger d'après les agitations ou protubérances [3] extraordinaires qui se font de temps à autre sur son disque. Lorsqu'il y a recrudescence, on a constaté maintes fois une autre dans celle des aurores en question de même que dans le magnétisme terrestre, se manifestant dans l'affolement de l'aiguille aimantée, ce qui prouve que celui-ci est entretenu par celui du soleil; et entretenu comme il est, il gagne en force ou il en perd conformément à ce dernier; de cette augmentation et diminution, ces agitations extraordinaires de fluides sur le soleil nous en fournissent des preuves suffisantes.

Enfin, de tout cela, il ressort que la terre est continuellement et de toutes les façons sous l'*in-spiration* ou l'influence du soleil, son Maître et Seigneur, aussi bien intérieurement qu'extérieurement et cela en vertu de son rayon *vec-teur* qui, étant du gel, est *a-vec* [4] tout ce qui se fait qui ait une valeur, *Gel-tung* en allemand, du moins d'après la logique des syllabes.

Comme ce Vecteur est le principal facteur de la température, celle-ci est selon sa *vigueur* qui est selon ces agitations en question; de là la différence de temps d'une année à une autre, soit plus chaud ou sec, soit plus froid ou humide.

Disons encore que *fré-quenté* [5] comme la terre est à son intérieur par le froid du soleil, il la

[1] Ce mot se rapporte à fer.
[2] Message et Hermès se rapportent à mission.
[3] Ce mot signifie en principe : *pro-tube-airance*.
[4] Ce mot se rapporte aussi à Vector.
[5] Ce mot se rapporte à froid.

préserve de la décomposition, vu qu'il empêche sa chaleur de se développer outre mesure, à dépasser un certain degré.

Et merveilleux, *son-d'air-bar*[1] comme est tout cela, la terre doit non seulement sa chaleur atmosphérique au rayon vecteur, à raison de sa réflexion, mais aussi son froid, se faisant *prévaloir* partout, *der sich überall Geltung verschafft*, en allemand.

Rien tel que d'être inspiré par la spiration solaire aussi fraîche que spirituelle, dont, à l'instar de la terre, nous avons notre petite part.

Fréquenté comme est l'intérieur de la terre par des courants magnétiques-électriques, il s'y produit de temps à autre de formidables explosions et de longue portée avec un bruit de tonnerre de quoi faire trembler le sol sur une très grande étendue ; comme l'air extérieur s'en trouve ébranlé plus ou moins, l'aiguille aimantée s'en ressent, d'où sa perturbation.

Si on compare ces explosions *internales* à des orages, on n'est pas bien loin de la vérité.

Voilà à peu près ce qu'il en est de la cause des tremblements de terre, du moins d'après toutes les probabilités.

Le vide et l'étoffe de l'air considérés philosophiquement et étymologiquement.

§ 52

Commençons par dire que toute *vie* réside dans le *vide. vida* en espagnol et *vita* en latin ; et du moment qu'il est le siège de la *vie*, il est aussi celui de la force ; si les corps en ont, c'est à leurs *vides* ou pores physiques qu'ils le doivent, dans lesquels il se trouve plus ou moins condensé, resserré, comprimé et renforcé ; collé ou lié comme il est à la *sub-stance*, il ne fait plus qu'un avec elle : il lui donne la cohésion, la solidité, la dureté, l'élasticité et la sonorité ; sans lui elle serait entièrement désagrégée ; elle serait en poudre impalpable.

Impondérable, immatériel, il est identique avec le gel et l'éther, de même qu'avec le magnétisme et l'électricité. Aspirant comme il est, son pouvoir attractif est incalculable, ce qu'on peut constater en mainte expérience dont il sera question plus loin ; et *a-vide* de matière qu'il est, il en absorbe tant qu'il peut.

Des vides condensés sont les raies solaires, lunaires et stellaires qui rayonnent des pores physiques de ces corps célestes ; tels sont aussi les traits d'air et les courants annulaires pneumatiques-magnétiques qui contournent la terre ; et aspirantes comme sont ces raies, elles avalent même les nuages, notamment les raies du soleil et de la lune.

Rien n'égale la vitesse des vides en mouvement ; les courants électriques en sont.

A l'état dilaté indéfiniment, il se trouve en tout espace, y compris le ciel, étant exhalé par les astres, dont il est le hâle ; étant identique avec l'éther, le vide est quelque chose ; il est même la chose principale, vu qu'en lui réside la vie et par conséquent la force.

Pas d'être sans éther, ou vide ou gel ou hâle.

Il ne faut donc pas le confondre avec l'espace ; il est vrai que c'est facile, puisqu'il y en a pas sans vide, *iné-vidable* qu'il est ; et n'étant pas vidable, il reste *évidemment* dans tout récipient duquel on a expulsé l'air, c'est-à-dire la matière dont il s'était imprégné dans notre atmosphère ;

---

[1] Dérivé de *Son* (Soleil) ce mot teutonique en dit long sur ses agissements.

de l'air il en est le fond ou le principe comme de toute chose; à titre d'air, matérialisé, nous en absorbons une certaine dose à chaque prise d'air et c'est ainsi qu'il entretient la vie en nous; et en faisant cela, il entretient notre âme qui, étant immatérielle, est *évidemment* du vide aussi; mais pour qu'il soit respirable, qu'il convienne à notre constitution, il faut qu'il contienne une certaine dose de matière à l'état de gaz, tel qu'il est dans l'air ambiant.

Étant immatériel et *a-spirant*, il est *spirituel*; aussi est-il tout à la fois l'esprit et la force; et si les corps en ont, c'est à lui qu'ils les doivent.

Universel comme il est, étant de tout corps comme de tout espace, étant dans la nature des choses ou des choses de la nature, celle-ci n'en a pas horreur, tel qu'une fausse doctrine scientifique le déclare; avec elle on est autant dans l'erreur qu'avec cette autre qui dit que le gel, son synonyme est un rien, une négation de la chaleur tout simplement, tandis qu'en réalité il est le principal, puisque rien n'a de valeur, *Geltung* sans lui.

Et s'il est ainsi du gel, il en est de même du vide, inévidable qu'il est; et répandant partout la vie, il n'est pas le néant ou une négation, mais plutôt le contraire, puisqu'en lui réside la vie.

Le vide étant primordial, non créé, il est *ur-an*, signifiant de toute *éthernité*, en allemand. Et *uran* qu'il est, nous avons en lui Uranus, le premier des dieux de la mythologie et l'ancêtre de tous les autres. Le vide du ciel étant coupé par tout ce qui tourne ou circule, celui d'Uranus l'a été censément par *Ça-tourne*[1] son fils. Quant à Gaea, sa digne moitié, dont il partagea la couche lorsque cette coupure eut lieu, elle personnifie *l'e-space* avec lequel il était mêlé[2].

Spacieuse comme est cette couche, elle l'est autant que le ciel, qui est la gaieté ou Gaea même; il n'y a pas un autre endroit où on soit autant porté à la plaisanterie. *Spass* en allemand: on y rit d'un rien.

Si on est toujours joyeux, qu'on n'a que des idées gaies au séjour de Gaea, il n'en est pas de même, il s'en faut, de celui de Rhéa, car sa couche est dure au pauvre monde; elle l'est ainsi, parce qu'elle personnifie la *Réal-idée*[3] qui, comme on sait, n'est pas toujours tendre envers nous autres.

Ayant été la compagne de Chronos ou de Saturne, de celui qui personnifie la Roue du temps, elle était toujours en tournée en sa compagnie.

Mais revenons vite au vide.

Que de l'air il est la chose principale ou vitale, cela nous dit aussi le mot teutonique *Wetter* dont l'analyse consiste en *vide-air*[5]; des *vidairs* condensés sont les raies solaires et lunaires et tous les courants annulaires qui contournent la terre, dont il est question dans la partie astronomique et météorologique de cet ouvrage et qui sont autant de courants pneumatiques-magnétiques-électriques; tels sont aussi les vents, mais étant empesés par la matière atmosphérique qu'ils charrient avec eux, leur vitesse est bien moins grande; elle est à proportion de leur vacuité, ce qui peut se voir à la vitesse des nuages, dont ils sont les véhicules et dont la marche est plus ou moins rapide.

---

[1] Lisez Saturne.
[2] A ce mot se rapporte *ver-maelen* (allem.) signifiant se marier.
[3] Une idée réelle.
[4] Ce mot est synonime de rouage.
[5] *Widar* ou *wider* en ancien germain, *vaeder* en suédois et *vithrus* en gothique.

Aspirants comme sont tous ces courants atmosphériques, ils font monter les vapeurs et les gaz dans leur giron, d'où la circulation de ceux-ci ; aussi l'air ambiant, qui est un composé de vide et de matière, est partout en mouvement, grâce à ses *vide-airs* ou *Wetter ;* lorsqu'ils sont saturés de vapeur, de gaz, de brouillard ou de fumée, ils les rendent sous forme de pluie, de neige et de grêlons.

Si dans les vapeurs réside l'humidité de l'air, la sécheresse réside dans ses poudres, *pul-faire* [1] en allemand, qui étant de la matière réduite à sa dernière expression de finesse, s'appelle du gaz, dont il y en a de plusieurs sortes dans la sphère de l'haleine ou *atmo-sphère* [2].

Ré-pul-sive comme est cette poudre, c'est à elle que celle-ci doit sa respiration ou répulsion ; mise en incandescence par les raies solaires, elle répand la lumière du jour et la chaleur, celle-ci n'étant pas autre chose que de la matière pulvérisée à l'infini, en décomposition, en fumée ou en gaz.

Lorsque cette poudre s'est par trop accumulée dans l'air, elle finit par éclater, d'où les éclairs et le *tonne-air* et s'il y a de l'électricité en jeu dans ces explosions atmosphériques, c'est qu'elle est d'électricité négative, tandis que le vide l'est de positive.

C'est à cette poudre que le ciel doit sa belle coloration d'azur et *azurément* [3] de même celle des nuages et de ce que toute l'atmosphère en est imprégnée, les montagnes ont au lointain une coloration pareille : étant de la fumée mais autrement fine, elle en a aussi la couleur.

Pour que l'air soit pondéré, il faut la dose voulue de matière en décomposition ou de gaz ; où il l'est le plus, c'est dans le bas, vu que dans le haut le vide est beaucoup plus *pré-pon-d'air-ant*, y étant moins saturé et par conséquent plus avide.

Comme l'air est plus étoffé dans le bas que dans le haut, il y a aussi plus de poids ; mais s'il en a, nous ne le supportons pas sensiblement, parce qu'il est en circulation et que sa plus grande masse passe au-dessus de notre corps ; autrement il en serait, si l'air, au lieu d'être mobile à l'excès, reposait immobilement sur notre tête, à l'instar d'un balcon sur une cariatide, ou du monde sous forme de globe sur les épaules d'Atlas. Si donc on dit que l'homme supporte un poids d'air de 20,000 livres, on dit une niaiserie, vu qu'on ne tient pas compte de ce que l'air passe en majeure partie par dessus notre corps sans nous toucher. Est-ce qu'un boulet de canon, par exemple, tel lourd qu'il soit, exerce la moindre pression sur nous, lorsqu'il passe par dessus ? Eh bien, il n'en est *évidemment* pas autrement de l'air ; nous le supportons d'autant moins qu'il se supporte à lui tout seul, en mouvement qu'il est tout le temps et cela aussi bien de bas en haut que de haut en bas et horizontalement ; rien de plus mobile et élastique.

Il n'est donc pas admissible, avec la meilleure volonté, que nous supportons un pareil poids et cela sans nous en apercevoir ; et si des hommes de science qui ont fait cette merveilleuse découverte, ne nous l'avaient pas dit, nous ne le saurions même pas, quoiqu'il s'agit ici d'un poids de 10,000 kilos.

Ces savants ont pu être de bonne foi, mais cela ne les a pas empêchés d'avoir fait une grosse bévue en ne tenant pas compte de la mobilité de l'air dans leurs conclusions qu'ils ont tirées d'une expérience qui consiste dans la vidange d'une bouteille, munie dans ce but d'un robinet, expérience

---

[1] Ce mot teutonique s'écrit *Pulver,* prononcez *Poulfair.*

[2] *Atmo* est synonyme du mot teutonique *athem,* dont le verbe est *athmen.*

[3] Écrit ainsi intentionnellement.

qui se prélasse dans tous les livres de physique. Si on constate par ce moyen le poids de l'air et qu'il pèse 770 fois moins que l'eau, cela ne veut pas dire que nous en supportons une colonne d'un poids de 10,000 kilos, vu que l'air n'est pas en repos tel qu'il l'est dans cette boule creuse, et n'étant pas en repos il ne repose pas sur nos têtes et épaules; et il ne forme pas de colonnes non plus, volatil qu'il est.

Voilà comment on est induit en erreur dans ses comparaisons ou dans ses conclusions, si on ne tient pas compte de la différence des cas, des conditions, des circonstances et du milieu; et voilà comment la science expérimentale ou empirique est exposée à établir de fausses théories, dont celle-ci en question, n'est pas la seule. Si, par parenthèse, elle n'avait pas oublié dans ce cas-ci de faire une différence entre un gaz emmagasiné et un gaz en liberté, elle n'aurait assurément pas inventé cette insupportable colonne.

Si pour atténuer cet énorme poids, on dit qu'il est compensé par une pression inverse, on ne dit non plus rien qui vaille; s'il y en avait une, elle serait incontestablement bien moindre que celle d'en haut, en tout cas nous serions comme dans un étau; et quant aux prétendues pressions latérales, je ne vois pas comme quoi elles pourraient nous tirer d'embarras, pas plus que l'air de notre intérieur qu'on y fait intervenir aussi, faisant flèche de tout bois dans cette argutie à laquelle on a recours faute d'arguments valables; n'en étant pas frappé on n'en est pas convaincu.

Si pression de l'air il y a, ce n'est pas en vertu de son poids, mais à raison de son expansion et de sa vitesse; l'air est même d'autant plus pressant qu'il est pressé[1]; c'est donc une question de mouvement et de pression, mais non pas de poids; de ces pressions nous en ressentons chaque fois que le vent est sensible; lorsqu'il souffle en tempête, il exerce une pression hors ligne dont la force est à proportion de sa vitesse, qui est proportionnelle à sa vacuité ou *vitesse*.

Dans ce cas, l'air n'est pas en équilibre; mal pondéré il est aussi quand la partie matérielle ou l'étoffe a la prépondérance sur le vide, ce qui a lieu bien des fois en été durant les grandes chaleurs, surtout aux calmes des tropiques; et s'il paraît réellement pesant dans ce cas, c'est faute de circulation; étant moins mobile il fait sentir davantage son poids; de là le temps lourd, aussi insupportable aux animaux qu'aux hommes; si pesanteur il y a alors, elle doit toujours être un peu moins que de 10,000 kilos dont la science nous gratifie, nous croyant plus forts qu'Hercule.

Lorsqu'il y a trop d'étoffe dans l'air, nous respirons mal, nous courons même risque d'être étouffés[2], ce qui a lieu par exemple lorsque le vide ou l'air d'un local est par trop chargé d'acide carbonique ou de fumée; si dans ce cas, nous ne respirons pas assez, nous respirons trop aux endroits où il n'y a pas assez d'étoffe, par exemple sur les hautes montagnes, où le vide prédomine sur la partie matérielle de l'air.

Faute d'équilibre ou de pondération entre le vide et la poudre aérienne, lorsque celle-ci s'est par trop accumulée dans les mines de houille, elle ne manque pas de faire explosion à la moindre étincelle, même à la moindre secousse ou choc; de là souvent de grands malheurs.

Sans poudre ou *pul-fair* pas d'explosion; si le gaz qu'on appelle le grisou n'était pas une poudre[3], mais indéfiniment raréfié, il ne pourrait pas éclater; pour désigner la différence entre cette poudre et celle qu'on emploie aux armes à feu, je l'appelle poudre-faction.

---

[1] Ce dernier mot est ici à double entente.

[2] Ce mot se rapporte à étoffe.

[3] Ce mot se rapporte à foudre.

Pour éviter ces terribles et inattendues explosions, il me semble qu'on ferait bien d'en faire exprès, de temps à autre pour *ex-pul-ser* la poudre-faction en question, en prenant les mesures voulues pour cela, soit dit sans être ingénieur le moins du monde.

Avis aux mineurs et aux sociétés minières!

Enfin, partout il est bon de purifier le vide pour vivre et pour que l'air soit sain et respirable.

N'étant qu'attractif et non répulsif faute de matière, le vide n'offre pas de résistance, *Vid-air-stand*[1] aux corps, pas plus aux légers qu'aux lourds; voilà pourquoi, tous les corps, les uns comme les autres, y font leur chute avec la même *vitesse*.

Si le feu s'y éteint, c'est faute d'aliments aériens, consistant dans l'oxygène ou d'autres gaz, et si les liquides s'y évaporent plus vite et que l'eau y prend moins de temps à bouillir, c'est à son aspiration ou absorption qu'ils le doivent, le vide en étant très avide, cela autant que de poudre-faction; c'est qu'il se nourrit autant de celle-ci qu'il s'abreuve de vapeurs.

Par la faim et la soif qu'il a, il est l'ogre de la fable, comprise dans sa véritable signification.

Si le ton ou le son ne se propage pas dans le vide, c'est faute de *va-pore* d'eau, qui étant très *por-euse*, forme des *tonne-eaux*, dont il en faut pour que le vide ou l'air puisse *tonner* ou résonner; qu'il en faut pour la propagation du ton, c'est ce que nous dit catégoriquement le *tonn-air*, dont il n'y aurait pas sans tonne et air; mais pour qu'il y ait tonne ou *tonn-eau* il faut des pores et que pour pores il y ait, il faut de la *va-por* ou vapeur qui est aussi bonne propagatrice du son que de l'électricité.

Si la vapeur ou l'humidité est très favorable à la sonorité, il en est tout le contraire de la partie sèche de l'air ou de l'étoffe; aussi toute étoffe l'étouffe plus ou moins; voilà aussi pourquoi les voitures font plus de vacarme dans les rues par un temps pluvieux que par un temps sec; mais si cette étoffe n'est pas propice à la propagation du son, elle l'est d'autant plus à la chaleur et à la lumière, car elle leur sert d'aliment.

Le son se répand à la ronde et cela conformément à la loi du mouvement; de ce mouvement circulaire, le son qu'on articule en est l'axe.

Là où il se réfléchit, il y a écho, *Vid-air-halle*[2] en allemand, mot qui se rapporte à vide, à air et à halo ou courant circulaire.

A l'état latent il y en a en tout corps, en vertu de ses pores ou vides ou de son gel ou éther; sans lui pas d'air ou de chanson.

En résumé, pourqu'il y ait son ou ton, il faut du *cor* et *pore* ou *cor-pore* et pour qu'il puisse se propager, il faut un minimum de vapeur d'eau dans l'air.

Vivant comme il est, il *vibre*[3] dans les corps au moindre éveil, au moindre choc.

---

[1] De là *Widerstand.*
[2] Écrivez *Widerhall.*
[3] Ce mot se rapporte à vivre et à vide.

Le vide étant plus pur dans les hautes régions de l'air que dans les basses, il est plus aspirant; notre aspiration n'étant plus de force à lui tenir tête, nous y respirons outre mesure, attirée que notre respiration en est; de là de forts troubles dans notre manière d'être, se traduisant par l'affluence de notre sang vers les parties extérieures du corps et par d'autres malaises ou accidents, car faute d'équilibre entre notre aspiration et respiration, toute l'économie de notre corps est dérangée.

Si un petit animal qu'on enferme sous la cloche d'une machine pneumatique y meurt promptement, cela est pour la même cause.

Et si l'eau monte avec tant de *vitesse* dans le tuyau de la pompe dans lequel on fait le vide à l'aide d'un piston, c'est encore à lui qu'on le doit, ce qui est *l'é-vidence* même; rien tel que lui pour la *vidance ou vidange*.

Si les deux hémisphères de Magdebourg restent clos si hermétiquement après en avoir expulsé l'étoffe aérienne, c'est aussi à raison du vide qu'on y a établi par cette expulsion.

De ce que le vide de ces hémisphères est d'une force attractive inouïe, leur tenace adhésion est toute naturelle, tel surprenant que cela soit; ayant perdu toute sa force répulsive qui réside dans son étoffe, l'air y est d'autant plus attractif.

Neutre est l'air seulement, lorsqu'il y a équilibre entre le vide et l'étoffe.

Que fait-on en vidant la cloche de la machine pneumatique? On en enlève l'étoffe ou la partie matérielle de l'air, mais on lui laisse sa *vitalité* qui réside dans son vide et qui est *iné-vidable*; et en expulsant la matière, on en expulse la force expulsive de l'air.

Comme après cette vidange, il n'y reste plus que la force attractive, la cloche adhère à la platine avec une telle ténacité qu'il n'y a pas moyen de l'en arracher, à moins qu'en ouvrant le robinet, on y fasse rentrer de la force répulsive contenue dans l'air ambiant et qui alors y afflue.

Si le vide est si attractif, c'est qu'il est le magnétisme même, et magnétique comme il est, il attire ce qui est à sa portée, même à travers les corps, moyennant leurs pores physiques ou vides; voilà ce qui explique comme quoi cette cloche adhère avec une si grande ténacité à la platine sur laquelle elle est posée; et de ce que le vide de la cloche attire vers lui l'air extérieur à travers celle-ci, on n'est pas encore arrivé à l'établir d'une manière absolue.

Aimant la matière, aspirant et avide qu'il en est, si on le compare à un *aimant* très énergique, on ne se trompera pas; c'est qu'il est le magnétisme même, si *magique*[1] dans sa manière d'être.

Si on attribue cette forte adhérence en question à une pression de l'air extérieur, en ignorance de cette force attractive qu'on appelle le vide, c'est qu'on est évidemment dans l'erreur, l'air ambiant étant neutre, et neutre comme il est, il n'exerce pas de pression, à moins qu'il ne soit comprimé lui-même, mais alors il n'est plus de l'air neutre.

Et si pression il y a, ce n'est en tout cas pas en vertu de son poids, mais en vertu de sa *vitesse* ou de son *empressement*.

A quoi tient la rupture de la vessie qui couvre un tambour dans lequel on a fait le vide?

Tout bonnement à la forte attraction de celui-ci, en attirant à lui cette membrane de baudruche ou cette vessie et en même temps l'air extérieur à travers les pores de celles-ci; n'étant

---

[1] Ce mot se rapporte à magnétisme.

pas assez résistante, elle finit par éclater avec une forte détonation; et si la rentrée de l'air à travers cette ouverture improvisée est si violente, c'est que le vide s'en empare avec une grande avidité qui est proportionnelle à sa vacuité ou *videsse*, affamé qu'il est d'étoffe ou de substance; il est avide de ce qui lui manque; cela tient aussi à la tendance qu'a la matière à se répandre.

Si l'air extérieur exerce une pression sur la vessie avant sa rupture, cela ne peut avoir lieu qu'à raison du vide qu'on a établi dans le tambour, aspiré qu'il est de lui plus ou moins à travers cette peau; mais n'étant pas considérable, la pression de l'air du dehors ne peut contribuer de beaucoup à cette déchirure; n'oublions pas qu'en principe l'air ambiant est neutre et que pour exercer une pression en vertu de son poids, il faudrait qu'il s'appuyât comme une masse inerte sur la vessie en question, mais ce qu'il ne fait pas vu qu'il est volatil et qu'il se soutient bien tout seul.

Pour se rendre compte que la pression de l'air n'y est pour rien, on n'a qu'à placer le tambour immédiatement sous un plafond où cette prétendue colonne d'air est réduite à son minimum de hauteur et de poids; comme cette déchirure s'y ferait tout de même, la pression de l'air en vertu de son poids n'y est donc pour rien.

Que fait-on en comprimant un corps?

On condense non seulement sa substance, mais aussi ses vides ou pores physiques.

Et il en est de même de l'air.

En comprimant ce dernier on le *rend-force*; non seulement il y gagne en froid, mais aussi en force attractive. Voilà pourquoi tout air comprimé est plus froid que l'air ambiant.

Mais à quoi peut-on voir qu'il gagne en attraction par la compression?

Cela peut se voir en maints cas, entre autres dans ceux-ci:

Attachez une planche sous chacun de vos pieds, mais qui les dépasse de beaucoup en étendue et marchez avec cela sur un sol plat, tel qu'un plancher, vous marcherez alors très péniblement.

Pourquoi?

Parce qu'à l'aide de ces planches, vous comprimez une plus grande étendue du vide aérien. Comme le poids de notre corps n'a pas été sensiblement augmenté par elles, nous ne nous trouvons pas retenus au sol à proportion de l'augmentation de notre poids, mais à proportion du vide que nous comprimons sous nos pas.

Et comme nous comprimons un plus grand espace avec des chaussures sans talons, nous marchons aussi plus péniblement que si elles en étaient pourvues; si en outre, certains animaux sont si légers et si rapides dans leur marche, c'est que leurs pieds sont construits de manière qu'ils ne compriment qu'un minimum de vide aérien.

Pourquoi rencontre-t-on si souvent une si forte adhésion entre les feuilles de papier qui ont été comprimées, soit par un étau, soit par leur poids propre?

Parce que le vide entre elles a été comprimé en même temps, ce qui a augmenté son attraction ou sa force cohésive.

Pourquoi une planche est-elle plus facile à soulever par son profil qu'à plat?

Parce qu'alors elle comprime une moindre étendue de sol, c'est-à-dire de vide et qu'il y a par conséquent une moindre adhésion.

Pourquoi les boules, telles lourdes qu'elles soient se déplacent-elles si facilement?

Parce qu'elles ne compriment qu'un minimum de vide.

Pourquoi les escaliers dont les marches sont d'une largeur démesurée sont-ils si pénibles à monter?

Parce qu'on est forcé d'y poser les pieds en entier, ce qui comprime une plus grande étendue de vide qu'en ne les posant que partiellement.

Pourquoi les échelles sont-elles relativement moins fatigantes à monter que certains escaliers?

Toujours pour la même raison.

Que faut-il conclure de ces faits?

Que l'adhésion des corps entre eux dépend de l'extension du vide qu'ils compriment à leur contact.

Mais non seulement l'adhésion des corps entre eux dépend de l'étendue du vide qu'ils ont comprimé au moment de leur contact, mais cette adhésion dépend aussi de leur poids propre, car plus ces corps sont lourds, plus par leur pression ils renforcent le vide dans son action attractive: ainsi un corps lourd est plus difficile à remuer qu'un corps léger.

Le vide, ce fluide éthéré-magnétique attire donc non seulement proportionnellement à son étendue, mais aussi proportionnellement à la compression qu'il éprouve.

Et il en est de même de la cohésion des particules entre elles, dont les corps sont composés, car plus leurs vides ou pores physiques s'y trouvent comprimés ou resserrés, plus elle est forte.

Comme de ce resserrement dépend leur dureté, leur solidité, les minéraux sont les corps les plus durs, les plus solides et les plus sonores.

Si par contre les vides — la force *vid-ule* — se trouvent relativement étendus ou dilatés, comme par exemple dans le papier ou autre corps spongieux, ils y exercent une attraction bien moindre; aussi les particules de ces corps-ci ne possèdent qu'une faible cohésion entre elles; de là aussi leur faible lien ou solidité.

Non seulement les vides gagnent en force cohésive par la compression, mais ils gagnent aussi en froid. Voilà pourquoi les corps les plus solides sont généralement aussi les plus froids et en même temps les plus lourds; et de ce qu'ils varient de froid, ils ont un froid spécifique et cela aussi bien qu'un poids spécifique.

Que fait-on en remplissant un verre avec de l'eau?

On y comprime le vide et cela inévidablement, n'étant pas vidable; et en le comprimant on le renforce.

En couvrant l'orifice du verre d'eau avec un carton bien plat et adhérent, s'y maintiendra-t-il encore après avoir retourné le verre avec son contenu?

Oui, si l'opération est faite dextrement; il s'y maintiendra, du moins un certain temps, parce qu'il est attiré par le vide comprimé, même à travers l'eau, ce qui est d'autant plus admis sible qu'elle est très *poreuse* et, par conséquent, très propice au *transe-port*[1] du fluide magnétique tel qu'est le vide ; cela étant, il passe en transit.

Qui fait contre-poids au poids de l'eau et à celui du carton ? Qui les maintient en cet état renversé ? Rien autre que le vide renforcé à qui par parenthèse le verre doit aussi sa transparence : pas de *vid-rification* sans lui.

Et du moment que c'est lui, ce n'est pas l'air à raison de sa prétendue pression, de bas en haut, vu qu'il est neutre ou indifférent.

Si par impossible il y avait une pression de cette force, nous sauterions au plafond comme des bouchons de bouteilles de vin mousseux.

Pour démontrer que ce n'est pas l'air qui exerce cette pression, nous allons remplacer l'eau par la farine, après avoir laissé sécher le verre.

Y restera-t-elle et le carton adhèrera-t-il encore à son orifice quand nous l'aurons retourné comme tout à l'heure ? Non. Pourquoi ?

Parce que la farine, étant une étoffe sèche et poudreuse, sans *pores*, le vide ne peut se *transporter* à travers jusqu'au carton, étouffé qu'il est de cette étoffe ; il n'y a donc pas de transmission de force attractive dans ce cas, tel que cela a lieu avec l'eau.

Et voilà pourquoi, en retournant le verre, son *contenu* tombe *incontinent* par terre.

S'il existait une pression d'air ambiant de bas en haut, la farine ne tomberait pas plus que l'eau, et le carton adhèrerait au verre aussi bien dans l'un comme dans l'autre cas.

Donc, il n'y en a aucunement en jeu ; ce qui y est, c'est le vide, c'est l'*é-vidence* même.

Si dans les livres d'école, il est question du verre rempli d'eau pour prouver cette prétendue pression de bas en haut, il n'y en a pas de la farine ; c'est qu'on ne pensait pas si loin.

Si un bouchon tel resserré qu'il soit dans une bouteille, s'en échappe, tel que cela a lieu sur les hautes montagnes, c'est encore à raison du vide de l'atmosphère qui y est beaucoup plus attractif que dans la vallée, où il est saturé d'étoffe aérienne et, par conséquent, moins avide.

Avide comme il y est, il attire à lui tout à la fois le bouchon et l'air de la bouteille, même à travers celui-ci ; si l'air est tant attiré, c'est à cause de son étoffe.

En serait-il de même si la bouteille était remplie d'un liquide ?

Non, car il y aurait alors du vide comprimé qui ferait contre-poids ou concurrence au vide extérieur.

A quoi attribue-t-on cette fuite du bouchon ?

Au manque de pression d'air ; cela paraît vraisemblable, vu que l'air comprime encore moins en haut que dans le bas, à moins qu'il ne soit comprimé lui-même ; mais si cela paraît être vrai, cela ne l'est pas en réalité, car on y oublie le vide de l'atmosphère qui est, comme on sait, très avide dans les hautes régions.

Un autre exemple de la force attractive du vide comprimé nous offre l'expérience suivante :

---

[1] Porter se rapporte à pore.

Pour cela, prenons un récipient en forme d'entonnoir, ouvert en bas et en haut.

Commençons par le boucher dans le bas et versons-y de l'eau d'en haut ; cela fait, nous le bouchons dans le haut et nous le débouchons dans le bas, puis nous le retournons,

pour qu'il y ait du vide comprimé au fond.

Après cela, nous le remettons dans sa première position, ouvert dans le bas, mais hermétiquement fermé dans le haut.

L'eau s'en écoulera-t-il ? Non, car elle est retenue par le vide comprimé que nous avons établi au fond.

Ici se passe la même chose qu'avec le verre à boire, avec cette différence que nous pouvons nous passer du carton, à cause de l'étroitesse de l'ouverture.

L'eau serait-elle retenue aussi bien si au lieu de cet entonnoir on prenait un tube droit ? Probablement que non, car alors le vide aurait moins d'étendue, par conséquent moins de force ; c'est que celle-ci est aussi bien à raison de son étendue que de sa compression.

Pour que l'expérience soit plus concluante, j'ai donné la préférence à l'entonnoir qui évasé comme il est, offre plus d'étendue au vide qu'un tube droit.

Si, par parenthèse, le tube du baromètre était évasé dans le haut pour que le vide de Torricelli ait plus d'étendue, en serait-il encore tout à fait de même ?

Qu'arrive-t-il si nous soulevons de quelque peu le bouchon du petit entonnoir ?

Il arrive une détente du vide ; lorsque cela se fait, l'eau s'égoutte petit à petit, n'étant plus suffisamment retenue.

Cette détente se fait à raison de l'étoffe de l'air ambiant qui y afflue de quelque peu et qui néanmoins se fait valoir et cela au détriment de la force attractive du vide ; c'est que dans cette étoffe réside une force contraire, qui est celle de la répulsion.

Et en ôtant entièrement le bouchon, la détente du vide s'accentue de plus en plus, affaiblie qu'elle est par cette force contraire ; trop détendu ou affaibli qu'il est pour faire contre-poids à celui de l'eau, il la lâche entièrement.

Si l'eau monte dans un tuyau de pompe en vertu du vide qu'on y établit à l'aide d'un piston, il en est de même d'une seringue ; et en y montant, l'eau comprime du vide, de même que dans l'entonnoir et dans le verre à boire, dont il a été question ci-dessus ; et comprimé comme il y est, il la retient énergiquement, ce qui l'empêche de s'écouler.

Autre exemple de retenue :

Qu'on prenne une pipe , qu'on y verse de l'eau qui par son écoulement chasse l'air ambiant ou neutre, qu'on la remplisse de nouveau, qu'on en bouche la tête hermétiquement et qu'on la tourne de manière que la tête se trouve en bas,

qu'on la tourne encore une fois pour que la tête se trouve dans le haut.

L'eau, dans ce cas, s'écoulera-t-elle par le tuyau ?

Non, car elle reste dans la pipe et cela aussi longtemps que le vide conserve sa tension, c'est-à-dire aussi longtemps que la pipe reste bouchée, qu'il n'y afflue pas une force contraire à la sienne.

Une compression de vide ou une force attractive s'établit chaque fois que deux corps se touchent.

Une preuve de cela, nous fournissent les gouttes de pluie qui restent plus ou moins attachées aux fenêtres, si elles ne sont pas trop volumineuses ; autrement elles sont trop lourdes pour que le vide puisse leur faire contre-poids et les retenir.

Pourquoi une boule qui tombe sur un corps solide, subit-elle un choc en retour ?

Parce qu'elle ne comprime pas de vide sur une étendue suffisante pour être retenue par lui.

Pourquoi les corps aplatis ne rebondissent-ils pas ou du moins pas autant ?

Parce qu'ils compriment du vide en suffisance et cela d'autant plus qu'ils ont du poids.

Pourquoi une boule en caoutchouc rebondit-elle plus haut qu'une en bois ou en métal ?

Parce qu'elle est plus légère, et étant plus légère, le vide se trouve moins comprimé ; il est par conséquent moins attractif.

Pourquoi le liquide dont on a rempli un tonneau en entier ne s'écoule-t-il pas si on n'y fait qu'un trou?

Parce qu'il est retenu par le vide comprimé qu'on a établi aux parois du tonneau par le remplissage; il ne s'écoule que lorsqu'on y pratique une seconde ouverture qui permet à l'air d'y pénétrer et d'y circuler; il suffit qu'il en afflue le moindre pour que le vide se détende et qu'il lâche prise; c'est qu'en y introduisant de l'air, on y fait parvenir de la force répulsive ou expansive; si peu qu'il y en ait, il y en a néanmoins assez pour donner la *pré-pon-d'air-ance* à celle qui est contenue dans l'air du liquide.

Rien tel que celle-ci pour faire perdre au vide de sa tension ou tenacité, *vid-air-spenstig-keit*[1], signifiant tension du vide d'air: *spenstig* est un dérivé de *Spanne* ou *Spannung* signifiant tension.

Que ressort-il de ce mot? Il y ressort la tension du *vid'air*[2] et qu'il lui en faut pour qu'il soit tenace; cette tension, il l'acquiert par la compression.

Et du moment que le mot existe, la chose existe aussi; il trouve son emploi partout où se montre de la ténacité ou de la récalcitrance, à l'instar du vid'air en *tension* ou *intensif*.

Arrivons maintenant au baromètre.

Commençons par dire que ce qu'on mesure par ce bel instrument, ce n'est pas la pression atmosphérique, mais le vide de l'air, soit dit sans autre préambule.

Le *vide* de Torricelli, *a-vide* comme il est, attire à lui le mercure proportionnellement à son étendue et à sa compression en tension; le mercure, aspiré ou attiré qu'il est, monte de son côté. Si celui-ci ne reste pas toujours à la même hauteur, qu'il monte et qu'il descend, c'est qu'il est attiré d'un autre côté par le vide de l'atmosphère, même à travers la peau qui recouvre la petite cuvette; c'est qu'il fait une rude concurrence à celui de Torricelli, mais très variable, selon l'état du temps et selon la hauteur ou altitude.

Lorsque dans le bas de l'atmosphère il est prépondérant sur l'étoffe dans laquelle réside la sécheresse et la chaleur, sa concurrence devient très sensible, car alors il fait affluer le mercure de son côté, le vide du baromètre n'étant pas assez fort pour lui résister, *vid-air-stehen*, de sorte qu'il est forcé de lâcher prise de quelque peu, plus ou moins; et de ce que le mercure descend du tube et monte dans la cuvette, le vide de Torricelli perd de sa compression et, par conséquent, de sa force attractive.

Voilà comment se produit la baisse du baromètre.

Hausse il y a par contre, lorsque l'étoffe aérienne a la prépondérance, car alors le vide de l'air est bien moins avide ou aspirant; et l'étant moins, il fait une concurrence moindre à celui de Torricelli, qui regagne alors sa compression ou sa force première par l'affluence du mercure vers lui.

Consistant en fluide magnétique, le vide non seulement se fait sentir à travers la peau de la cuvette, mais à travers tout mur et toute bâtisse.

[1] Cela s'écrit *Widerspenstigkeit*.
[2] C'est le même que vide d'air.

Voilà comment un baromètre suspendu dans un local clos se comporte tout à fait la même chose qu'un autre en plein air.

Si le baromètre montait à raison du poids d'une colonne d'air, cela ne pourrait être de beaucoup dans un local couvert d'un plafond, vu qu'il coupe cette prétendue colonne, qu'il l'a réduit à un minimum ; en tout cas la fluctuation barométrique y serait bien moindre, voilà du moins ce que dit la logique ou le bon sens.

Mais en réalité, il n'y a pas de pression dans tout cela, vu que c'est aux deux vides rivaux, qu'on doit cette fluctuation ; c'est l'évidence même.

Comme l'aiguille aimantée est partout sous l'influence des fluides magnétiques, même dans le plus petit espace et cela aussi bien sous terre que sur terre, et que le vide n'est pas autre chose, il n'y a que lui pour produire ces effets-là.

Et si on ne veut pas admettre que le vide le fasse, tel vital qu'il soit, on ne peut pas le refuser au magnétisme ; mais vide comme il est, cela revient au même.

Et comme le vide de l'air gagne en force au fur et à mesure qu'on s'élève vers les hautes régions, il dépasse celui de Torricelli à proportion ; de là une baisse proportionnelle du baromètre.

Voilà comment celui-ci est plus bas sur les montagnes que dans les vallées et voilà aussi comment il n'indique pas la pression de l'air, mais la force du vide.

Qu'y a-t-il à répondre à cela ? *air-vid'airn* (erwidern) en allemand.

Identique qu'est le vide avec le temps ou la température, ce que nous disent les mots teutoniques [1] tels que vidar, wider, vithrus, vaeder, widhar, wetter, on ne risque rien de lui attribuer les fluctuations atmosphériques y compris celle du baromètre ; n'oublions pas non plus que les raies solaires, lunaires et planétaires et les courants circulaires qui s'entrecroisent partout et dont il y en a en toute parcelle d'air, sont autant de courants pneumatiques-magnétiques et par conséquent autant de vides.

Pas moyen de l'éviter, inévitable qu'il est ; et étant la force même, il prime la matière ou la substance proprement dite.

L'oscillation diurne du baromètre

Si le *vid'air* ou le vide de l'air fait concurrence à celui du baromètre, il est maîtrisé par deux doubles courants annulaires, d'où il résulte l'oscillation diurne et nocturne du baromètre.

L'un de ces courants est l'équinoxial à qui on doit l'oscillation du soir et du matin et l'autre est le méridional ou le vectoral à qui on doit son oscillation de midi et minuit, heure moyenne ; lire à ce sujet, § 36.

Pneumatiques-magnétiques comme ils osnt, ils sont des *vid'airs* aussi.

Le baromètre a donc affaire à trois vid'airs différents : 1° à celui de Torricelli, 2° à celui de l'air y compris les vents, 3° à celui des courants en question dont l'un consiste dans le courant orbitraire de la terre après s'être transformé en courant annulaire et l'autre dans le rayon vecteur *sol-air* après en avoir fait autant ; en outre, il est encore influencé par la lune à raison de ses

---

[1] Sous cette dénomination, je comprends aussi bien l'anglo-saxon, le suédois, le danois, le hollandais, le flamand que le haut et le bas allemand.

courants annulaires, ce qui fait quatre vid'airs ; avec cela tous ces courants ont leur contre-courants, d'où son oscillation normale et anormale.

Lorsque l'oscillation diurne n'a pas lieu, lorsque le baromètre monte ou descend d'un trait pendant plus d'une journée de 24 heures, alors ces courants ont perdu leur influence sur le vide de l'air ; dans ce cas ce dernier a la prépondérance. En circulation qu'ils sont, ces vides se confondent avec les vents.

Voilà comment les vents ont leur bonne part dans la fluctuation barométrique, même la principale, vide qu'ils sont plus ou moins.

Si le vide est dans tout cela, il est aussi dans les orages, *Ge-vid'air* [1] en allemand ; il le faut bien, parce qu'en été l'air serait tellement étoffé que nous en serions étouffés ; heureusement que cette poudrefaction finit par faire explosion, lorsque le vide en est par trop chargé ; comme celui-ci est d'électricité positive et la poudre atmosphérique est de négative, il y a les deux électricités en jeu.

Où le vide est encore en jeu, c'est *évidemment* dans l'élévation de la sève ; aspirée qu'elle en est, elle se porte en haut le long des pores de la plante et de ce que les raies solaires sont des vides aussi, elles y sont assurément pour quelque chose. Et puisque vide il y a, la question de la capilarité se trouve vidée du même coup.

Quoique la question du vide et de la force attractive soit loin d'être vidée, étendons-nous maintenant un peu sur la force répulsive ou expansive ; de celle-là il y en a partout où il y a de l'air, dont elle est la partie matérielle, tandis que le vide en est la partie immatérielle ou spirituelle.

Si celui-ci se laisse réduire à un rien comme volume ou épaisseur, compressible qu'il est à l'excès, il n'est pas de même de l'air ambiant à cause de son étoffe, étant *ré-voltante* [2] ou répulsive de sa nature ; c'est qu'en la comprimant outre-mesure, elle finit par faire explosion, à l'instar de tout autre gaz.

Fugitive comme elle est, nous n'en comprimons pas en marchant, parce qu'elle s'échappe en posant le pied par terre ; par contre nous comprimons du vide ; on n'en comprime non plus en remplissant une carafe d'eau, car elle se mêle avec le liquide ; pour que compression il y ait, il faut donc un tube muni d'un piston.

En y comprimant de l'air, on y comprime tout à la fois l'étoffe et le vide ; comme celui-ci gagne en même temps en froid ce qu'il gagne en force par cette compression, l'air comprimé est plus froid que l'air ambiant.

Comprimé très fort dans un tube, un morceau d'amadou y prend feu.

Comment cela ?

Par l'excès de pression, produisant un excès de froid ; feu froid ou magnétique qu'il est dans cet état condensé, il allume l'amadou et en même temps l'étoffe contenue dans l'air du tube ; il

----

[1] Cela s'écrit *gewitter*.
[2] Ce mot se rapporte à voler.

met le feu aux poudres à l'instar des raies solaires qui sont aussi des vides comprimés et par conséquent d'un froid très piquant, du moins dans l'espace interplanétaire.

Rien tel que la compression pour le renforcer, pour accroître sa force ou son feu[1]. Qu'il y a du feu froid, cela nous disent les courants magnétiques-électriques et les aurores boréales.

Et en mettant son feu dans la poudre atmosphérique, il la fait éclater, d'où les éclairs; comprimé comme il a été dans les nuages, les vents qui en sortent et dont il en est, soufflent frais.

Une preuve entre autres de sa répulsion nous donne l'air, lorsqu'il se trouve comprimé en enfonçant un verre à boire dans l'eau par sa cavité, car il s'oppose beaucoup à l'introduction de celle-ci dans le verre; il ne la laisse pas même monter jusqu'en haut, telle force qu'on y emploie.

Cette même opposition nous la rencontrons dans l'air qui surplombe les eaux de la mer en s'opposant à leur élévation, attirées qu'elles seraient plus ou moins vers le haut par le vid'air; mais si opposition il y a, ce n'est pas en vertu du poids de l'air, mais à raison de sa force répulsive. Lorsque celle-ci dépasse la normale, tel que cela a lieu dans les grandes chaleurs où il y a énormément d'étoffe dans l'air, nous avons plus de résistance à vaincre dans nos mouvements; nous sommes alors plus vite fatigués; et gênés que nous sommes par cette aglomération, nous respirons difficilement; si alors le temps nous paraît lourd, c'est que l'air est moins mobile.

Mais ce qui, à mon avis, doit contribuer le plus à ce que la mer ne monte pas, c'est l'attraction de la terre qu'elle pratique par ses pores physiques ou vides, magnétisés qu'ils sont par le magnétisme du soleil contenu dans ses raies qui la *pénètrent* de part en part comme une *fenêtre*[2].

Lire à ce sujet § 50.

Si les eaux sont retenues par cette attraction, il en est de même de toute autre chose, y compris l'étoffe aérienne; mais sollicitée comme celle-ci est en même temps par le vide d'en haut, elle afflue tantôt vers le ciel tantôt vers le sol; ainsi nous avons des vents montants et descendants; paralisés[3] ils le sont plus ou moins par ceux qui soufflent parallèlement au sol ou horizontalement, ce qui peut se voir à la marche des nuages dont ils sont les véhicules.

Rien tel que ces vents horizontaux pour empêcher la matière aérienne de monter trop haut, attirée qu'elle y est d'un côté par les vid'airs, y compris les vides des raies solaires[4] et lunaires et d'un autre côté par les vides du corps terrestre.

En attribuant à ceux-ci la même propriété qu'à celui de Torricelli, le vid'air y rencontre le même antagonisme, *Vid'air-strebsamkeit*[5].

Advers-airs qu'ils sont l'un de l'autre, c'est à qui des deux attirera la couverture à soi, c'est-à-dire l'étoffe; et de ce qu'ils s'en nourrissent et qu'ils s'en abreuvent, nous sommes ici

---

[1] Force et feu sont synonymes; mettre du feu dans l'action, c'est y mettre toutes ses forces.

[2] Ce mot se rapporte à pénétrer,

[3] Ce mot se rapporte à parallèle.

[4] Que celles-ci en sont très avides, cela peut se voir où elles rayonnent par une petite ouverture dans une chambre obscure, car la poussière de l'air y afflue très distinctement de même que la fumée de tabac.

[5] Cela s'écrit *Widerstrebsamkeit*. *Streben* signifie tendre à...

en présence d'une fameuse querelle d'aliment, dont par malentendu on a fait une querelle d'Allemand.

Lorsque les courants horizontaux ne sont pas de force à les maintenir dans l'ordre, il y a des *conflicts* [1] terribles, ce qui a lieu aux tempêtes, où il y a une fluctuation extraordinaire d'air vers·le haut et le bas, qu'on reconnaît aux coups de vent qui se font dans ces deux directions; et non seulement l'air est désordonné alors, mais aussi la mer, ce qu'on reconnaît à la hauteur de ses vagues, attirées qu'elles sont par le *vid'air;* dans cette *di-vagation* elle ne connaît plus de ménagement, outrée qu'elle est d'une pareille *outre-cuidance* des outres ou vides d'en haut.

Heureusement que cet état de surexcitation n'est que de courte durée et qu'il n'a lieu qu'à certains endroits, autrement nous finirions tous par en être victimes, enveloppés que nous serions dans ces litiges entre ciel et terre.

Pas bon d'y être, et les marins en savent quelque chose.

Un exemple d'attraction et de répulsion nous avons non seulement dans notre propre haleine ou spiration, mais aussi dans notre estomac, *Magen* en allemand, mot qui se rapporte à magnétisme.

Magnétique comme il est à l'état vide, il est attractif ou aspirant, ce qu'il est chaque fois qu'il est affamé; par contre, il est répulsif lorsqu'il est saturé d'étoffe, vu qu'il la vomit quand on lui en fait avaler de trop; cette répulsion se fait aussi dans nos déjections postérieures.

Comme sa force digestive dépend de son vide, plus celui-ci est intègre, plus il se trouve en meilleur état pour nous entretenir l'existence. S'il y a des estomacs paresseux, c'est qu'ils contiennent trop de gaz [2] ou de vapeurs.

Et aimant magnétique qu'il est, il a un amour immodéré pour la substance nutritive, mais non pas pour celle qui est creuse, le vide n'aimant pas le vide, au contraire.

Enfin, le vide de l'estomac comme tout autre, selon son état d'être, soit vide soit plein, est attractif ou répulsif.

De ce qu'on ne reconnaît pas le vide de l'air comme force attractive, telle évidente qu'elle soit, on ne tient compte que de la force expansive de l'air, résidant dans son étoffe ; et en ignorance de cette force attractive on attribue à la pression de l'air en vertu de son poids, ce qui revient au vide, mais en sens inverse, tel que la fluctuation du baromètre où il y a deux vides en jeu et tel que la retenue· du liquide dans le tonneau où il n'y a qu'un trou et celle de l'eau dans l'entonnoir, etc.

En ne tenant pas compte de la force attractive ou ne tient compte non plus du froid de l'air, vu qu'on le considère comme une négation de même que le vide son synonyme.

Si l'air n'était pas une dualité de force, comment l'électricité qu'on en tire avec la machine Gramme pourrait-elle en être une? Et s'il n'était pas une dualité, comment pourrait-il être élastique, c'est-à-dire se contracter et se dilater à volonté selon les circonstances ?

---

[1] Ce mot se rapporte à fluctuation.

[2] De là la *gas-trite;* se rapporte à trait et traitement; on est mal traité par ce gaz dans l'estomac.

L'étoffe aérienne étant expansive de sa nature, ayant toujours une tendance à s'épanouir, à se répandre, à se dilater profite de toutes les occasions pour le faire.

Un exemple de cette expansion nous donne la vessie en se gonflant sous une cloche pneumatique ; ce gonflement se fait de ce que l'étoffe aérienne contenue dans cette vessie, peut s'épanouir à son aise, n'étant plus gênée par celle de l'air ou l'*oxi-gène* de la cloche, celle-ci ayant été expulsée.

Si, avant cette expulsion, il y a eu de la gêne, il n'y a pas eu de pression, vu que l'air neutre n'en exerce pas ; il ne faut donc pas confondre l'une avec l'autre. Si, par exemple, quelqu'un me gêne dans les mouvements, étant trop près de moi, cela ne veut pas dire qu'il exerce une pression sur mon corps, et il en est ainsi de l'air neutre ; gênant comme il est, il nous fait obstacle, mais il ne nous comprime pas.

Si la vessie se comporte de même en la transportant sur de hautes montagnes, c'est que l'air y est moins étoffé, par conséquent moins gênant à la dilatation de celui de la vessie et si elle se dégonfle en la transportant en bas, c'est que la gêne se fait de nouveau sentir et cela proportionnellement à l'épaisseur de l'étoffe aérienne. Si, là où il y a de la gêne, il n'y a pas d'épanouissement, il n'y a pas de plaisir non plus.

Et si ces arguments ont une valeur, comme je le suppose, il faudra admettre qu'il n'y a pas la moindre pression en jeu en vertu du poids de l'air qu'on fait intervenir à tort et à travers pour remplacer l'action du vide.

De la gêne, il y en a partout où il y a de l'oxi-gène, c'est-à-dire partout où il y a de l'air ; par contre il n'y en a pas dans le vide ; mais là nous irions trop vite, n'étant plus gênés par rien.

Si l'air est gênant à cause de ce gaz, il est aussi oxidant ou brûlant.

Un exemple de prépondérance d'une force sur l'autre : L'eau ayant de l'air en elle, possède les deux forces, dont l'une est attractive et l'autre répulsive ; de la prépondérance il n'y en a pas, lorsque l'eau est à l'état normal, en équilibre.

Il n'en est plus de même lorsque la force contractive, consistant dans le vide ou le gel qui lui inhère est de connivence avec le vide extérieur qu'on peut dans ce cas considérer comme un *rend-fort* d'en haut ; alors l'eau se congèle, ce qui n'aurait pas lieu, si la force attractive n'avait pas la *prépon-d'air-ance* sur la répulsive.

C'est aussi à cette force contractive que l'eau doit sa conservation, à ce qu'elle ne s'évapore pas trop vite et à ce qu'elle reste fraîche, froide qu'est cette force de sa nature.

Quand par contre, la force expansive y prédomine, l'air de l'eau s'épanouit, se dilate, de là l'évaporation et le bouillonnement de ce liquide.

Prépondérante devient cette force, lorsqu'elle reçoit une *im-pul-sion* par la chaleur extérieure ; selon le degré de celle-ci est alors son *ex-pul-sion*, sa tension, son épanouissement, sa dilatation et la tendance de l'eau à l'*éva-poration*, à la fuite.

Quand cette force qui réside dans l'eau en vertu de son étoffe aérienne ou oxigène est gênée dans son expansion par la fermeture de la chaudière, elle finit par faire explosion, telle qu'une poudre si son récipient n'est pas assez fort pour lui résister ; c'est qu'en fin de compte, ce gaz est de la poudre aussi, *pul-faire* en allemand, sans laquelle il n'y a pas plus d'explosion que de *im-ré-et-expulsion*.

Et puisqu'explosion il y a, il se passe ici la même chose que dans les mines de houille, lorsque cette poudre-faction ou force répulsive s'est par trop accumulée, qu'elle est devenue par trop prépondérante.

Que l'air exerce une forte pression sur les parois de la chaudière lorsque sa force expulsive a la prépondérance, cela va sans dire, mais cela n'est toujours pas en vertu de son poids, comme on voit; et si son poids n'est pour rien dans ce cas-ci, il n'est pour rien non plus dans les autres en question.

Cet article sera continué dans la *Sphère du Mot.*

TABLE DES MATIÈRES

Imprimerie Paul SCHMIDT, 5, avenue Verdier, Grand-Montrouge (Seine).